초

BY MIRAEN

수학 6·2

수학은
우리 생활에 꼭 필요한 과목이에요.

하지만 수학의 원리를 이해하지 못하고
무작정 공부를 하거나
뭘 배우는지 알지 못하는 친구들도 있어요.

그런 친구들을 위해
초코 가 왔어요!

초코 는~
처음부터 개념과 원리를 이해하기 쉽게 그림과 함께 정리했어요.
쉬운 익힘책 문제부터 유형별 문제까지 공부하다 보면
수학 실력을 쌓을 수 있어요.

공부가 재밌어지는 **초코** 와 함께라면
수학이 쉬워진답니다.

초등 수학의 즐거운 길잡이!
초코! 맛보러 떠나요~

구성과 특징

1 개념이 탄탄

- 교과서 순서에 맞춘 개념 설명과 **이미지로 개념콕**으로 핵심 개념을 분명하게 파악할 수 있어요.

- 교과서와 익힘책 문제 수준의 기본 문제로 개념을 확실히 이해했는지 확인할 수 있어요.

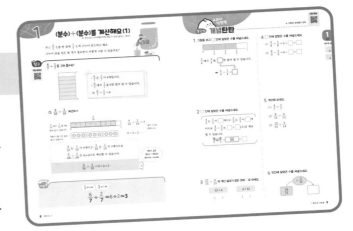

2 실력이 쑥쑥

- 개념별 유형을 꼼꼼히 분류하여 유형별로 다양한 문제를 풀면서 실력을 키울 수 있어요.

- **서술형** 문제로 서술형 평가에 대비할 수 있어요.

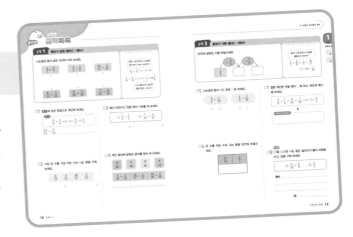

선생님과 함께하는 **개념 강의**

개념의 핵심을 잡을 수 있는 동영상 강의로 알차게 학습을 할 수 있어요.

간편한 **연산 학습**

바로 풀고 바로 답을 확인하는 연산 학습을 할 수 있어요.

3 응용력도 UP UP

- 교과 학습 수준을 뛰어 넘어 수학적 역량을 기를 수 있는 문제로 응용력을 키울 수 있어요.

- 유사, 변형 문제로 학습 개념을 보다 깊이 이해하고, 실력을 완성할 수 있어요.

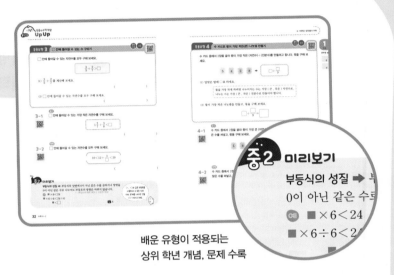

배운 유형이 적용되는
상위 학년 개념, 문제 수록

4 시험도 척척

- 단원 평가 1회, 2회를 통해 단원 학습을 완벽하게 마무리하고, 학교 시험에 대비할 수 있어요.

- 자주 출제되는 중요 서술형 문제로 서술형 평가에 대비할 수 있어요.

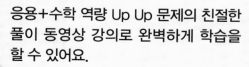

선생님의 친절한 풀이 강의

응용+수학 역량 Up Up 문제의 친절한 풀이 동영상 강의로 완벽하게 학습을 할 수 있어요.

궁금한 교과서 정답

미래엔 교과서 수학의 모범 답안을 단원별로 확인할 수 있어요.

차례

1 분수의 나눗셈

2 공간과 입체

3 소수의 나눗셈

1

분수의 나눗셈

단원의 공부 계획을 세우고,
공부한 내용을 얼마나 이해했는지 스스로 평가해 보세요.

☆☆☆ 자신있게 설명할 수 있어요.　　☆☆ 설명하기 조금 힘들어요.　　☆ 어려워서 설명할 수 없어요.

(분수)÷(분수)를 계산해요 (1)

▶ 분자끼리 나누어떨어지는 분모가 같은 (분수)÷(분수)

주스 $\frac{6}{7}$ L를 한 컵에 $\frac{1}{7}$ L씩 나누어 담으려고 해요.

나누어 담을 컵은 몇 개가 필요한지 어떻게 구할 수 있을까요?

$\frac{6}{7} \div \frac{1}{7}$ 을 구해 볼까요?

개념 동영상

- $\frac{6}{7}$ 은 $\frac{1}{7}$ 이 6개입니다.
- $\frac{6}{7}$ 에서 $\frac{1}{7}$ 을 6번 덜어 낼 수 있습니다.
→ $\frac{6}{7} \div \frac{1}{7} = 6$

🔍 $\frac{9}{10} \div \frac{3}{10}$ 계산하기

$\frac{9}{10}$ 에서 $\frac{3}{10}$ 을 3번 덜어 낼 수 있습니다.

9에서 3을 3번 덜어 낼 수 있습니다.

$\frac{9}{10} \div \frac{3}{10} = 3$

$9 \div 3 = 3$

몫이 3으로 같습니다.

$\frac{9}{10}$ 는 $\frac{1}{10}$ 이 9개이고 $\frac{3}{10}$ 은 $\frac{1}{10}$ 이 3개이므로

$\frac{9}{10} \div \frac{3}{10}$ 은 $9 \div 3$ 으로 계산할 수 있습니다.

$$\frac{9}{10} \div \frac{3}{10} = 9 \div 3 = 3$$

분모가 같은 (분수)÷(분수)는 분자끼리 나누어요.

이미지로 개념 콕

$\frac{1}{7}$ 이 6개 $\frac{1}{7}$ 이 2개

$$\frac{6}{7} \div \frac{2}{7} = 6 \div 2 = 3$$

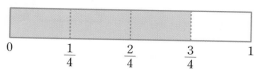

1 그림을 보고 ☐ 안에 알맞은 수를 써넣으세요.

0 　　　 $\frac{1}{4}$ 　　　 $\frac{2}{4}$ 　　　 $\frac{3}{4}$ 　　　 1

$\frac{3}{4}$ 에서 $\frac{1}{4}$ 을 ☐ 번 덜어 낼 수 있습니다.

➡ $\frac{3}{4} \div \frac{1}{4} =$ ☐

2 ☐ 안에 알맞은 수를 써넣으세요.

$\frac{4}{5}$ 는 $\frac{1}{5}$ 이 ☐ 개이고 $\frac{2}{5}$ 는 $\frac{1}{5}$ 이 ☐ 개

이므로 $\frac{4}{5} \div \frac{2}{5}$ 는 ☐ $\div$ ☐ (으)로 계산

할 수 있습니다.

$\frac{4}{5} \div \frac{2}{5} =$ ☐ $\div$ ☐ $=$ ☐

3 $\frac{12}{15} \div \frac{4}{15}$ 와 계산 결과가 같은 것에 ○표 하세요.

$12 \div 4$	$4 \div 12$
(　)	(　)

4 ☐ 안에 알맞은 수를 써넣으세요.

(1) $\frac{5}{8} \div \frac{1}{8} = 5 \div$ ☐ $=$ ☐

(2) $\frac{8}{9} \div \frac{2}{9} = 8 \div$ ☐ $=$ ☐

5 계산해 보세요.

(1) $\frac{4}{7} \div \frac{1}{7}$

(2) $\frac{8}{13} \div \frac{4}{13}$

(3) $\frac{12}{14} \div \frac{3}{14}$

6 빈칸에 알맞은 수를 써넣으세요.

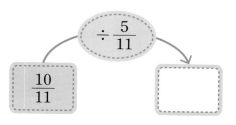

2 (분수)÷(분수)를 계산해요 (2)

▶ 분자끼리 나누어떨어지지 않는 분모가 같은 (분수)÷(분수)

빵을 만드는 데 밀가루 $\frac{5}{6}$ kg이 필요해요. $\frac{2}{6}$ kg을 담을 수 있는 컵으로 몇 컵을 넣어야 하는지 어떻게 구할 수 있을까요?

탐구 $\frac{5}{6} \div \frac{2}{6}$ 를 구해 볼까요?

개념 동영상

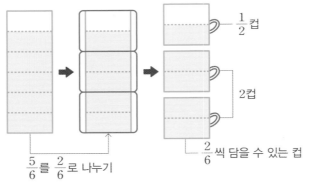

$\frac{5}{6}$ 를 $\frac{2}{6}$ 로 나누기

$\frac{1}{2}$ 컵

2컵

$\frac{2}{6}$ 씩 담을 수 있는 컵

→ $\frac{5}{6} \div \frac{2}{6} = 2\frac{1}{2}$

$\frac{7}{8} \div \frac{3}{8}$ 계산하기

$\frac{7}{8}$ 은 $\frac{1}{8}$ 이 7개이고 $\frac{3}{8}$ 은 $\frac{1}{8}$ 이 3개이므로

$\frac{7}{8} \div \frac{3}{8}$ 은 $7 \div 3$ 으로 계산할 수 있습니다.

❶ 분자끼리 나눕니다.

$$\frac{7}{8} \div \frac{3}{8} = 7 \div 3 = \frac{7}{3} = 2\frac{1}{3}$$

❷ 분수로 나타냅니다.

▲÷●의 몫은 $\frac{▲}{●}$ 로 나타냈어요.

분모가 같은 (분수)÷(분수)는 분자끼리 나누고,
나누어떨어지지 않으면 몫을 분수로 나타냅니다.

이미지로 개념 콕

$$\frac{\triangle}{\blacksquare} \div \frac{\bullet}{\blacksquare} = \triangle \div \bullet = \frac{\triangle}{\bullet}$$

1 그림을 보고 ☐ 안에 알맞은 수를 써넣으세요.

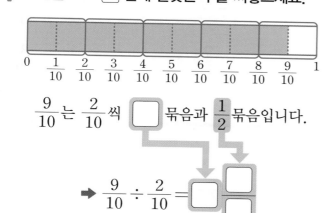

$\dfrac{9}{10}$는 $\dfrac{2}{10}$씩 ☐ 묶음과 $\dfrac{1}{2}$묶음입니다.

➡ $\dfrac{9}{10} \div \dfrac{2}{10} = $ ☐ ☐

2 ☐ 안에 알맞은 수를 써넣으세요.

$\dfrac{7}{9}$은 $\dfrac{1}{9}$이 ☐ 개이고 $\dfrac{4}{9}$는 $\dfrac{1}{9}$이 ☐ 개 이므로 $\dfrac{7}{9} \div \dfrac{4}{9}$는 ☐ ÷ ☐ (으)로 계산 할 수 있습니다.

$\dfrac{7}{9} \div \dfrac{4}{9} = $ ☐ ÷ ☐

$= \dfrac{☐}{☐} = $ ☐

3 ☐ 안에 알맞은 수를 써넣으세요.

(1) $\dfrac{3}{7} \div \dfrac{5}{7} = 3 \div $ ☐ $= \dfrac{☐}{☐}$

(2) $\dfrac{4}{5} \div \dfrac{3}{5} = 4 \div $ ☐ $= \dfrac{☐}{☐} = $ ☐

4 계산해 보세요.

(1) $\dfrac{5}{8} \div \dfrac{3}{8}$

(2) $\dfrac{4}{11} \div \dfrac{9}{11}$

(3) $\dfrac{11}{12} \div \dfrac{5}{12}$

5 ☐ 안에 알맞은 수를 써넣으세요.

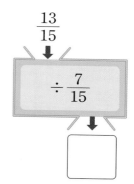

$\dfrac{13}{15}$

$\div \dfrac{7}{15}$

☐

6 나눗셈의 몫이 $1\dfrac{1}{5}$인 것에 색칠해 보세요.

$\dfrac{5}{13} \div \dfrac{2}{13}$ $\dfrac{6}{9} \div \dfrac{5}{9}$

3 (분수)÷(분수)를 계산해요 (3)

▶ 분모가 다른 (분수)÷(분수)

의 남은 에너지양은 전체의 $\frac{3}{5}$,

의 남은 에너지양은 전체의 $\frac{3}{10}$이에요.

$\frac{3}{5}$은 $\frac{3}{10}$의 몇 배인지 어떻게 구할 수 있을까요?

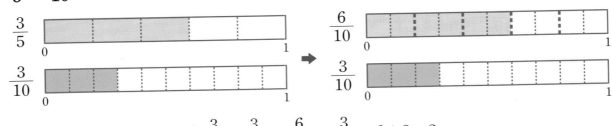

탐구

개념 동영상

$\frac{3}{5} \div \frac{3}{10}$을 구해 볼까요?

$$\frac{3}{5} \div \frac{3}{10} = \frac{6}{10} \div \frac{3}{10} = 6 \div 3 = 2$$

Q $\frac{3}{4} \div \frac{2}{5}$ 계산하기

$\frac{3}{4} \div \frac{2}{5}$는 $\frac{3}{4}$과 $\frac{2}{5}$를 통분하여 계산할 수 있습니다.

❶ 통분합니다.　　❸ 분수로 나타냅니다.

$$\frac{3}{4} \div \frac{2}{5} = \frac{15}{20} \div \frac{8}{20} = 15 \div 8 = \frac{15}{8} = 1\frac{7}{8}$$

❷ 분자끼리 나눕니다.

분모가 다른 (분수)÷(분수)는 통분하여 분자끼리 나누어 계산합니다.

이미지로 개념 콕

$$\frac{2}{3} \div \frac{5}{7} = \frac{14}{21} \div \frac{15}{21}$$

분모가 다르면 통분해요!

$$= 14 \div 15 = \frac{14}{15}$$

분자끼리 나누어요!

1 그림을 보고 □ 안에 알맞은 수를 써넣으세요.

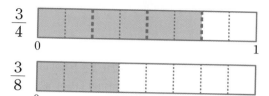

$$\frac{3}{4} \div \frac{3}{8} = \frac{\boxed{}}{8} \div \frac{3}{8} = \boxed{} \div 3 = \boxed{}$$

2 □ 안에 알맞은 수를 써넣으세요.

$$\frac{2}{3} = \frac{8}{12}, \quad \frac{3}{4} = \frac{\boxed{}}{12}$$ 이므로

$$\frac{2}{3} \div \frac{3}{4} = \frac{8}{12} \div \frac{\boxed{}}{12}$$ (으)로 계산할 수 있습니다.

$$\frac{2}{3} \div \frac{3}{4} = \frac{8}{12} \div \frac{\boxed{}}{12}$$

$$= \boxed{} \div \boxed{} = \frac{\boxed{}}{\boxed{}}$$

3 주어진 나눗셈과 계산 결과가 같은 것에 ○표 하세요.

$$\frac{1}{3} \div \frac{2}{5}$$

$$\frac{5}{15} \div \frac{6}{15} \qquad 1 \div 2$$

( )   ( )

4 □ 안에 알맞은 수를 써넣으세요.

(1) $$\frac{1}{2} \div \frac{1}{6} = \frac{\boxed{}}{6} \div \frac{\boxed{}}{6}$$

$$= \boxed{} \div \boxed{} = \boxed{}$$

(2) $$\frac{5}{6} \div \frac{4}{7} = \frac{\boxed{}}{42} \div \frac{\boxed{}}{42}$$

$$= \boxed{} \div \boxed{}$$

$$= \frac{\boxed{}}{\boxed{}} = \boxed{}$$

5 계산해 보세요.

(1) $$\frac{8}{10} \div \frac{2}{5}$$

(2) $$\frac{3}{8} \div \frac{5}{6}$$

(3) $$\frac{7}{9} \div \frac{3}{4}$$

6 빈칸에 알맞은 수를 써넣으세요.

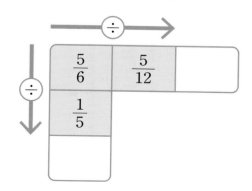

유형 1 분모가 같은 (분수)÷(분수)

나눗셈의 몫이 같은 것끼리 이어 보세요.

$$\frac{4}{7} \div \frac{2}{7}$$ $$\frac{3}{5} \div \frac{4}{5}$$ $$\frac{12}{17} \div \frac{3}{17}$$

•   •   •

•   •   •

$$\frac{8}{11} \div \frac{2}{11}$$ $$\frac{6}{19} \div \frac{3}{19}$$ $$\frac{3}{13} \div \frac{4}{13}$$

> 분모가 같은 분수의 나눗셈은 분자끼리 나누어 계산하기
>
> $$\frac{6}{7} \div \frac{3}{7} = 6 \div 3 = 2$$
>
> $$\frac{7}{9} \div \frac{2}{9} = 7 \div 2 = \frac{7}{2} = 3\frac{1}{2}$$
>
> 나누어떨어지지 않으면 몫을 분수로 나타내기

---

01 보기와 같은 방법으로 계산해 보세요.

보기
$$\frac{5}{9} \div \frac{2}{9} = 5 \div 2 = \frac{5}{2} = 2\frac{1}{2}$$

$$\frac{13}{14} \div \frac{6}{14}$$ _____

02 가장 큰 수를 가장 작은 수로 나눈 몫을 구해 보세요.

$$\frac{8}{11} \quad \frac{4}{11} \quad \frac{10}{11} \quad \frac{3}{11}$$

(   )

03 몫이 자연수인 것을 찾아 기호를 써 보세요.

㉠ $$\frac{2}{3} \div \frac{1}{3}$$ ㉡ $$\frac{7}{10} \div \frac{4}{10}$$

(   )

04 계산 결과에 알맞은 글자를 찾아 써 보세요.

6 리	2 미	8 비	4 나

$\frac{4}{15} \div \frac{2}{15}$	$\frac{16}{17} \div \frac{4}{17}$	$\frac{18}{25} \div \frac{3}{25}$

→ 바른답·알찬풀이 **3**쪽

유형 2 분모가 다른 (분수)÷(분수)

빈칸에 알맞은 수를 써넣으세요.

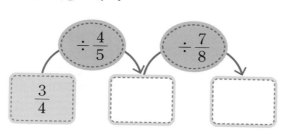

$$\frac{3}{4}$$

분모가 다른 분수의 나눗셈은 통분하여 계산하기

$$\frac{1}{7} \div \frac{2}{3} = \frac{3}{21} \div \frac{14}{21}$$
$$= 3 \div 14 = \frac{3}{14}$$

05 나눗셈의 몫이 5인 것에 ◯표 하세요.

$$\frac{1}{3} \div \frac{1}{12}$$

$$\frac{2}{3} \div \frac{2}{15}$$

(   )　　　　　(   )

06 큰 수를 작은 수로 나눈 몫을 빈칸에 써넣으세요.

$\frac{9}{14}$	$\frac{2}{7}$

07 잘못 계산한 곳을 찾아 ◯표 하고, 바르게 계산해 보세요.

$$\frac{5}{6} \div \frac{7}{8} = \frac{5}{24} \div \frac{7}{24} = 5 \div 7 = \frac{5}{7}$$

↓

바르게 계산하기

서술형

08 ㉠을 ㉡으로 나눈 몫은 얼마인지 풀이 과정을 쓰고, 답을 구해 보세요.

㉠ $\frac{3}{10} \div \frac{4}{5}$　　　㉡ $\frac{2}{3}$

풀이

답

유형 3 분수의 나눗셈을 하여 크기 비교하기

계산 결과를 비교하여 ◯ 안에 >, =, <를 알맞게 써넣으세요.

$$\frac{1}{4} \div \frac{1}{5} \quad \bigcirc \quad \frac{7}{9} \div \frac{4}{9}$$

$$\frac{4}{5} \div \frac{2}{10} \quad \bigcirc \quad \frac{5}{12} \div \frac{2}{9}$$

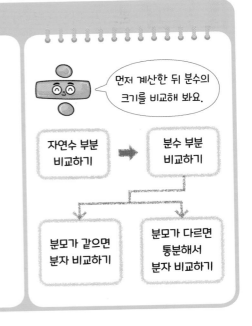

먼저 계산한 뒤 분수의 크기를 비교해 봐요.

자연수 부분 비교하기 ➡ 분수 부분 비교하기

분모가 같으면 분자 비교하기

분모가 다르면 통분해서 분자 비교하기

09 나눗셈의 몫이 3보다 큰 것에 색칠해 보세요.

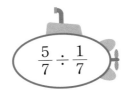

$$\frac{5}{7} \div \frac{1}{7}$$

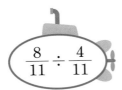

$$\frac{8}{11} \div \frac{4}{11}$$

11 나눗셈의 몫이 가장 작은 것을 찾아 기호를 써 보세요.

$$\bigcirc \ \frac{4}{9} \div \frac{5}{6} \quad \bigcirc \ \frac{8}{15} \div \frac{7}{15} \quad \bigcirc \ \frac{4}{5} \div \frac{3}{7}$$

( )

10 나눗셈의 몫에 대해 이야기하고 있습니다. 바르게 이야기한 친구는 누구인가요?

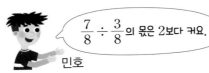

$\frac{7}{8} \div \frac{3}{8}$ 의 몫은 2보다 커요.

민호

$\frac{10}{13} \div \frac{7}{13}$ 의 몫이 $\frac{10}{11} \div \frac{7}{11}$ 의 몫보다 작아요.

윤지

( )

12 나눗셈의 몫이 큰 것부터 차례로 ◌ 안에 1, 2, 3을 써넣으세요.

◌ $$\frac{6}{7} \div \frac{3}{7}$$

◌ $$\frac{5}{6} \div \frac{3}{10}$$

◌ $$\frac{13}{17} \div \frac{8}{17}$$

유형 4 (분수)÷(분수)의 활용

은주는 $\dfrac{4}{5}$ km를 걸었고 재우는 $\dfrac{3}{4}$ km를 걸었습니다. 은주가 걸은 거리는 재우가 걸은 거리의 몇 배인지 구해 보세요.

식 _____

답 _____ 배

■는 ▲의 몇 배인지 구하기
■를 ▲씩 나누어 담기

■ ÷ ▲

13 주스 $\dfrac{2}{3}$ L를 한 컵에 $\dfrac{2}{9}$ L씩 나누어 담으려고 합니다. 몇 컵에 나누어 담을 수 있는지 구해 보세요.

식 _____

답 _____ 컵

15 다빈이가 쓴 식에서 ☐ 안에 알맞은 수를 구해 보세요.

다빈

$\square \times \dfrac{3}{7} = \dfrac{1}{4}$

( )

14 윤아네 집에서 학교까지의 거리는 윤아네 집에서 우체국까지의 거리의 몇 배인지 구해 보세요.

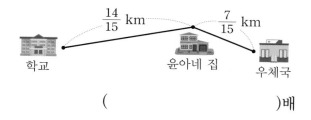

$\dfrac{14}{15}$ km $\dfrac{7}{15}$ km

학교   윤아네 집   우체국

( )배

서술형
16 주말농장에서 상추를 1 kg 수확했습니다. 그중에서 $\dfrac{4}{9}$ kg을 먹었습니다. 남은 상추양은 먹은 상추양의 몇 배인지 풀이 과정을 쓰고, 답을 구해 보세요.

풀이 _____

_____

_____

_____

답 _____ 배

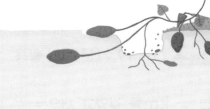

4 (자연수)÷(단위분수)를 계산해요

윤수가 고구마 4 kg을 캐는 데 $\frac{1}{3}$ 시간이 걸렸어요.

윤수가 1시간 동안 캘 수 있는 고구마의 무게는

$4 \div \frac{1}{3}$ 로 구할 수 있어요.

$4 \div \frac{1}{3}$ 을 계산해 볼까요?

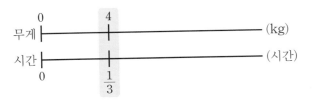

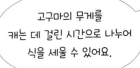
고구마의 무게를
캐는 데 걸린 시간으로 나누어
식을 세울 수 있어요.

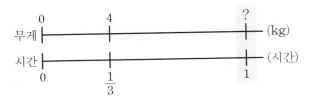

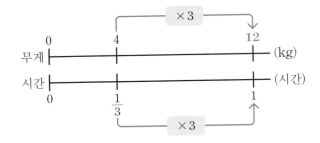

1시간은 $\frac{1}{3}$ 시간의 3배이므로

1시간 동안 캘 수 있는 고구마의 무게는

$\frac{1}{3}$ 시간 동안 캘 수 있는 고구마의 무게인

4 kg을 3배 해서 구해요.

$4 \times 3 = 12 \ (kg)$

$$4 \div \frac{1}{3} = 4 \times 3 = 12$$

(자연수)÷(단위분수)는 자연수에 단위분수의 분모를 곱해 계산합니다.

$$5 \div \frac{1}{2} = 5 \times 2 = 10$$

→ 바른답·알찬풀이 **5**쪽

1단계 개념탄탄

1 예준이가 사과 6 kg을 따는 데 $\frac{1}{4}$시간이 걸렸습니다. 그림을 보고 예준이가 1시간 동안 딸 수 있는 사과의 무게를 구해 보세요.

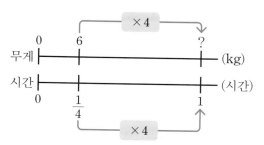

$$6 \div \frac{1}{4} = 6 \times \boxed{} = \boxed{} \text{ (kg)}$$

2 나눗셈을 곱셈으로 나타내 보세요.

(1) $5 \div \frac{1}{3} = 5 \times \boxed{}$

(2) $11 \div \frac{1}{7} = 11 \times \boxed{}$

3 관계있는 것끼리 이어 보세요.

$3 \div \frac{1}{2}$ •   • 6×3

$6 \div \frac{1}{3}$ •   • 3×2

$3 \div \frac{1}{3}$ •   • 3×3

4 ☐ 안에 알맞은 수를 써넣으세요.

(1) $7 \div \frac{1}{4} = 7 \times \boxed{} = \boxed{}$

(2) $9 \div \frac{1}{5} = 9 \times \boxed{} = \boxed{}$

5 계산해 보세요.

(1) $6 \div \frac{1}{5}$

(2) $8 \div \frac{1}{2}$

(3) $10 \div \frac{1}{6}$

6 빈칸에 알맞은 수를 써넣으세요.

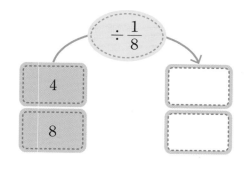

(자연수)÷(분수)를 계산해요

현지는 건강 달리기 대회에 참가하여 4 km를 달리는 데 $\frac{2}{3}$시간이

걸렸어요. 현지가 1시간 동안 달릴 수 있는 거리는 몇 km인지

어떻게 구할 수 있을까요?

탐구

$4 \div \frac{2}{3}$를 계산해 볼까요?

개념 동영상

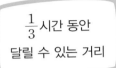
$\frac{1}{3}$ 시간 동안
달릴 수 있는 거리

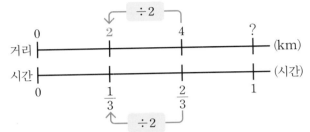

$4 \div 2 = 2$ (km)

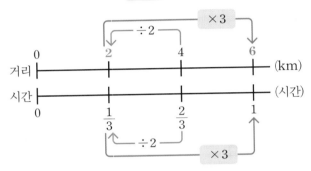
1시간 동안
달릴 수 있는 거리

$2 \times 3 = 6$ (km)

(자연수)÷(자연수)는 (자연수)×$\frac{1}{(자연수)}$로 나타냅니다.

$$4 \div \frac{2}{3} = 4 \div 2 \times 3 = 4 \times \frac{1}{2} \times 3 = 4 \times \frac{3}{2} = 6$$

뒤에 있는 두 수를 먼저 곱합니다.

(자연수)÷(분수)는 나눗셈을 곱셈으로 나타내고
나누는 분수의 분모와 분자를 바꾸어 계산합니다.

이미지로 개념 콕

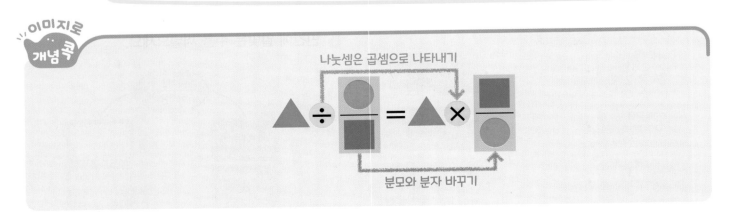

나눗셈은 곱셈으로 나타내기

분모와 분자 바꾸기

1 지안이가 3 km를 달리는 데 $\frac{3}{5}$ 시간이 걸렸습니다. 그림을 보고 지안이가 1시간 동안 달릴 수 있는 거리를 구해 보세요.

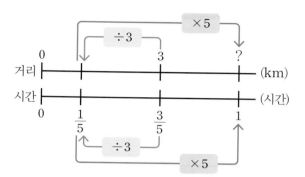

$$3 \div \frac{3}{5} = 3 \div \boxed{} \times \boxed{} = \boxed{} \text{(km)}$$

2 ☐ 안에 알맞은 수를 써넣으세요.

(1) $6 \div \frac{6}{7} = 6 \div 6 \times 7 = 6 \times \dfrac{1}{\boxed{}} \times 7$

$\qquad = 6 \times \dfrac{\boxed{}}{\boxed{}} = \boxed{}$

(2) $8 \div \frac{4}{5} = 8 \div 4 \times 5 = 8 \times \dfrac{1}{\boxed{}} \times 5$

$\qquad = 8 \times \dfrac{\boxed{}}{\boxed{}} = \boxed{}$

3 나눗셈을 곱셈으로 바르게 나타낸 것에 ○표 하세요.

$4 \div \frac{2}{7}$ ➡ $4 \times \frac{7}{2}$ ( )

$4 \times \frac{2}{7}$ ( )

4 계산해 보세요.

(1) $9 \div \frac{3}{4}$

(2) $2 \div \frac{4}{9}$

(3) $12 \div \frac{2}{3}$

5 ☐ 안에 알맞은 수를 써넣으세요.

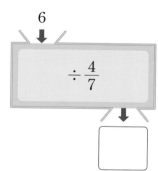

6 자연수를 분수로 나눈 몫을 구해 보세요.

$\frac{3}{5}$	7

( )

6 (분수)÷(분수)를 분수의 곱셈으로 나타내어 계산해요

참기름 $\frac{4}{5}$ L를 빈 통에 담아 보니 통의 $\frac{2}{3}$ 가 찼어요.

통을 가득 채울 수 있는 참기름은 몇 L인지 어떻게 구할 수 있을까요?

탐구

$\frac{4}{5} \div \frac{2}{3}$ 를 분수의 곱셈으로 나타내어 계산해 볼까요?

개념 동영상

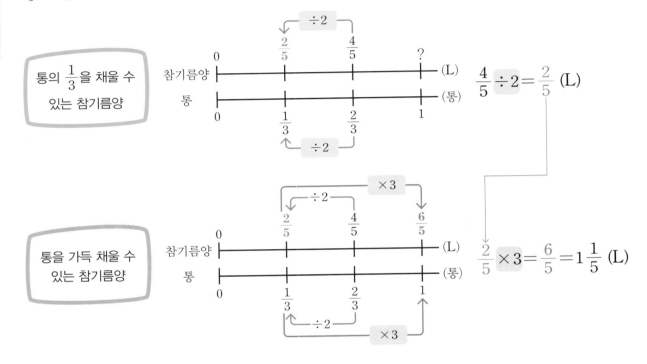

통의 $\frac{1}{3}$ 을 채울 수 있는 참기름양

$\frac{4}{5} \div 2 = \frac{2}{5}$ (L)

통을 가득 채울 수 있는 참기름양

$\frac{2}{5} \times 3 = \frac{6}{5} = 1\frac{1}{5}$ (L)

$$\frac{4}{5} \div \frac{2}{3} = \frac{4}{5} \div 2 \times 3 = \frac{4}{5} \times \frac{1}{2} \times 3 = \frac{4}{5} \times \frac{3}{2} = \frac{6}{5} = 1\frac{1}{5}$$

(분수)÷(분수)는 나눗셈을 곱셈으로 나타내고
나누는 분수의 분모와 분자를 바꾸어 계산합니다.

이미지로 개념 콕

나눗셈은 곱셈으로 나타내기

$$\frac{1}{7} \div \frac{2}{9} = \frac{1}{7} \times \frac{9}{2} = \frac{9}{14}$$

분모와 분자 바꾸기

1 주스 $\dfrac{3}{5}$ L를 빈 병에 담아 보니 병의 $\dfrac{3}{4}$ 이 찼습니다. 그림을 보고 병을 가득 채울 수 있는 주스 양을 구해 보세요.

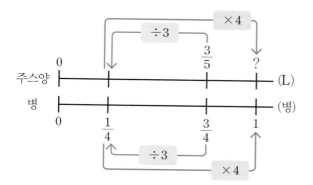

$$\dfrac{3}{5} \div \dfrac{3}{4} = \dfrac{3}{5} \div \boxed{} \times \boxed{} = \dfrac{\boxed{}}{\boxed{}} \text{(L)}$$

2 ☐ 안에 알맞은 수를 써넣으세요.

(1) $\dfrac{5}{7} \div \dfrac{4}{5} = \dfrac{5}{7} \div 4 \times 5 = \dfrac{5}{7} \times \dfrac{1}{\boxed{}} \times 5$

$$= \dfrac{5}{7} \times \dfrac{\boxed{}}{\boxed{}} = \dfrac{\boxed{}}{\boxed{}}$$

(2) $\dfrac{7}{9} \div \dfrac{3}{8} = \dfrac{7}{9} \div 3 \times 8 = \dfrac{7}{9} \times \dfrac{1}{\boxed{}} \times 8$

$$= \dfrac{7}{9} \times \dfrac{\boxed{}}{\boxed{}} = \dfrac{\boxed{}}{\boxed{}} = \boxed{}$$

3 ☐ 안에 알맞은 수를 써넣으세요.

(1) $\dfrac{4}{9} \div \dfrac{5}{7} = \dfrac{4}{9} \times \dfrac{\boxed{}}{\boxed{}} = \dfrac{\boxed{}}{\boxed{}}$

(2) $\dfrac{7}{11} \div \dfrac{2}{5} = \dfrac{7}{11} \times \dfrac{\boxed{}}{\boxed{}}$

$$= \dfrac{\boxed{}}{\boxed{}} = \boxed{}$$

4 계산해 보세요.

(1) $\dfrac{3}{8} \div \dfrac{1}{2}$

(2) $\dfrac{4}{7} \div \dfrac{2}{9}$

(3) $\dfrac{7}{10} \div \dfrac{11}{15}$

5 빈칸에 알맞은 수를 써넣으세요.

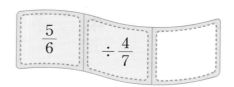

대분수의 나눗셈을 해요

대분수의 나눗셈은 어떻게 할까요?

1 $3\frac{1}{2} \div 1\frac{2}{5}$ 를 계산해 볼까요?

개념 동영상

방법 1 통분하여 계산하기

대분수를 가분수로 나타낸 다음 통분하여 계산해요.

$$3\frac{1}{2} \div 1\frac{2}{5} = \frac{7}{2} \div \frac{7}{5} = \frac{35}{10} \div \frac{14}{10} = 35 \div 14 = \frac{35}{14} = \frac{5}{2} = 2\frac{1}{2}$$

대분수를 가분수로 나타내기 / 통분하기

방법 2 분수의 곱셈으로 나타내어 계산하기

대분수를 가분수로 나타낸 다음 분수의 곱셈으로 나타내어 계산해요.

$$3\frac{1}{2} \div 1\frac{2}{5} = \frac{7}{2} \div \frac{7}{5} = \frac{7}{2} \times \frac{5}{7} = \frac{5}{2} = 2\frac{1}{2}$$

대분수를 가분수로 나타내기 / 분수의 곱셈으로 나타내기

2 $3\frac{1}{8} \div \frac{3}{4}$ 을 계산해 볼까요?

방법 1 통분하여 계산하기

$$3\frac{1}{8} \div \frac{3}{4} = \frac{25}{8} \div \frac{3}{4} = \frac{25}{8} \div \frac{6}{8} = 25 \div 6 = \frac{25}{6} = 4\frac{1}{6}$$

방법 2 분수의 곱셈으로 나타내어 계산하기

$$3\frac{1}{8} \div \frac{3}{4} = \frac{25}{8} \div \frac{3}{4} = \frac{25}{\overset{}{\underset{2}{8}}} \times \frac{\overset{1}{4}}{3} = \frac{25}{6} = 4\frac{1}{6}$$

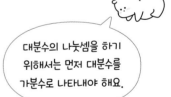

대분수의 나눗셈을 하기 위해서는 먼저 대분수를 가분수로 나타내야 해요.

이미지로 개념 콕

$$1\frac{1}{4} \div \frac{2}{3} = \frac{5}{4} \div \frac{2}{3} \begin{cases} = \frac{15}{12} \div \frac{8}{12} = 15 \div 8 \\ \\ = \frac{5}{4} \times \frac{3}{2} \end{cases} = \frac{15}{8} = 1\frac{7}{8}$$

대분수를 가분수로 나타내기

1 $1\dfrac{2}{5} \div 2\dfrac{3}{4}$ 을 두 가지 방법으로 계산해 보세요.

방법 1 통분하여 계산하기

$$1\dfrac{2}{5} \div 2\dfrac{3}{4} = \dfrac{7}{5} \div \dfrac{11}{4} = \dfrac{\boxed{}}{20} \div \dfrac{\boxed{}}{20}$$

$$= \boxed{} \div 55 = \dfrac{\boxed{}}{\boxed{}}$$

방법 2 분수의 곱셈으로 나타내어 계산하기

$$1\dfrac{2}{5} \div 2\dfrac{3}{4} = \dfrac{7}{5} \div \dfrac{11}{4} = \dfrac{\boxed{}}{5} \times \dfrac{\boxed{}}{\boxed{}}$$

$$= \dfrac{\boxed{}}{\boxed{}}$$

2 ☐ 안에 알맞은 수를 써넣으세요.

(1) $1\dfrac{2}{3} \div \dfrac{4}{9} = \dfrac{\boxed{}}{3} \div \dfrac{\boxed{}}{9} = \dfrac{\boxed{}}{9} \div \dfrac{\boxed{}}{9}$

$= \boxed{} \div 4 = \dfrac{\boxed{}}{\boxed{}} = \boxed{}$

(2) $2\dfrac{1}{3} \div \dfrac{7}{8} = \dfrac{\boxed{}}{3} \div \dfrac{\boxed{}}{8} = \dfrac{\boxed{}}{3} \times \dfrac{\boxed{}}{\boxed{}}$

$= \dfrac{\boxed{}}{3} = \boxed{}$

3 계산해 보세요.

(1) $1\dfrac{5}{6} \div \dfrac{2}{3}$

(2) $\dfrac{5}{8} \div 1\dfrac{1}{7}$

(3) $4\dfrac{1}{2} \div 1\dfrac{3}{5}$

4 ☐ 안에 알맞은 수를 써넣으세요.

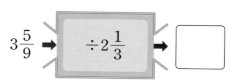

5 진분수를 대분수로 나눈 몫을 구해 보세요.

$\dfrac{5}{8}$　　$2\dfrac{1}{6}$

(　　　　　　　　)

유형 1 (자연수)÷(분수)를 분수의 곱셈으로 나타내어 계산하기

사다리를 따라 내려갔을 때 주어진 나눗셈과 관계있는 곱셈이 있으면 ( ) 안에 나눗셈의 몫을 써넣으세요.

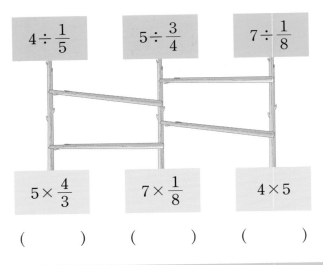

$4 \div \frac{1}{5}$ $5 \div \frac{3}{4}$ $7 \div \frac{1}{8}$

$5 \times \frac{4}{3}$ $7 \times \frac{1}{8}$ 4×5

( ) ( ) ( )

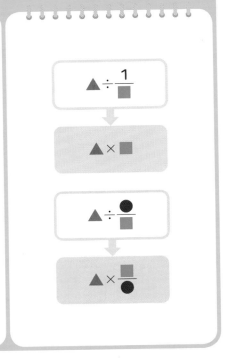

$\blacktriangle \div \frac{1}{\blacksquare}$

$\blacktriangle \times \blacksquare$

$\blacktriangle \div \frac{\blacksquare}{\bullet}$

$\blacktriangle \times \frac{\blacksquare}{\bullet}$

01 나눗셈을 곱셈으로 바르게 나타낸 것에 색칠해 보세요.

$6 \div \frac{1}{3} = 6 \times 3$ $3 \div \frac{5}{8} = 3 \times \frac{5}{8}$

02 $4 \div \frac{2}{7}$ 를 다음과 같이 계산하려고 합니다. ㉠과 ㉡에 알맞은 수를 각각 구하고, 나눗셈의 몫을 구해 보세요.

$$4 \div \frac{2}{7} = 4 \div ㉠ \times ㉡$$

㉠ ( )
㉡ ( )
몫 ( )

03 빈칸에 알맞은 수를 써넣으세요.

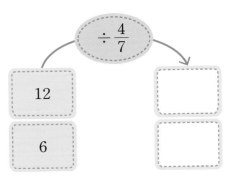

$\div \frac{4}{7}$

12

6

04 나눗셈의 몫이 <u>다른</u> 것을 들고 있는 친구는 누구인가요?

$6 \div \frac{3}{8}$ $2 \div \frac{1}{6}$ $8 \div \frac{2}{3}$

성민   은하   지호

( )

유형 2 (분수)÷(분수)를 분수의 곱셈으로 나타내어 계산하기

보기와 같은 방법으로 계산해 보세요.

보기

$$\frac{7}{8} \div \frac{2}{3} = \frac{7}{8} \times \frac{3}{2} = \frac{21}{16} = 1\frac{5}{16}$$

$$\frac{7}{10} \div \frac{4}{9}$$

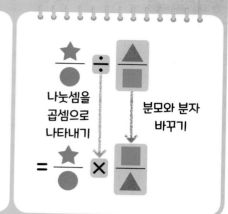

나눗셈을 곱셈으로 나타내기

분모와 분자 바꾸기

05 $\frac{4}{7} \div \frac{2}{21}$ 를 곱셈으로 바르게 나타낸 것에 ○표 하세요.

$$\frac{4}{7} \times \frac{2}{21}$$

$$\frac{4}{7} \times \frac{21}{2}$$

06 관계있는 것끼리 이어 보세요.

$$\frac{2}{3} \div \frac{3}{5}$$

$$\frac{5}{6} \div \frac{3}{8}$$

$$\frac{5}{6} \times \frac{8}{3}$$

$$\frac{2}{3} \times \frac{5}{3}$$

$$\frac{2}{3} \times \frac{3}{5}$$

$$\frac{2}{5}$$

$$1\frac{1}{9}$$

$$2\frac{2}{9}$$

07 잘못 계산한 곳을 찾아 ○표 하고, 바르게 계산해 보세요.

$$\frac{4}{5} \div \frac{3}{7} = \frac{4}{5} \times \frac{3}{7} = \frac{12}{35}$$

↓

바르게 계산하기

서술형

08 ㉠÷㉡의 몫은 얼마인지 풀이 과정을 쓰고, 답을 구해 보세요.

㉠ $\frac{1}{7}$이 2개인 수 ㉡ $\frac{1}{8}$이 5개인 수

풀이

답

유형 **3** 분수의 나눗셈

나눗셈의 몫이 1보다 작은 칸을 모두 찾아 색칠해 보세요.

$2\frac{2}{9} \div \frac{5}{7}$	$\frac{3}{4} \div \frac{7}{8}$	$1\frac{3}{4} \div 1\frac{1}{2}$
$3\frac{1}{3} \div 4\frac{4}{5}$	$12 \div \frac{3}{5}$	$\frac{5}{8} \div 1\frac{1}{5}$

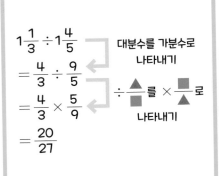

$1\frac{1}{3} \div 1\frac{4}{5}$ 대분수를 가분수로 나타내기

$= \frac{4}{3} \div \frac{9}{5}$

$= \frac{4}{3} \times \frac{5}{9}$ $\div \blacktriangle$ 를 $\times \dfrac{\blacksquare}{\blacktriangle}$ 로 나타내기

$= \frac{20}{27}$

09 빈칸에 알맞은 수를 써넣으세요.

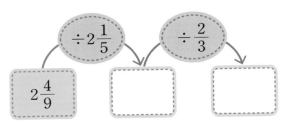

$\div 2\frac{1}{5}$ $\div \frac{2}{3}$

$2\frac{4}{9}$

10 계산 결과를 비교하여 ◯ 안에 >, =, <를 알맞게 써넣으세요.

$$\frac{5}{6} \div 1\frac{1}{3} \bigcirc \frac{5}{27} \div \frac{4}{9}$$

11 사각형 안에 있는 수를 삼각형 안에 있는 수로 나눈 몫을 구해 보세요.

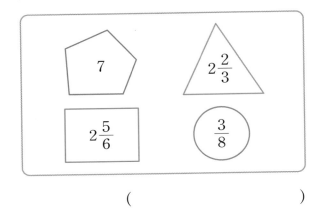

7    $2\frac{2}{3}$

$2\frac{5}{6}$ $\frac{3}{8}$

(   )

12 몫이 큰 것부터 차례로 기호를 써 보세요.

㉠ $\frac{4}{9} \div \frac{14}{15}$ ㉡ $2 \div \frac{1}{2}$ ㉢ $2\frac{2}{7} \div 1\frac{1}{3}$

(   )

→ 바른답·알찬풀이 **7**쪽

유형 4 분수의 나눗셈의 활용

고무관 $3\frac{1}{2}$ m의 무게가 $7\frac{7}{8}$ kg입니다. 이 고무관 1 kg은 몇 m인지 구해 보세요.

식 _____

답 _____ m

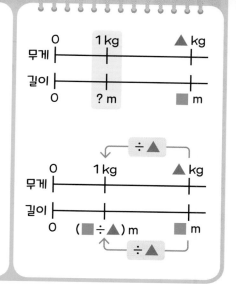

공부한 날

월

일

---

13 우유가 6 L 있습니다. 하루에 $\frac{1}{4}$ L씩 마신다면 며칠 동안 마실 수 있는지 구해 보세요.

식 _____

답 _____ 일

14 쌀의 무게는 보리의 무게의 몇 배인지 구해 보세요.

쌀 $\frac{7}{8}$ kg

보리 $1\frac{5}{6}$ kg

(_____)배

15 식용유 $\frac{3}{8}$ L를 빈 통에 담아 보니 통의 $\frac{7}{10}$ 이 찼습니다. 통을 가득 채울 수 있는 식용유는 몇 L인지 구해 보세요.

(_____) L

(서술형)

16 어느 공장에서 인형 한 개를 만드는 데 15분이 걸립니다. 이 공장에서 $4\frac{1}{2}$ 시간 동안 만들 수 있는 인형은 몇 개인지 풀이 과정을 쓰고, 답을 구해 보세요.

풀이 _____

_____

_____

_____

답 _____ 개

응용유형 1 조건을 만족하는 분수의 나눗셈 만들고 계산하기

추론 창의융합

조건을 만족하는 분수의 나눗셈을 만들고 계산해 보세요.

> **조건**
> · 진분수의 나눗셈입니다.
> · $7 \div 5$를 이용해서 계산할 수 있습니다.
> · 두 분수의 분모는 같고 8 이하입니다.

(1) 두 분수의 분모가 될 수 있는 수를 구해 보세요.

(   )

(2) 조건을 만족하는 분수의 나눗셈을 만들고 계산해 보세요.

식 _____ 답 _____

유사

1-1 **조건**을 만족하는 분수의 나눗셈을 만들고 계산해 보세요.

> **조건**
> · 진분수의 나눗셈입니다.
> · $9 \div 8$을 이용해서 계산할 수 있습니다.
> · 두 분수의 분모는 같고 10 이하입니다.

식 _____ 답 _____

변형

1-2 **조건**을 만족하는 분수의 나눗셈을 모두 만들고 계산해 보세요.

> **조건**
> · 진분수의 나눗셈입니다.
> · $5 \div 11$을 이용해서 계산할 수 있습니다.
> · 두 분수의 분모는 같고 13 이하입니다.

$$\frac{\square}{\square} \div \frac{\square}{\square} = \frac{\square}{\square} , \quad \frac{\square}{\square} \div \frac{\square}{\square} = \frac{\square}{\square}$$

응용유형 2　도형에서 길이 구하기

공부한 날

월

일

넓이가 $\frac{3}{5}$ m²인 평행사변형이 있습니다. 이 평행사변형의 밑변이 $\frac{7}{10}$ m일 때, <u>높이는 몇 m</u>인지 구해 보세요.

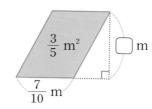

(1) 넓이, 높이, 밑변 중에서 □ 안에 알맞은 말을 써넣으세요.

$$(평행사변형의 넓이) = (밑변) \times (\boxed{}) \implies (높이) = (\boxed{}) \div (\boxed{})$$

(2) 평행사변형의 높이는 몇 m인지 구해 보세요.

식 _____　　답 _____ m

유사

2-1 　넓이가 $4\frac{2}{3}$ cm²인 직사각형이 있습니다. 이 직사각형의 세로가 $2\frac{2}{5}$ cm일 때, 가로는 몇 cm인지 구해 보세요.

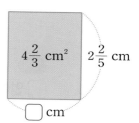

(　　　　　　　) cm

변형

2-2 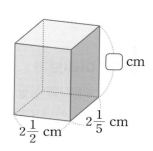　부피가 $17\frac{7}{8}$ cm³인 직육면체가 있습니다. 이 직육면체의 가로가 $2\frac{1}{2}$ cm, 세로가 $2\frac{1}{5}$ cm일 때, 높이는 몇 cm인지 구해 보세요.

(　　　　　　　) cm

  문제해결 추론

응용유형 3 □ 안에 들어갈 수 있는 수 구하기

□ 안에 들어갈 수 있는 자연수를 모두 구해 보세요.

$$\frac{3}{5} \div \frac{2}{7} > \square$$

(1) $\frac{3}{5} \div \frac{2}{7}$ 를 계산해 보세요.

(   )

(2) □ 안에 들어갈 수 있는 자연수를 모두 구해 보세요.

(   )

3-1 유사

□ 안에 들어갈 수 있는 가장 작은 자연수를 구해 보세요.

$$1\frac{2}{7} \div \frac{3}{8} < \square$$

(   )

3-2 변형

□ 안에 들어갈 수 있는 자연수를 모두 구해 보세요.

$$10 < 12 \div \frac{3}{\square} < 20$$

(   )

 중2 미리보기

부등식의 성질 ➡ 부등식의 양변에 0이 아닌 같은 수를 곱하거나 양변을
0이 아닌 같은 수로 나누어도 부등호의 방향은 바뀌지 않습니다.
└─ 부등호의 왼쪽 부분과 오른쪽 부분

예 ■ × 6 < 24

■ × 6 ÷ 6 < 24 ÷ 6

■ < □

 4

> , < 와 같은 부등호를
사용하여 수 또는 식의
대소 관계를 나타낸 것을
부등식이라고 해요.

응용유형 4 **수 카드로 몫이 가장 작은(큰) 나눗셈 만들기**

 문제 해결 추론

1 단원

공부한 날

월

일

수 카드 중에서 2장을 골라 몫이 가장 작은 (자연수)÷(진분수)를 만들려고 합니다. 몫을 구해 보세요.

5 4 2 8 ➡ $\square ÷ \dfrac{\square}{9}$

(1) 알맞은 말에 ○표 하세요.

> 몫을 가장 작게 하려면 나누어지는 수는 가장 (큰 , 작은) 자연수로, 나누는 수는 가장 (큰 , 작은) 진분수로 만들어야 합니다.

(2) 몫이 가장 작은 나눗셈을 만들고, 몫을 구해 보세요.

$$\square ÷ \dfrac{\square}{9} = \boxed{}$$

 유사

4-1 수 카드 중에서 2장을 골라 몫이 가장 큰 (자연수)÷(진분수)를 만들려고 합니다. $\square$ 안에 알맞은 수를 써넣고, 몫을 구해 보세요.

1 6 4 3 ➡ $\square ÷ \dfrac{\square}{5}$

(   )

 변형

4-2 수 카드 중에서 2장을 골라 몫이 가장 작은 (진분수)÷(진분수)를 만들려고 합니다. $\square$ 안에 알맞은 수를 써넣고, 몫을 구해 보세요.

9 6 7 2 ➡ $\dfrac{\square}{13} ÷ \dfrac{\square}{13}$

(   )

1. 분수의 나눗셈

한 문항당 배점은 5점입니다.

점수

점

01 그림을 보고 □ 안에 알맞은 수를 써넣으세요.

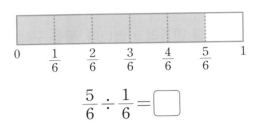

$$\frac{5}{6} \div \frac{1}{6} = \boxed{}$$

02 □ 안에 알맞은 수를 써넣으세요.

$$\frac{7}{9} \div \frac{2}{9} = 7 \div \boxed{} = \frac{\boxed{}}{\boxed{}} = \boxed{}$$

중요
03 $4 \div \frac{3}{8}$ 을 곱셈으로 바르게 나타낸 것에 ○표 하세요.

| $4 \times \frac{3}{8}$ | $4 \times \frac{8}{3}$ |

(   )   (   )

04 계산해 보세요.

$$\frac{3}{4} \div 1\frac{1}{2}$$

05 보기 와 같은 방법으로 계산해 보세요.

보기

$$\frac{2}{9} \div \frac{3}{5} = \frac{2}{9} \times \frac{5}{3} = \frac{10}{27}$$

$$\frac{2}{3} \div \frac{3}{4}$$ _____

06 대분수를 진분수로 나눈 몫을 구해 보세요.

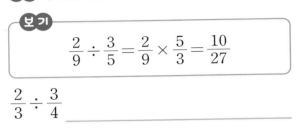

(   )

07 나눗셈의 몫을 찾아 이어 보세요.

$\frac{12}{13} \div \frac{4}{13}$ •

$4 \div \frac{4}{5}$ •

• 1

• 3

• 5

08 $5\frac{1}{2}$ 은 $\frac{5}{9}$ 의 몇 배인지 구해 보세요.

(   )배

09 빈칸에 알맞은 수를 써넣으세요.

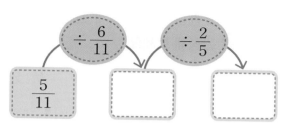

10 계산 결과를 비교하여 ◯ 안에 >, =, <를 알맞게 써넣으세요.

$$2\frac{1}{3} \div \frac{3}{5} \bigcirc 6 \div \frac{3}{4}$$

중요

11 나눗셈의 몫이 1보다 작은 것을 찾아 기호를 써 보세요.

$$\bigcirc \frac{7}{8} \div \frac{5}{6} \quad \bigcirc \frac{3}{7} \div \frac{4}{5} \quad \bigcirc \frac{3}{4} \div \frac{1}{5}$$

( )

12 예지는 사과주스를 며칠 동안 마실 수 있는지 구해 보세요.

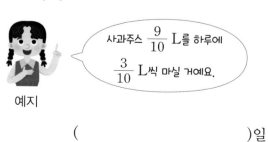

예지

사과주스 $\frac{9}{10}$ L를 하루에 $\frac{3}{10}$ L씩 마실 거예요.

( )일

13 빵 한 개를 만드는 데 밀가루 $\frac{1}{9}$ 컵이 필요합니다. 밀가루 8컵으로 만들 수 있는 빵은 몇 개인지 구해 보세요.

식 _____

답 _____ 개

응용

14 수 카드를 한 번씩 모두 사용하여 가장 큰 대분수를 만들고, 만든 대분수를 $\frac{1}{2}$ 로 나눈 몫을 구해 보세요.

6   2   5

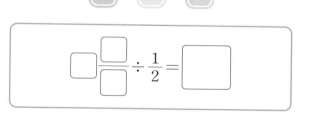

15 휘발유 $1\frac{1}{6}$ L로 $6\frac{1}{3}$ km를 가는 자동차가 있습니다. 이 자동차는 휘발유 1 L로 몇 km를 갈 수 있는지 구해 보세요.

( ) km

16 조건을 만족하는 분수의 나눗셈을 만들고 계산해 보세요.

> 조건
> • 진분수의 나눗셈입니다.
> • $8 \div 5$를 이용해서 계산할 수 있습니다.
> • 두 분수의 분모는 같고 9 이하입니다.

식 _____

답 _____

17 넓이가 $6\frac{1}{2}$ m²인 직사각형이 있습니다. 이 직사각형의 가로가 $3\frac{1}{4}$ m일 때, 세로는 몇 m인지 구해 보세요.

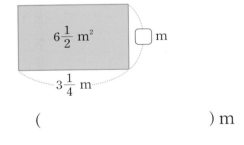

( ) m

18 은주는 길이가 10 m인 끈을 $\frac{5}{7}$ m씩 잘라 리본을 만들었고, 준호는 길이가 9 m인 끈을 $\frac{3}{4}$ m씩 잘라 리본을 만들었습니다. 은주와 준호 중에서 누가 만든 리본이 몇 개 더 많은지 구해 보세요.

( ), ( )개

서술형 문제

19 알맞은 계산 과정과 알게 된 점을 써넣어 일기를 완성해 보세요.

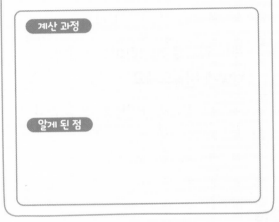

○○월 ○○일
수학 시간에 (대분수)÷(대분수)를 계산하는 방법을 배웠다. 선생님께서 $5\frac{3}{4} \div 1\frac{1}{2}$을 계산해 보라고 하셔서 나는 이렇게 계산했다.

> 계산 과정
>
>
> 알게 된 점

20 ☐ 안에 들어갈 수 있는 자연수는 모두 몇 개인지 풀이 과정을 쓰고, 답을 구해 보세요.

$$\frac{5}{6} \div \frac{2}{9} > \square$$

풀이 _____

_____

_____

답 _____ 개

1. 분수의 나눗셈

한 문항당 배점은 5점입니다.

→ 바른답·알찬풀이 11쪽

01 □ 안에 알맞은 수를 써넣으세요.

$\dfrac{4}{7}$는 $\dfrac{1}{7}$이 4개이고 $\dfrac{5}{7}$는 $\dfrac{1}{7}$이 5개이므로 $\dfrac{4}{7} \div \dfrac{5}{7}$는 $\boxed{} \div \boxed{}$(으)로 계산할 수 있습니다.

$$\dfrac{4}{7} \div \dfrac{5}{7} = \boxed{} \div \boxed{} = \dfrac{\boxed{}}{\boxed{}}$$

02 □ 안에 알맞은 수를 써넣으세요.

$$\dfrac{5}{9} \div \dfrac{3}{4} = \dfrac{5}{9} \times \dfrac{\boxed{}}{\boxed{}} = \dfrac{\boxed{}}{\boxed{}}$$

03 관계있는 것끼리 이어 보세요.

$4 \div \dfrac{1}{3}$ • • 2×4

$2 \div \dfrac{1}{4}$ • • 4×3

04 계산해 보세요.

$5\dfrac{1}{5} \div \dfrac{2}{3}$

중요

05 빈칸에 알맞은 수를 써넣으세요.

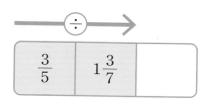

| $\dfrac{3}{5}$ | $1\dfrac{3}{7}$ | |

06 $21 \div \dfrac{3}{7}$ 의 몫에 색칠해 보세요.

| 9 | 49 |

07 ㉠, ㉡, ㉢에 알맞은 수의 합을 구해 보세요.

$$\dfrac{9}{13} \div \dfrac{3}{13} = ㉠ \div ㉡ = ㉢$$

( )

08 유진이가 말하는 수를 정훈이가 말하는 수로 나눈 몫을 구해 보세요.

유진: $\dfrac{1}{2}$

정훈: $\dfrac{1}{6}$이 5개인 수.

( )

09 나눗셈의 몫이 자연수인 것을 찾아 기호를 써 보세요.

$$\bigcirc\ \frac{9}{10} \div \frac{5}{10} \qquad \bigcirc\ 1\frac{3}{4} \div \frac{7}{8}$$

( )

중요

10 계산을 바르게 한 친구는 누구인가요?

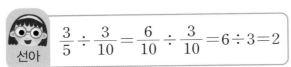
선아 $\dfrac{3}{5} \div \dfrac{3}{10} = \dfrac{6}{10} \div \dfrac{3}{10} = 6 \div 3 = 2$

$\dfrac{3}{5} \div \dfrac{3}{10} = \dfrac{3}{5} \times \dfrac{3}{10} = \dfrac{9}{50}$ 수호

( )

11 가장 큰 수를 가장 작은 수로 나눈 몫을 구해 보세요.

$$3\frac{1}{3} \qquad 2\frac{4}{7} \qquad 1\frac{3}{4}$$

( )

12 나눗셈의 몫이 작은 것부터 차례로 ◯ 안에 1, 2, 3을 써넣으세요.

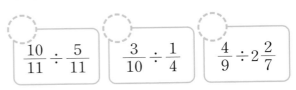
$$\frac{10}{11} \div \frac{5}{11} \qquad \frac{3}{10} \div \frac{1}{4} \qquad \frac{4}{9} \div 2\frac{2}{7}$$

13 노란색 털실의 길이는 초록색 털실의 길이의 몇 배인지 구해 보세요.

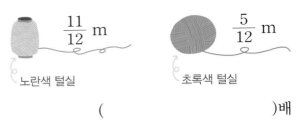
$\dfrac{11}{12}$ m $\dfrac{5}{12}$ m

노란색 털실   초록색 털실

( )배

14 설탕 2 kg을 빈 통에 담아 보니 통의 $\dfrac{4}{9}$ 가 찼습니다. 통을 가득 채울 수 있는 설탕은 몇 kg 인지 구해 보세요.

식 _____

답 _____ kg

응용

15 ㉠은 ㉡의 몇 배인지 구해 보세요.

$$\bigcirc\ \frac{10}{13} \div \frac{7}{13} \qquad \bigcirc\ \frac{3}{8} \div \frac{1}{5}$$

( )배

중요

16 □ 안에 알맞은 수가 더 큰 식을 쓴 친구는 누구인가요?

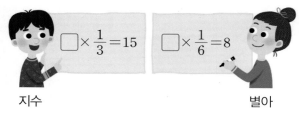

지수 $\square \times \frac{1}{3} = 15$ $\square \times \frac{1}{6} = 8$ 별아

(   )

17 물 5 L 중에서 $\frac{5}{6}$ L를 마셨습니다. 남은 물을 한 병에 $\frac{5}{12}$ L씩 담으면 몇 병에 나누어 담을 수 있는지 구해 보세요.

(   )병

18 수 카드 ③ , ⑨ , ⑤ , ⑦ 중에서 2장을 골라 몫이 가장 작은 (자연수)÷(진분수)를 만들려고 합니다. □ 안에 알맞은 수를 써넣으세요.

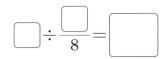

$$\boxed{} \div \frac{\boxed{}}{8} = \boxed{}$$

서술형 문제

19 연우가 공원을 한 바퀴 뛰는 데 10분이 걸립니다. 연우가 $1\frac{1}{3}$ 시간 동안 공원을 몇 바퀴 뛸 수 있는지 풀이 과정을 쓰고, 답을 구해 보세요.

풀이 _____

_____

_____

_____

답 _____ 바퀴

응용

20 둘레가 $\frac{4}{9}$ cm인 정다각형이 있습니다. 한 변이 $\frac{1}{18}$ cm일 때 이 정다각형의 이름은 무엇인지 풀이 과정을 쓰고, 답을 구해 보세요.

풀이 _____

_____

_____

_____

답 _____

2

공간과 입체

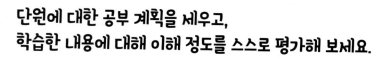

단원에 대한 공부 계획을 세우고,
학습한 내용에 대해 이해 정도를 스스로 평가해 보세요.

☆☆☆ 자신있게 설명할 수 있어요.   ☆☆ 설명하기 조금 힘들어요.   ☆ 어려워서 설명할 수 없어요.

1 어느 방향에서 보았는지 알아봐요

사진기로 저금통을 여러 방향에서 찍고 있어요.
사진 속 저금통은 어떻게 보일까요?

 탐구 **저금통을 본 방향을 알아볼까요?**

개념 동영상

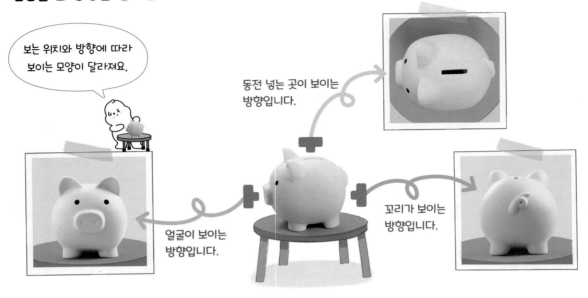

보는 위치와 방향에 따라 보이는 모양이 달라져요.

동전 넣는 곳이 보이는 방향입니다.

꼬리가 보이는 방향입니다.

얼굴이 보이는 방향입니다.

🔍 놀이 기구를 본 방향 알아보기

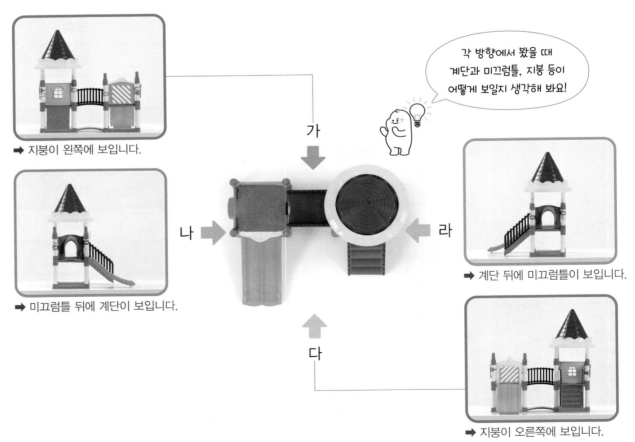

각 방향에서 봤을 때 계단과 미끄럼틀, 지붕 등이 어떻게 보일지 생각해 봐요!

➡ 지붕이 왼쪽에 보입니다.

➡ 미끄럼틀 뒤에 계단이 보입니다.

가

나

라

➡ 계단 뒤에 미끄럼틀이 보입니다.

다

➡ 지붕이 오른쪽에 보입니다.

1 트럭을 여러 방향에서 본 모습입니다. 트럭을 본 방향을 써 보세요.

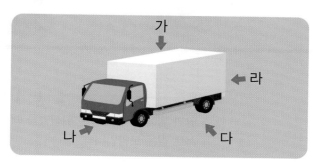

(1)

☐ 방향

(2)　　　　　　(3)

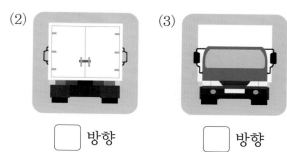

☐ 방향　　　☐ 방향

2 집을 위에서 본 모습입니다. 집을 본 방향을 써 보세요.

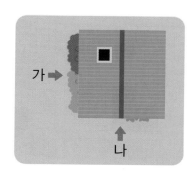

(1)　　　　　　(2)

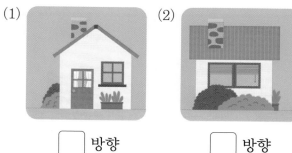

☐ 방향　　　☐ 방향

3 같은 컵을 본 모습끼리 짝 지어 이어 보세요.

·　　　·　　　·

·　　　·　　　·

2
단원

공부한 날

☐ 월

☐ 일

4 영주의 방을 위에서 본 모습입니다. 각 사진을 찍은 방향을 써 보세요.

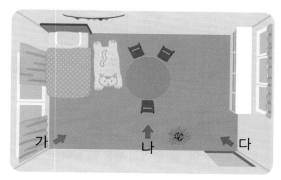

(1)

☐ 방향

(2)

☐ 방향

2. 공간과 입체 **43**

2 위, 앞, 옆에서 본 모양을 그려요

친구들이 쌓기나무로 쌓은 모양을 각각 다른 방향에서 보고 있어요.

여러 방향에서 본 모양을 알아볼까요?

개념 동영상

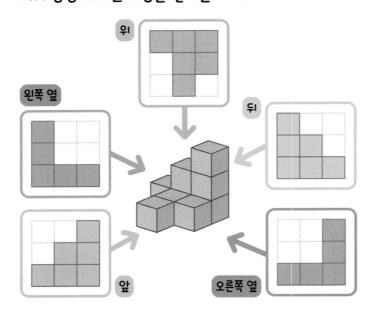

위

왼쪽 옆

뒤

앞

오른쪽 옆

• 앞과 뒤에서 본 모양은 뒤집었을 때 서로 같은 모양입니다.

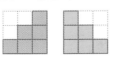

• 오른쪽 옆과 왼쪽 옆에서 본 모양은 뒤집었을 때 서로 같은 모양입니다.

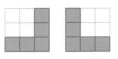

뒤집었을 때 모양이 같은 방향은 한 방향만 알아도 되겠어요!

🔍 위, 앞, 옆에서 본 모양 그리기

위, 앞, 옆에서 봤을 때 보이는 부분에 각각 초록색, 하늘색, 보라색을 칠한 모양	위에서 본 모양	앞에서 본 모양	옆에서 본 모양
	초록색으로 칠한 부분을 모아 그립니다.	하늘색으로 칠한 부분을 모아 그립니다.	보라색으로 칠한 부분을 모아 그립니다.

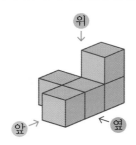

위

앞 ← 옆

위

앞

옆

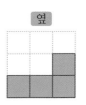

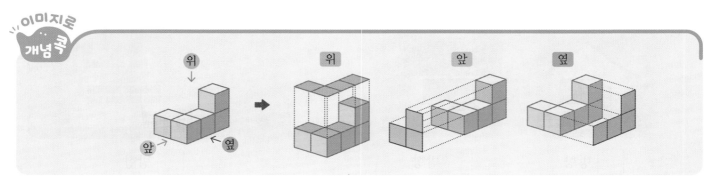

위

앞 옆

위

앞

옆

1 쌓은 모양을 보고 물음에 답하세요.

(1) 쌓은 모양을 위에서 봤을 때 보이는 부분에는 초록색, 앞에서 봤을 때 보이는 부분에는 하늘색, 옆에서 봤을 때 보이는 부분에는 보라색을 칠해 보세요.

(2) 초록색, 하늘색, 보라색으로 칠한 부분을 보고 위, 앞, 옆에서 본 모양을 각각 그려 보세요.

위　　　　앞　　　　옆

2 쌓은 모양을 각각 어느 방향에서 본 모양인지 위, 앞, 옆을 알맞게 써 보세요.

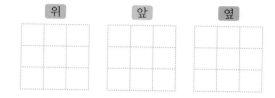

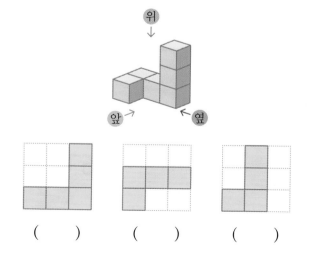

(　　)　　(　　)　　(　　)

3 쌓은 모양을 정은, 민경, 장수가 각각 다른 방향에서 보고 있습니다. 각 방향에서 본 모양을 **잘못** 그린 친구는 누구인가요?

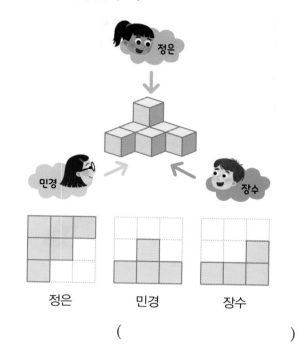

정은　　　민경　　　장수

(　　　　　　　　　　)

4 쌓은 모양을 위, 앞, 옆에서 본 모양을 각각 그려 보세요.

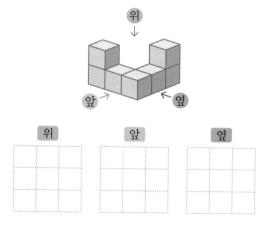

위　　　　앞　　　　옆

3 쌓기나무의 개수를 구해요 (1)

쌓기나무로 쌓은 모양을 보고 있어요.
똑같은 모양으로 쌓으려면 쌓기나무가
몇 개 필요할까요?

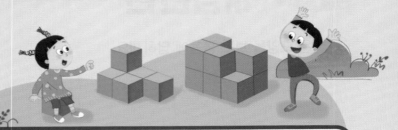

 탐구 쌓은 모양을 보고 쌓기나무의 개수를 알아볼까요?

개념 동영상

가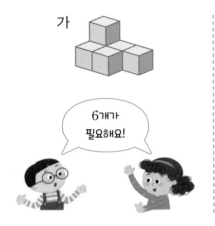

나  이 자리에 쌓기나무가
있는지 없는지 알 수
없습니다.

6개가
필요해요!

9개가 필요할
것 같아요.

10개가 필요할
것 같아요.

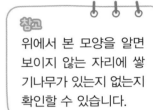 **참고**
위에서 본 모양을 알면
보이지 않는 자리에 쌓
기나무가 있는지 없는지
확인할 수 있습니다.

🔍 쌓은 모양과 위에서 본 모양을 보고 쌓기나무의 개수 구하기

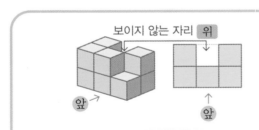

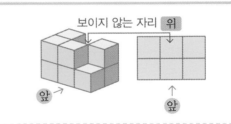

보이지 않는 자리에 쌓기나무가 없으므로
쌓기나무는 9개입니다.

보이지 않는 자리에 쌓기나무가 1개 있으
므로 쌓기나무는 10개입니다.

이미지로 개념콕

쌓기나무가
5개? 6개?

보이지 않는 자리에
1개가 있어요.

위

➡ **6개**

1 주어진 모양과 똑같이 쌓을 때 필요한 쌓기나무는 몇 개인가요?

( )개

2 쌓은 모양을 보고 물음에 답하세요.

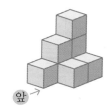

(1) 위에서 본 모양이 다음과 같다면 똑같이 쌓을 때 필요한 쌓기나무는 몇 개인가요?

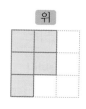

( )개

(2) 위에서 본 모양이 다음과 같다면 똑같이 쌓을 때 필요한 쌓기나무는 몇 개인가요?

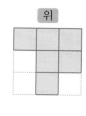

( )개

3 쌓은 모양과 위에서 본 모양입니다. 똑같이 쌓을 때 필요한 쌓기나무는 몇 개인가요?

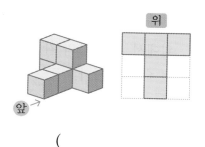

( )개

4 진영이와 호진이가 쌓은 모양과 위에서 본 모양입니다. 쌓기나무 9개로 쌓은 친구는 누구인가요?

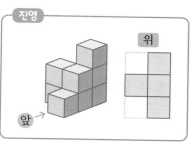

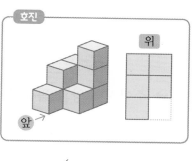

( )

5 쌓기나무의 개수를 정확히 알 수 있는 모양을 찾고, 몇 개로 쌓은 모양인지 써 보세요.

가 나

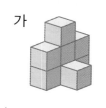

( ), ( )개

4 쌓기나무의 개수를 구해요 (2)

여러 가지 방법으로 쌓기나무의 개수를 구해 볼까요?

개념 동영상

① 위에서 본 모양에 수를 써서 쌓기나무의 개수를 구해 볼까요?

위에서 본 모양의 각 자리에 쌓여 있는 쌓기나무의 개수를 ☐ 안에 써넣어 쌓은 모양을 나타 낼 수 있습니다.

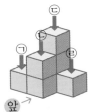

㉠	㉡	㉢	㉣
1개	2개	3개	1개

위
	3	1
1	2	
↑
앞

➡ 주어진 모양과 똑같이 쌓을 때 필요한 쌓기나무는 $3+1+1+2=7$(개)입니다.
└─ 위에서 본 모양의 각 자리에 쓴 수의 합

② 층별로 나누어 쌓기나무의 개수를 구해 볼까요?

쌓은 모양을 층별로 나누어 그려서 쌓은 모양을 나타낼 수 있습니다.

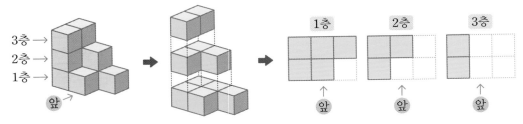

➡ 주어진 모양과 똑같이 쌓을 때 필요한 쌓기나무는 $5+3+2=10$(개)입니다.
└─ 각 층의 모양에 색칠된 칸 수의 합

참고 쌓은 모양을 층별로 나누어 그렸을 때 1층의 모양은 위에서 본 모양과 같습니다.

주의 층별로 나누어 그릴 때 같은 자리에 쌓여 있는 쌓기나무들은 각 층의 모양에서 같은 자리에 나타내야 합니다.

이미지로 개념 콕

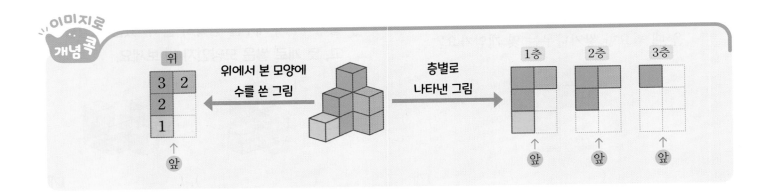

1 쌓기나무를 쌓은 자리에 기호를 붙였습니다. 물음에 답하세요.

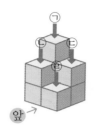

(1) 각 자리에 쌓여 있는 쌓기나무의 개수를 써 보세요.

㉠	㉡	㉢	㉣

(2) 위에서 본 모양의 각 자리에 쌓여 있는 쌓기나무의 개수를 □ 안에 써넣으세요.

(3) 주어진 모양과 똑같이 쌓을 때 필요한 쌓기나무는 몇 개인가요?

( )개

2 쌓은 모양을 보고 위에서 본 모양에 수를 써 보세요. 똑같이 쌓을 때 필요한 쌓기나무는 몇 개인가요?

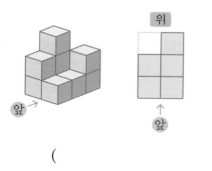

( )개

3 쌓은 모양을 층별로 나누었습니다. 물음에 답하세요.

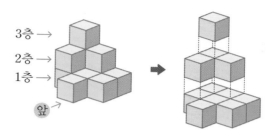

(1) 각 층의 모양을 만드는 데 필요한 쌓기나무의 개수를 써 보세요.

1층	2층	3층

(2) 쌓은 모양을 층별로 나누어 그려 보세요.

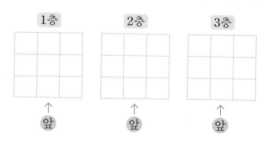

(3) 주어진 모양과 똑같이 쌓을 때 필요한 쌓기나무는 몇 개인가요?

( )개

4 오른쪽 쌓은 모양을 층별로 나누어 그려 보세요. 똑같이 쌓을 때 필요한 쌓기나무는 몇 개인가요?

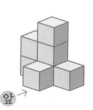

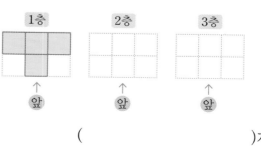

( )개

유형 1 어느 방향에서 보았는지 알아보기

수프 그릇 2개의 사진을 2장씩 찍었습니다. 같은 그릇을 찍은 사진끼리 이어 보세요.

손잡이 위치랑 수를 잘 관찰해 보세요.

01 장난감 놀이 기구를 여러 방향에서 찍은 사진입니다. 각 사진을 찍은 방향을 써 보세요.

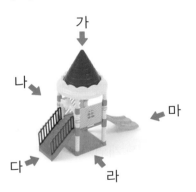

(1) ☐ 방향

(2) ☐ 방향

(3)  ☐ 방향

(4) ☐ 방향

[02~03] 유리병 3개를 식탁 위에 놓고 사진을 찍었습니다. 물음에 답하세요.

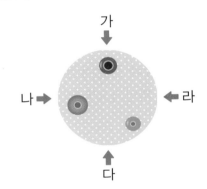

ㄱ    ㄴ

ㄷ    ㄹ

02 나 방향에서 찍은 사진을 찾아 기호를 써 보세요.

( )

03 찍을 수 <u>없는</u> 사진을 찾아 기호를 써 보세요.

( )

→ 바른답·알찬풀이 **14**쪽

유형 2 · 위, 앞, 옆에서 본 모양

쌓은 모양과 위에서 본 모양입니다. 앞과 옆에서 본 모양을 각각 그려 보세요.

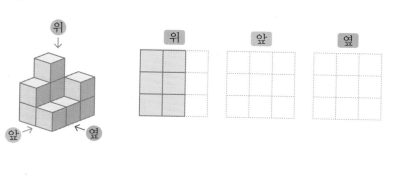

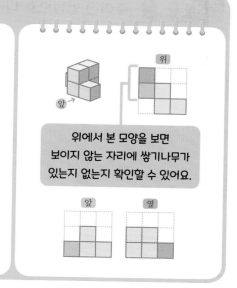

위에서 본 모양을 보면 보이지 않는 자리에 쌓기나무가 있는지 없는지 확인할 수 있어요.

04 쌓은 모양과 위에서 본 모양입니다. 앞에서 본 모양에 ○표, 옆에서 본 모양에 △표 하세요.

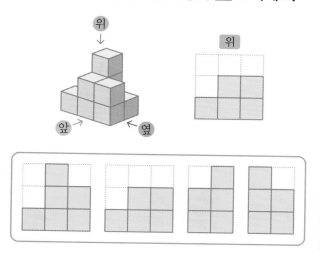

05 쌓은 모양과 위에서 본 모양입니다. 앞과 옆에서 본 모양을 각각 그려 보세요.

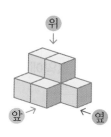

서술형

06 쌓은 모양을 위, 앞, 옆에서 본 모양 중에서 하나를 잘못 그렸습니다. 잘못 그린 모양을 찾아 이유를 쓰고, 바르게 그려 보세요.

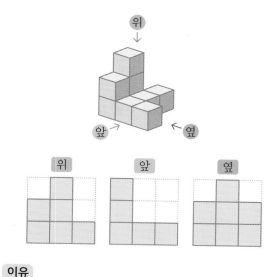

이유 _____

_____

_____

바르게 그리기

유형 3 주어진 방법으로 나타내기

쌓은 모양을 보고 위에서 본 모양에 수를 써서 나타내 보세요.

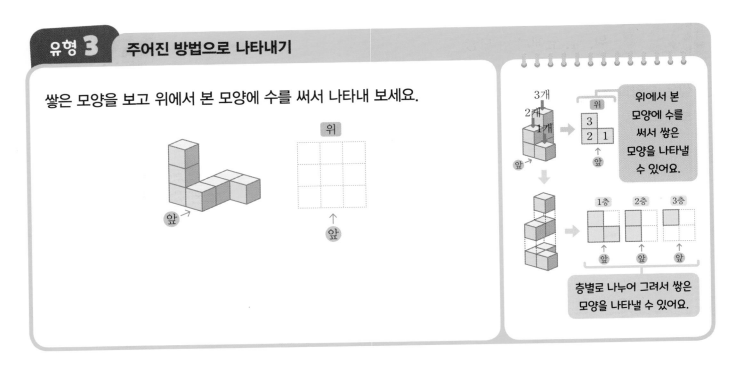

[07~08] 쌓은 모양을 보고 물음에 답하세요.

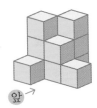

07 위에서 본 모양에 수를 써서 나타내 보세요.

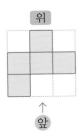

08 쌓은 모양을 층별로 나누어 그려 보세요.

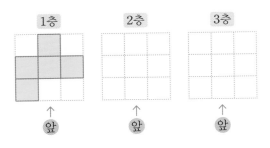

09 쌓은 모양을 층별로 나누어 그려 보세요.

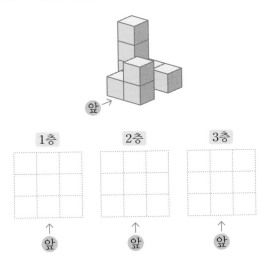

10 쌓기나무 8개로 쌓은 모양입니다. 위에서 본 모양에 수를 써서 나타내 보세요.

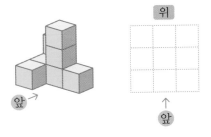

→ 바른답·알찬풀이 **15**쪽

유형 **4**　쌓기나무의 개수 구하기

쌓은 모양과 위에서 본 모양입니다. 똑같이 쌓을 때 필요한 쌓기나무는 몇 개인가요?

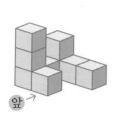 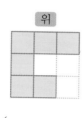

(　　　　　　　　　　)개

보이지 않는 자리에 쌓기나무가 있는지 없는지 꼭 확인해야 해요.

---

11 쌓은 모양을 보고 위에서 본 모양에 수를 써 보세요. 똑같이 쌓을 때 필요한 쌓기나무는 몇 개인가요?

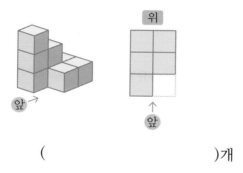

(　　　　　　　　　　)개

12 오른쪽 쌓은 모양을 층별로 나누어 그려 보세요. 똑같이 쌓을 때 필요한 쌓기나무는 몇 개인가요?

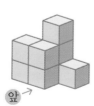

1층	2층	3층

(　　　　　　　　　　)개

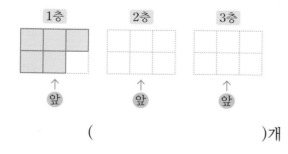

13 위에서 본 모양에 수를 써서 나타낸 그림을 보고 층별로 나누어 그려 보세요. 똑같이 쌓을 때 필요한 쌓기나무는 몇 개인가요?

위	1층	2층	3층

(　　　　　　　　　　)개

서술형

14 똑같이 쌓을 때 쌓기나무가 더 많이 필요한 것은 어느 것인지 풀이 과정을 쓰고, 답을 구해 보세요.

가　　　위　　　나　　　위

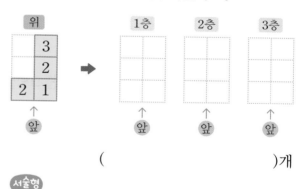

풀이 _____

_____

답 _____

5 쌓은 모양을 알아봐요

쌓은 모양을 위, 앞, 옆에서 찍은 사진이 있어요.

❶ 위, 앞, 옆에서 본 모양을 보고 쌓은 모양을 알아볼까요?

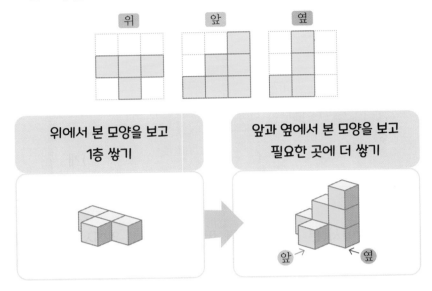

위에서 본 모양을 보고 1층 쌓기

앞과 옆에서 본 모양을 보고 필요한 곳에 더 쌓기

❷ 위에서 본 모양에 수를 쓴 그림을 보고 쌓은 모양을 알아볼까요?

자리를 확인하며 각 자리의 수만큼 쌓기나무를 쌓아요.

❸ 층별로 나타낸 그림을 보고 쌓은 모양을 알아볼까요?

1층부터 차례로 각 층의 모양을 쌓아요.

1층부터

1 위, 앞, 옆에서 본 모양입니다. 물음에 답하세요.

(1) 위에서 본 모양을 보고 1층의 모양을 다음과 같이 쌓았습니다. 옆에서 본 모양을 보고 더 쌓지 않아도 되는 자리를 모두 찾아 기호를 써 보세요.

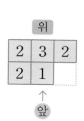

( )

(2) 앞에서 본 모양을 보고 쌓은 모양을 찾아 ○표 하세요.

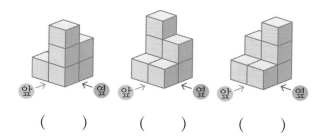

( )　( )　( )

2 오른쪽과 같이 위에서 본 모양에 수를 써서 나타낸 그림을 보고 쌓은 모양을 찾아 기호를 써 보세요.

위		
2	3	2
2	1	

↑
앞

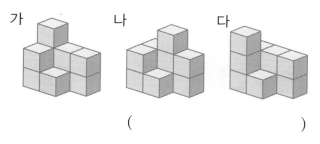

가　나　다

( )

3 위, 앞, 옆에서 본 모양입니다. 물음에 답하세요.

(1) 위에서 본 모양을 보고 1층의 모양을 찾아 ○표 하세요.

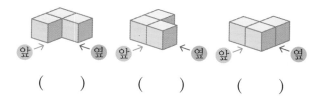

( )　( )　( )

(2) 앞과 옆에서 본 모양을 보고 쌓은 모양을 찾아 ○표 하세요.

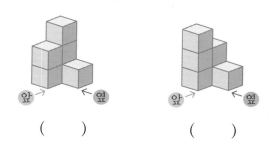

( )　( )

4 층별로 나타낸 그림을 보고 쌓은 모양을 찾아 ○표 하세요.

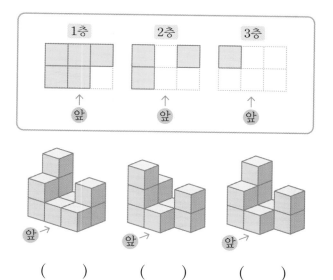

( )　( )　( )

조건에 따라 모양을 만들어요

6

쌓기나무 3개를 붙여서 만들 수 있는 모양은 몇 가지일까요?

탐구

개념 동영상

❶ 쌓기나무 3개로 만들 수 있는 모양을 알아볼까요?

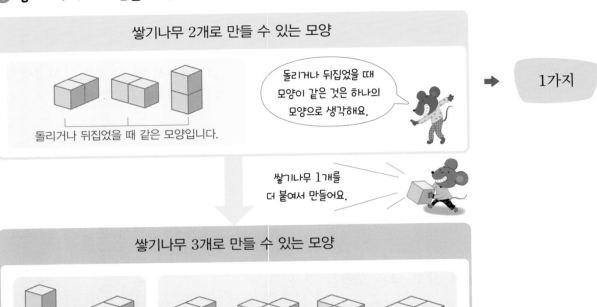

쌓기나무 2개로 만들 수 있는 모양

돌리거나 뒤집었을 때 같은 모양입니다.

돌리거나 뒤집었을 때 모양이 같은 것은 하나의 모양으로 생각해요.

➡ 1가지

쌓기나무 1개를 더 붙여서 만들어요.

쌓기나무 3개로 만들 수 있는 모양

돌리거나 뒤집었을 때 같은 모양입니다.

돌리거나 뒤집었을 때 같은 모양입니다.

➡ 2가지

❷ 새로운 모양을 만들어 볼까요?

두 가지 모양을 합쳐 새로운 모양을 만들었습니다.

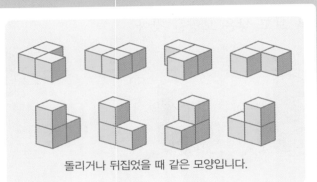

어떻게 만들었을까요?

새로운 모양에서 한 가지 모양을 먼저 찾고, 나머지 부분이 다른 모양과 같은지 확인해 봅니다.

남은 부분이 보라색 모양과 같은지 확인해요!

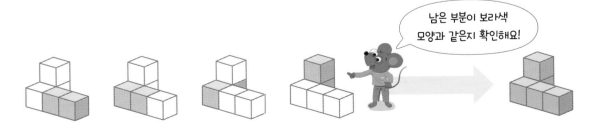

1 왼쪽 모양에 쌓기나무 1개를 더 붙여서 만들 수 있는 모양에 ◯표 하세요.

(1)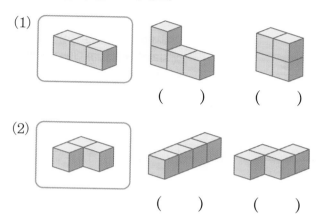

( ) ( )

(2)

( ) ( )

2 돌리거나 뒤집었을 때 모양이 같은 것끼리 이어 보세요.

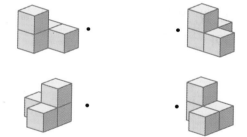

3 모양에 쌓기나무 1개를 더 붙여서 만들 수 있는 모양이 <u>아닌</u> 것을 찾아 기호를 써 보세요. (단, 돌리거나 뒤집어서 모양이 같은 것은 하나의 모양으로 생각합니다.)

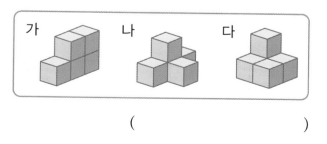

가   나   다

( )

4 주어진 두 가지 모양을 합쳐 만들 수 있는 모양에 ◯표 하세요.

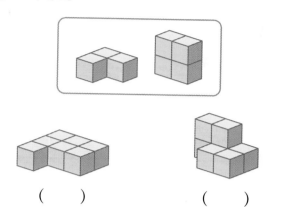

( )   ( )

5 주어진 모양에 쌓기나무 1개를 더 붙여서 만들 수 있는 모양은 몇 가지인가요? (단, 돌리거나 뒤집어서 모양이 같은 것은 하나의 모양으로 생각합니다.)

( )가지

6 두 가지 모양을 합쳐 새로운 모양을 만들었습니다. 어떻게 만들었는지 구분하여 색칠해 보세요.

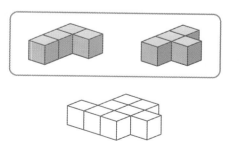

유형 1 쌓은 모양 찾기

관계있는 것끼리 이어 보세요.

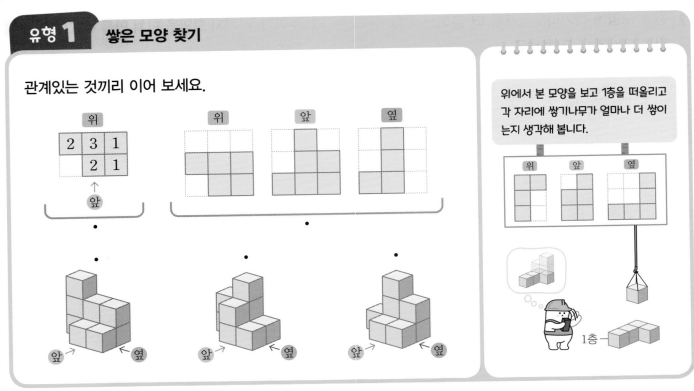

위에서 본 모양을 보고 1층을 떠올리고 각 자리에 쌓기나무가 얼마나 더 쌓이는지 생각해 봅니다.

[01~02] 쌓은 모양을 보고 물음에 답하세요.

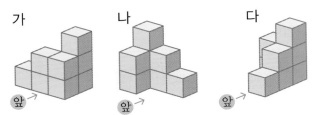

가　나　다

01 위에서 본 모양에 수를 써서 나타낸 오른쪽 그림을 보고 쌓은 모양을 찾아 기호를 써 보세요.

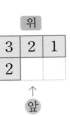

(　　　　　　　)

02 층별로 나타낸 그림을 보고 쌓은 모양을 찾아 기호를 써 보세요.

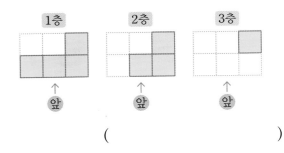

(　　　　　　　)

03 위, 앞, 옆에서 본 모양을 보고 쌓은 모양을 찾아 ○표 하세요.

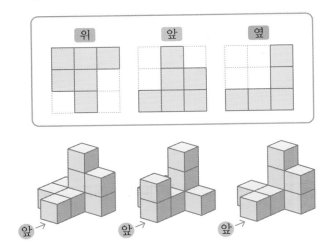

04 위, 앞, 옆에서 본 모양을 보고 쌓기나무를 쌓았습니다. 잘못 쌓은 쌓기나무에 ×표 하세요.

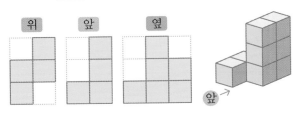

유형 2 **다른 방법으로 나타내기**

층별로 나타낸 그림을 보고 같은 모양을 앞에서 본 모양을 그려 보세요.

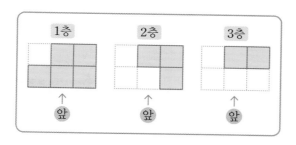

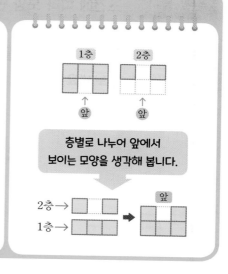

층별로 나누어 앞에서 보이는 모양을 생각해 봅니다.

05 층별로 나타낸 그림을 보고 위에서 본 모양에 수를 써서 나타내 보세요.

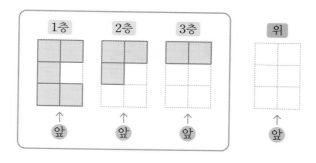

06 층별로 나타낸 그림을 보고 같은 모양을 앞에서 본 모양을 그려 보세요.

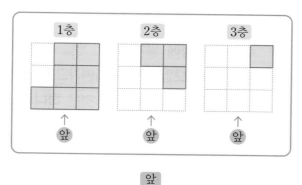

앞

07 위에서 본 모양에 수를 써서 나타낸 그림을 보고 같은 모양을 앞과 옆에서 본 모양을 각각 그려 보세요.

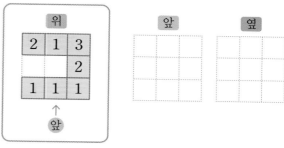

서술형

08 앞에서 본 모양이 다른 하나는 어느 것인지 풀이 과정을 쓰고, 답을 구해 보세요.

가 위
2 3
　1 1
↑
앞

나 위
2 3 2
　1 1
↑
앞

다 위
2 2 1
　3
↑
앞

풀이 _____

_____

_____

답 _____

유형 **3**　조건에 따라 모양 만들기

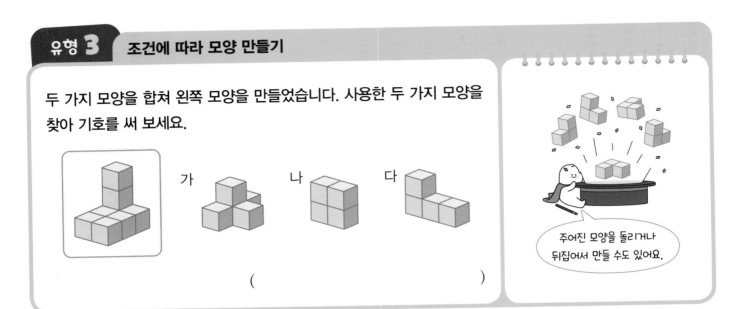

두 가지 모양을 합쳐 왼쪽 모양을 만들었습니다. 사용한 두 가지 모양을 찾아 기호를 써 보세요.

가　나　다

(　　　　　　　)

주어진 모양을 돌리거나 뒤집어서 만들 수도 있어요.

09 주어진 두 가지 모양을 합쳐 만들 수 있는 모양을 모두 찾아 기호를 써 보세요.

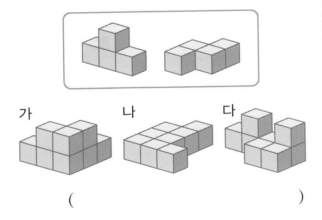

가　나　다

(　　　　　　　)

10 두 가지 모양을 합쳐 새로운 모양을 만들었습니다. 어떻게 만들었는지 구분하여 색칠해 보세요.

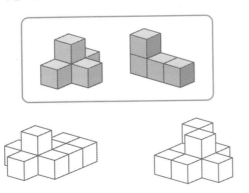

11 두 가지 모양을 합쳐 새로운 모양을 만들었습니다. 사용한 모양을 찾아 이어 보세요.

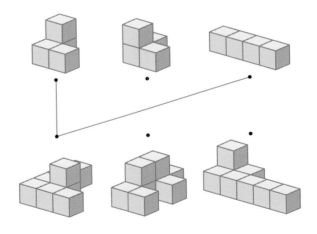

12 주어진 모양에 쌓기나무 1개를 더 붙여서 만들 수 있는 모양은 몇 가지인가요? (단, 돌리거나 뒤집어서 모양이 같은 것은 하나의 모양으로 생각합니다.)

(　　　　　　　)가지

→ 바른답·알찬풀이 **17**쪽

유형 **4**   조건에 맞게 쌓은 모양 찾기

쌓기나무 8개로 쌓았고 1층에 쌓기나무가 4개 있는 모양을 찾아 기호를 써 보세요.

가   나   다

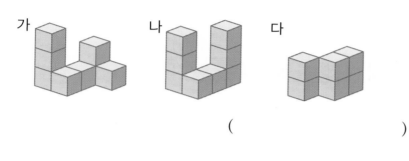

(   )

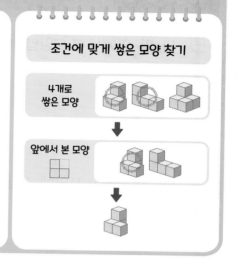

조건에 맞게 쌓은 모양 찾기

4개로 쌓은 모양

↓

앞에서 본 모양

↓

[13~14] 쌓은 모양과 위에서 본 모양입니다. 물음에 답하세요.

가

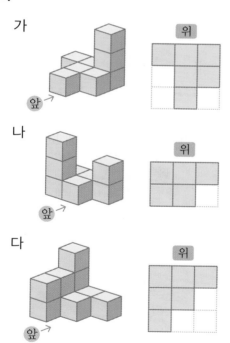

나

다

13 쌓기나무 10개로 쌓았고 1층에 쌓기나무가 6개 있는 모양을 찾아 기호를 써 보세요.

(   )

14 쌓기나무 8개로 쌓았고 2층에 쌓기나무가 2개 있는 모양을 찾아 기호를 써 보세요.

(   )

서술형

15 **조건**에 맞게 쌓기나무를 쌓은 모양은 어느 것 인지 풀이 과정을 쓰고, 답을 구해 보세요.

조건

• ⬚ 모양에 쌓기나무 1개를 더 붙여 앞↗

서 만들었습니다.

• 옆에서 본 모양은 ⬚ 입니다.

가   나   다

앞↗   앞↗   앞↗

풀이 _____

_____

_____

_____

답 _____

응용유형 1 위, 앞, 옆에서 본 모양을 보고 쌓기나무의 개수 구하기

문제해결 · 추론 · 정보처리

위, 앞, 옆에서 본 모양입니다. 똑같이 쌓을 때 필요한 쌓기나무의 개수를 구해 보세요.

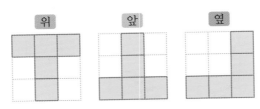

(1) 위에서 본 모양에 수를 써서 나타내 보세요.

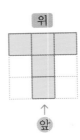

(2) 똑같이 쌓을 때 필요한 쌓기나무는 몇 개인가요?

(   )개

유사

1-1

위, 앞, 옆에서 본 모양입니다. 똑같이 쌓을 때 필요한 쌓기나무의 개수를 구해 보세요.

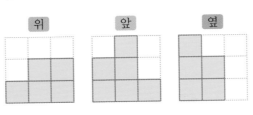

(   )개

변형

1-2

위, 앞, 옆에서 본 모양을 보고 층별로 나누어 그려 보세요.

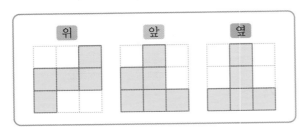
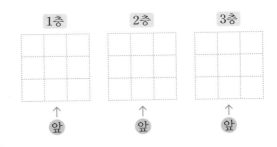

→ 바른답·알찬풀이 **18**쪽

응용유형 2 **쌀기나무의 개수를 알 때 위, 앞, 옆에서 본 모양 그리기** 문제해결 추론

쌓기나무 9개로 쌓은 모양입니다. 위, 앞, 옆에서 본 모양을 각각 그려 보세요.

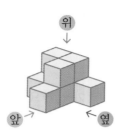

(1) 알맞은 말에 ◯표 하세요.

> 쌓기나무 9개로 쌓은 모양이므로 보이지 않는 자리에 쌓기나무가 (있습니다 , 없습니다).

(2) 위, 앞, 옆에서 본 모양을 각각 그려 보세요.

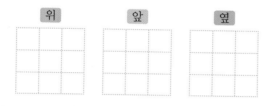

유사

2-1 쌓기나무 10개로 쌓은 모양입니다. 위, 앞, 옆에서 본 모양을 각각 그려 보세요.

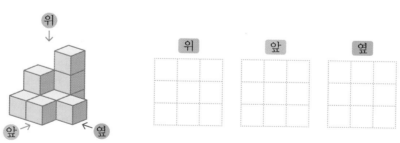

변형

2-2 쌓기나무 11개로 쌓은 모양과 위에서 본 모양입니다. 앞과 옆에서 본 모양을 각각 그려 보세요.

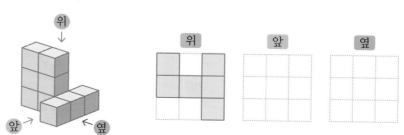

응용유형 3 더 필요한 쌓기나무의 개수 구하기

쌓은 모양과 위에서 본 모양입니다. 이 모양에 쌓기나무를 더 쌓아 만들 수 있는 가장 작은 정육면체를 만들려고 합니다. 더 필요한 쌓기나무는 몇 개인지 구해 보세요.

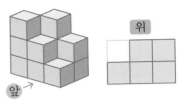

(1) 똑같이 쌓을 때 필요한 쌓기나무는 몇 개인가요?

(   )개

(2) 더 쌓아 만들 수 있는 가장 작은 정육면체는 쌓기나무가 몇 개인가요?

(   )개

(3) 더 필요한 쌓기나무는 몇 개인가요?

(   )개

유사

3-1

쌓은 모양과 위에서 본 모양입니다. 이 모양에 쌓기나무를 더 쌓아 만들 수 있는 가장 작은 정육면체를 만들려고 합니다. 더 필요한 쌓기나무는 몇 개인지 구해 보세요.

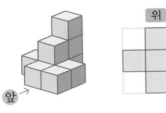

(   )개

변형

3-2

위에서 본 모양에 수를 써서 나타낸 그림입니다. 이 모양에 쌓기나무를 더 쌓아 만들 수 있는 가장 작은 정육면체를 만들려고 합니다. 더 필요한 쌓기나무는 몇 개인지 구해 보세요.

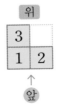

(   )개

응용유형 4 가장 적게(많이) 사용하여 쌓기

문제해결 추론

2 단원

공부한 날

월

일

위, 앞, 옆에서 본 모양이 오른쪽과 같도록 쌓으려고 합니다. 쌓기나무를 가장 적게 사용하여 쌓았을 때 사용한 쌓기나무는 몇 개인지 구해 보세요.

위 앞 옆

(1) ☐ 안에 알맞은 수를 써넣으세요.

> 위에서 본 모양의 각 자리에는 쌓기나무를 적어도 ☐개씩 쌓아야 하고, ☐개까지 쌓을 수 있습니다.

(2) 쌓기나무를 가장 적게 사용하여 쌓았을 때 위에서 본 모양에 수를 써서 나타내고, 사용한 쌓기나무의 개수를 구해 보세요.

위

↑
앞

( )개

유사

4-1

위, 앞, 옆에서 본 모양이 다음과 같도록 쌓으려고 합니다. 쌓기나무를 가장 적게 사용하여 쌓았을 때 사용한 쌓기나무는 몇 개인지 구해 보세요.

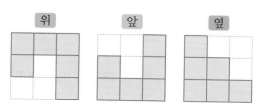

위 앞 옆

( )개

변형

4-2

위, 앞, 옆에서 본 모양이 다음과 같도록 쌓으려고 합니다. 쌓기나무를 가장 많이 사용하여 쌓았을 때 사용한 쌓기나무는 몇 개인지 구해 보세요.

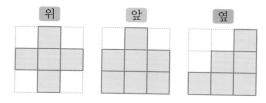

위 앞 옆

( )개

2. 공간과 입체

한 문항당 배점은 5점입니다.

점수

점

[01~02] 케이크를 여러 방향에서 찍은 사진입니다. 각 사진을 찍은 방향을 써 보세요.

01

☐ 방향

02

☐ 방향

03 쌓은 모양을 각각 어느 방향에서 본 모양인지 위, 앞, 옆을 알맞게 써 보세요.

( )   ( )   ( )

04 쌓은 모양과 위에서 본 모양입니다. 앞과 옆에서 본 모양을 각각 그려 보세요.

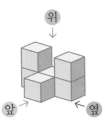

위	앞	옆

05 돌리거나 뒤집었을 때 서로 모양이 같은 것을 찾아 기호를 써 보세요.

가   나   다   라

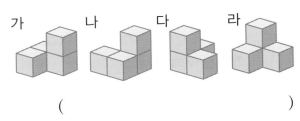

( )

[06~07] 쌓은 모양을 층별로 나누었습니다. 물음에 답하세요.

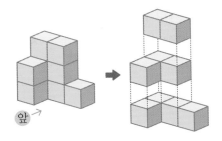

앞

06 쌓은 모양을 층별로 나누어 그려 보세요.

1층   2층   3층

↑앞   ↑앞   ↑앞

07 똑같이 쌓을 때 필요한 쌓기나무는 몇 개인가요?

( )개

중요
08 주어진 모양과 똑같이 쌓을 때 필요한 쌓기나무는 몇 개인가요?

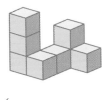

( )개

[09~10] 쌓은 모양과 위에서 본 모양입니다. 물음에 답하세요.

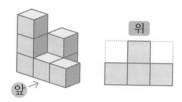

09 위에서 본 모양에 수를 써서 나타내 보세요.

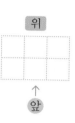

10 똑같이 쌓을 때 필요한 쌓기나무는 몇 개인가요?

(   )개

[11~12] 오른쪽 쌓은 모양을 보고 물음에 답하세요.

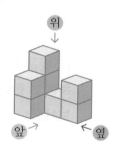

11 쌓은 모양을 위, 앞, 옆에서 본 모양 중에서 하나를 잘못 그렸습니다. 잘못 그린 모양을 찾아 ○표 하세요.

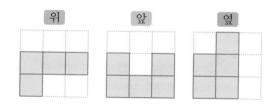

12 11에서 찾은 모양을 바르게 고쳐 그려 보세요.

13 두 가지 모양을 합쳐 새로운 모양을 만들었습니다. 어떻게 만들었는지 구분하여 색칠해 보세요.

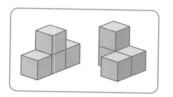
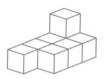

중요

14 위, 앞, 옆에서 본 모양을 보고 쌓은 모양을 찾아 ○표 하세요.

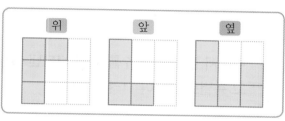
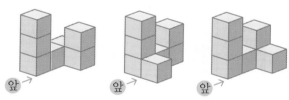

응용

15 **조건**에 맞게 쌓은 모양을 찾아 ○표 하세요.

조건

•  모양에 쌓기나무 1개를 더 붙여서 만들었습니다.

• 앞에서 본 모양은 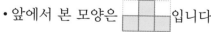 입니다.

응용

16 쌓은 모양과 위에서 본 모양입니다. 똑같이 쌓을 때 필요한 쌓기나무의 개수가 될 수 <u>없는</u> 것을 말한 친구는 누구인가요?

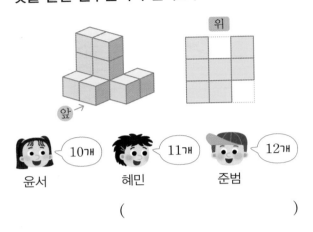

윤서 10개 혜민 11개 준범 12개

( )

17 위에서 본 모양에 수를 써서 나타낸 그림을 보고 층별로 나누어 그려 보세요.

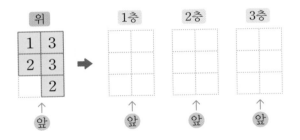

18 층별로 나타낸 그림을 보고 같은 모양을 앞에서 본 모양을 그려 보세요.

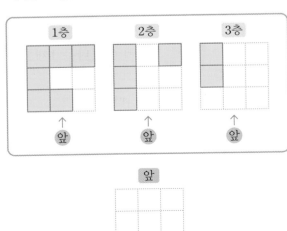

서술형 문제

19 쟁반 위에 과일을 놓고 찍은 사진입니다. 사진을 찍은 방향을 쓰고, 그 이유를 써 보세요.

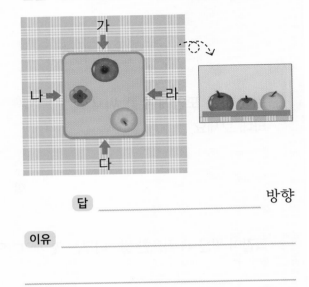

답 _____ 방향

이유 _____

_____

중요

20 위에서 본 모양에 수를 써서 나타내고, 똑같이 쌓을 때 필요한 쌓기나무는 몇 개인지 구하려고 합니다. 풀이 과정을 쓰고, 답을 구해 보세요.

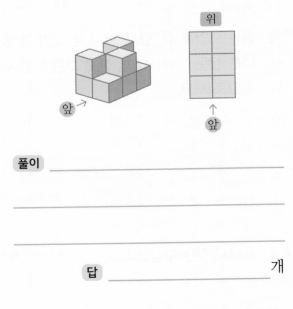

풀이 _____

_____

_____

답 _____ 개

2. 공간과 입체

한 문항당 배점은 5점입니다.

점수

점

→ 바른답·알찬풀이 **21**쪽

01 식탁을 위에서 본 모습입니다. 각 사진을 찍은 방향을 써 보세요.

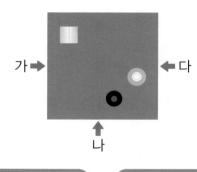

 방향   방향

02 모양에 쌓기나무 1개를 더 붙여서 만들 수 있는 모양이 <u>아닌</u> 것을 찾아 기호를 써 보세요.

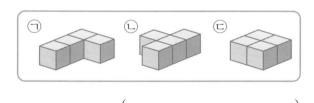

( )

03 쌓은 모양과 위에서 본 모양입니다. 앞과 옆에서 본 모양을 각각 그려 보세요.

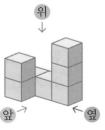

위   앞   옆

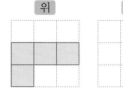

04 주어진 두 가지 모양을 합쳐 만들 수 있는 모양에 ○표 하세요.

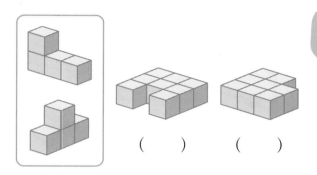

( )   ( )

2

단원

공부한 날

월

일

[05~06] 쌓은 모양을 보고 물음에 답하세요.

가   나   다

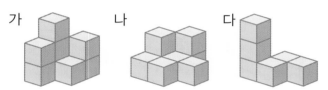

05 위에서 본 모양이 없어도 쌓기나무의 개수를 정확히 알 수 있는 모양을 찾아 기호를 써 보세요.

( )

06 05에서 찾은 모양과 똑같이 쌓을 때 필요한 쌓기나무는 몇 개인가요?

( )개

중요

07 쌓은 모양과 위에서 본 모양입니다. 똑같이 쌓을 때 필요한 쌓기나무는 몇 개인가요?

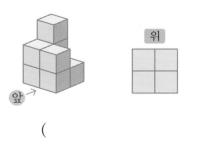

( )개

08 쌓기나무 6개로 쌓은 모양입니다. 위에서 본 모양을 찾아 ○표 하세요.

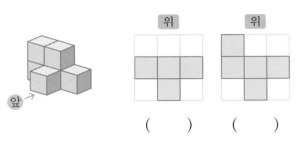

(   )   (   )

[09~11] 쌓은 모양과 위에서 본 모양입니다. 물음에 답하세요.

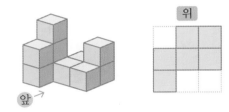

중요
09 위에서 본 모양에 수를 써서 나타내 보세요.

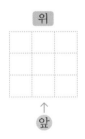

10 쌓은 모양을 층별로 나누어 그려 보세요.

1층	2층	3층
↑ 앞	↑ 앞	↑ 앞

11 똑같이 쌓을 때 필요한 쌓기나무는 몇 개인가요?

(   )개

[12~14] 쌓은 모양을 보고 물음에 답하세요.

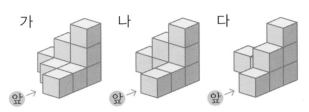

12 위에서 본 모양에 수를 써서 나타낸 오른쪽 그림을 보고 쌓은 모양을 찾아 기호를 써 보세요.

위

1	1	3
		2
		1

↑ 앞

(   )

13 층별로 나타낸 그림을 보고 쌓은 모양을 찾아 기호를 써 보세요.

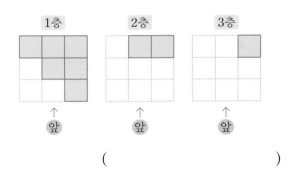

(   )

응용
14 위, 앞, 옆에서 본 모양을 보고 쌓은 모양을 찾아 기호를 써 보세요.

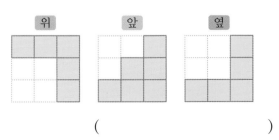

(   )

→ 바른답·알찬풀이 **21** 쪽

15 쌓기나무 7개로 쌓았고 1층에 쌓기나무가 4개 있는 모양을 찾아 기호를 써 보세요.

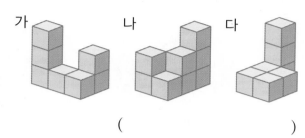

가   나   다

(   )

16 층별로 나타낸 그림을 보고 위에서 본 모양에 수를 써서 나타내 보세요.

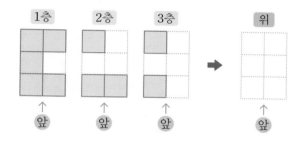

17 위에서 본 모양에 수를 써서 나타낸 그림입니다. 3층에 있는 쌓기나무는 몇 개인가요?

	위	
3	1	
1	3	2

↑
앞

(   )개

응용

18 위, 앞, 옆에서 본 모양을 보고 위에서 본 모양에 수를 써서 나타내 보세요.

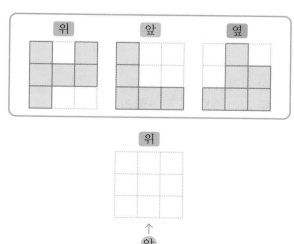

위
↑
앞

서술형 문제

중요
19 쌓은 모양을 층별로 나누어 그리고, 똑같이 쌓을 때 필요한 쌓기나무는 몇 개인지 구하려고 합니다. 풀이 과정을 쓰고, 답을 구해 보세요.

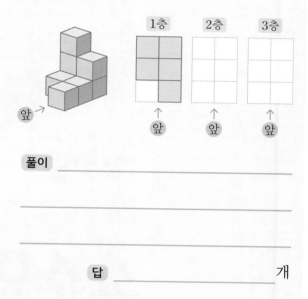

1층   2층   3층

풀이 _____

_____

_____

답 _____ 개

20 주어진 모양에 쌓기나무 1개를 더 붙여서 만들 수 있는 모양은 몇 가지인지 풀이 과정을 쓰고, 답을 구해 보세요. (단, 돌리거나 뒤집어서 모양이 같은 것은 하나의 모양으로 생각합니다.)

풀이 _____

_____

_____

답 _____ 가지

3

소수의 나눗셈

단원의 공부 계획을 세우고,
공부한 내용을 얼마나 이해했는지 스스로 평가해 보세요.

	공부할 내용	쪽수	스스로 평가
개념	**1** (소수)÷(소수)를 알아봐요(1)	74~75쪽	☆☆☆
	2 (소수)÷(소수)를 알아봐요 (2)	76~77쪽	☆☆☆
	3 (소수)÷(소수)를 알아봐요 (3)	78~79쪽	☆☆☆
유형	**1** 자릿수가 같은 (소수)÷(소수)	80쪽	☆☆☆
	2 자릿수가 다른 (소수)÷(소수)	81쪽	☆☆☆
	3 (소수)÷(소수)의 활용	82쪽	☆☆☆
	4 잘못 계산한 곳 찾기	83쪽	☆☆☆
개념	**4** (자연수)÷(소수)를 알아봐요	84~85쪽	☆☆☆
	5 몫을 반올림하여 나타내요	86~87쪽	☆☆☆
유형	**1** (자연수)÷(소수)	88쪽	☆☆☆
	2 (자연수)÷(소수)의 활용	89쪽	☆☆☆
	3 몫을 반올림하여 나타내기	90쪽	☆☆☆
	4 몫을 반올림하여 나타내기의 활용	91쪽	☆☆☆
응용	**1** 수 카드로 몫이 가장 큰(작은) 나눗셈 만들기	92쪽	☆☆☆
	2 나누어 주고 남는 양 구하기	93쪽	☆☆☆
	3 바르게 계산한 값 구하기	94쪽	☆☆☆
	4 몫의 소수 ■째 자리 숫자 구하기	95쪽	☆☆☆

☆☆☆ 자신있게 설명할 수 있어요.　☆☆ 설명하기 조금 힘들어요.　☆ 어려워서 설명할 수 없어요.

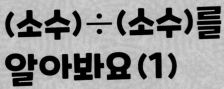

1 (소수)÷(소수)를 알아봐요(1)

▶ (소수 한 자리 수)÷(소수 한 자리 수)

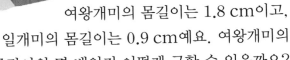

여왕개미의 몸길이는 1.8 cm이고,
일개미의 몸길이는 0.9 cm예요. 여왕개미의
몸길이는 일개미의 몸길이의 몇 배인지 어떻게 구할 수 있을까요?

탐구 1.8÷0.9를 구해 볼까요?

개념 동영상

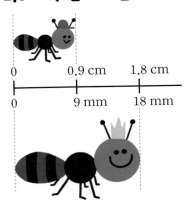

1.8 cm=18 mm이고,
0.9 cm=9 mm이므로
1.8÷0.9=18÷9입니다.

| 1.8 | ÷ | 0.9 | = | 2 |

| 10배 | | 10배 | | |

| 18 | ÷ | 9 | = | 2 |

🔍 4.8÷1.2 계산하기

방법 1 분수의 나눗셈으로 계산하기

$$4.8 \div 1.2 = \frac{48}{10} \div \frac{12}{10} = 48 \div 12 = 4$$

방법 2 자연수의 나눗셈을 이용하여 계산하기

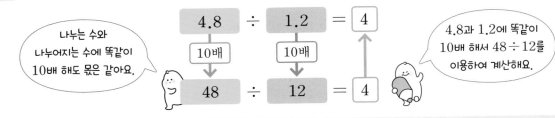

나누는 수와 나누어지는 수에 똑같이 10배 해도 몫은 같아요.

4.8과 1.2에 똑같이 10배 해서 48÷12를 이용하여 계산해요.

$$1.2\overline{)4.8} \Rightarrow 1.2\overline{)4.8} \Rightarrow 12\overline{)48}$$

참고 몫이 자연수로 나누어떨어지지 않으면 0을 내려 계산합니다.

나누는 수와 나누어지는 수의 소수점을 똑같이 한 자리씩 오른쪽으로 옮겨서 계산합니다.

$$0.5\overline{)3.6} \Rightarrow 0.5\overline{)3.6} \Rightarrow 5\overline{)3.6.0}$$

몫의 소수점은 옮긴 소수점의 위치에 맞추어 찍어요.

1 빈칸에 알맞은 수를 써넣으세요.

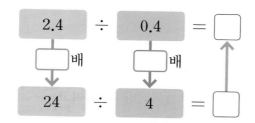

2 ☐ 안에 알맞은 수를 써넣으세요.

(1) $5.1 \div 1.7 = \dfrac{\boxed{}}{10} \div \dfrac{\boxed{}}{10}$

$= 51 \div \boxed{} = \boxed{}$

(2) $12.6 \div 0.3 = \dfrac{\boxed{}}{10} \div \dfrac{\boxed{}}{10}$

$= \boxed{} \div 3 = \boxed{}$

3 ☐ 안에 알맞은 수를 써넣으세요.

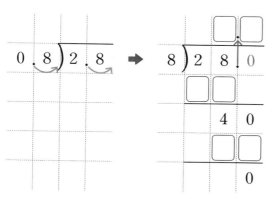

4 ☐ 안에 알맞은 수를 써넣으세요.

(1) $9.2 \div 2.3 = 92 \div \boxed{} = \boxed{}$

(2) $10.5 \div 1.5 = \boxed{} \div 15 = \boxed{}$

5 계산해 보세요.

(1) $4.2 \div 0.7$

(2) $1.8 \div 0.4$

(3)
$$3.2 \overline{)3\,5.2}$$

(4)
$$0.6 \overline{)1.5}$$

6 빈칸에 알맞은 수를 써넣으세요.

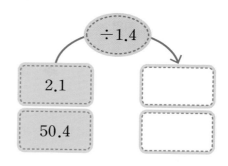

(소수)÷(소수)를 알아봐요(2)

▶ (소수 두 자리 수)÷(소수 두 자리 수)

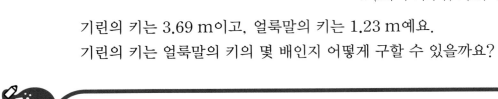

기린의 키는 3.69 m이고, 얼룩말의 키는 1.23 m예요.
기린의 키는 얼룩말의 키의 몇 배인지 어떻게 구할 수 있을까요?

3.69÷1.23을 구해 볼까요?

개념 동영상

- 3.69 m — 369 cm
- 1.23 m — 123 cm
- 0 — 0

3.69 m=369 cm이고,
1.23 m=123 cm이므로
3.69÷1.23=369÷123입니다.

| 3.69 | ÷ | 1.23 | = | 3 |

100배   100배

| 369 | ÷ | 123 | = | 3 |

🔍 1.44÷0.06 계산하기

방법 1 분수의 나눗셈으로 계산하기

$$1.44÷0.06=\frac{144}{100}÷\frac{6}{100}=144÷6=24$$

방법 2 자연수의 나눗셈을 이용하여 계산하기

나누는 수와 나누어지는 수에 똑같이 100배 해도 몫은 같아요.

| 1.44 | ÷ | 0.06 | = | 24 |

100배   100배

| 144 | ÷ | 6 | = | 24 |

1.44와 0.06에 똑같이 100배 해서 144÷6을 이용하여 계산해요.

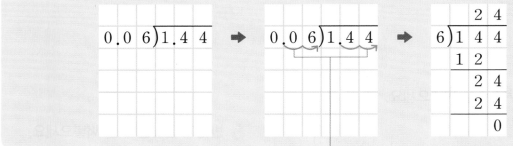

참고 몫이 자연수로 나누어떨어지지 않으면 0을 내려 계산합니다.

나누는 수와 나누어지는 수의 소수점을 똑같이 두 자리씩 오른쪽으로 옮겨서 계산합니다.

몫의 소수점은 옮긴 소수점의 위치에 맞추어 찍어요.

1 빈칸에 알맞은 수를 써넣으세요.

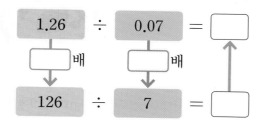

1.26 ÷ 0.07 = □

□배 □배

126 ÷ 7 = □

2 □ 안에 알맞은 수를 써넣으세요.

(1) $1.95 \div 0.39 = \dfrac{\boxed{}}{100} \div \dfrac{\boxed{}}{100}$

$= 195 \div \boxed{} = \boxed{}$

(2) $8.56 \div 4.28 = \dfrac{\boxed{}}{100} \div \dfrac{\boxed{}}{100}$

$= \boxed{} \div 428 = \boxed{}$

3 □ 안에 알맞은 수를 써넣으세요.

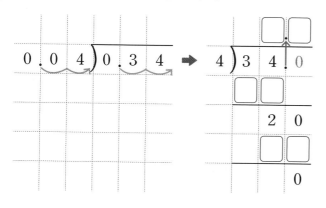

4 4.32÷0.54의 몫을 찾아 ◯표 하세요.

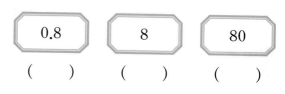

0.8	8	80
( )	( )	( )

5 계산해 보세요.

(1) $0.31\,)\overline{\,4.03\,}$

(2) $0.02\,)\overline{\,1.05\,}$

(3) $1.62 \div 0.27$

(4) $0.85 \div 0.25$

6 큰 수를 작은 수로 나눈 몫을 구해 보세요.

0.19 0.95

( )

3 단원

공부한 날

월

일

3 (소수)÷(소수)를 알아봐요(3)

▶ 자릿수가 다른 (소수)÷(소수)

대나무 9.5 m를 0.19 m씩 잘라서 대나무 통을 만들려고 해요.
대나무 통을 몇 개 만들 수 있는지 어떻게 구할 수 있을까요?

❶ 9.5÷0.19를 계산해 볼까요?

개념 동영상

나누는 수 0.19를 자연수가 되도록 만들어야 해요.

| 9.5 | ÷ | 0.19 | = | 50 |

100배 ↓ 100배 ↓ ↑

| 950 | ÷ | 19 | = | 50 |

9.5와 0.19에 똑같이 100배 해서 950÷19를 이용하여 계산해요.

$$0.19)\overline{9.5} \Rightarrow 0.19)\overline{9.50} \Rightarrow 19)\overline{950}$$

```
        5 0
19)9 5 0
   9 5
        0
```

❷ 3.48÷0.4를 계산해 볼까요?

방법 1 348÷40을 이용하여 계산하기

나누는 수와 나누어지는 수가 모두
자연수가 되도록 소수점을 옮겨 계산합니다.

| 3.48 | ÷ | 0.4 | = | 8.7 |

100배 ↓ 100배 ↓ ↑

| 348 | ÷ | 40 | = | 8.7 |

$$0.4)\overline{3.48} \Rightarrow 0.40)\overline{3.48} \Rightarrow 40)\overline{348.0}$$

```
          8.7
40)3 4 8 0
   3 2 0
     2 8 0
     2 8 0
           0
```

방법 2 34.8÷4를 이용하여 계산하기

나누는 수가 자연수가 되도록
소수점을 옮겨 계산합니다.

| 3.48 | ÷ | 0.4 | = | 8.7 |

10배 ↓ 10배 ↓ ↑

| 34.8 | ÷ | 4 | = | 8.7 |

$$0.4)\overline{3.48} \Rightarrow 0.4)\overline{3.48} \Rightarrow 4)\overline{34.8}$$

```
        8.7
4)3 4 8
  3 2
    2 8
    2 8
      0
```

1 2.73÷0.7을 두 가지 방법으로 계산해 보세요.

방법 1 273÷70을 이용하여 계산하기

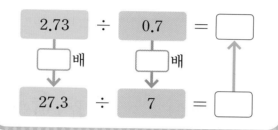

방법 2 27.3÷7을 이용하여 계산하기

2 ☐ 안에 알맞은 수를 써넣으세요.

(1)
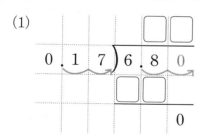

(2)
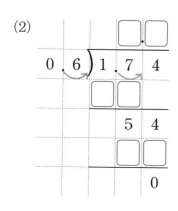

3 계산해 보세요.

(1)
$$0.04\overline{)7.2}$$

(2)
$$1.8\overline{)3.06}$$

(3) $7.6÷0.19$

(4) $6.84÷0.9$

4 빈칸에 알맞은 수를 써넣으세요.

3.64 → ÷1.3 → ☐

5 몫이 20인 것을 찾아 색칠해 보세요.

$6.4÷0.32$ $5.7÷0.19$

3
단원

공부한 날

월

일

유형 1 자릿수가 같은 (소수)÷(소수)

$8.93 \div 0.47$을 계산하고, $8.93 \div 0.47$과 몫이 같은 것을 모두 찾아 ○표 하세요.

$$8.93 \div 0.47 = \boxed{}$$

$893 \div 47$	$89.3 \div 4.7$	$89.3 \div 47$
( )	( )	( )

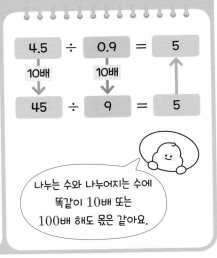

나누는 수와 나누어지는 수에 똑같이 10배 또는 100배 해도 몫은 같아요.

---

01 보기와 같은 방법으로 계산해 보세요.

보기

· $5.2 \div 1.3 = \dfrac{52}{10} \div \dfrac{13}{10} = 52 \div 13 = 4$

· $1.75 \div 0.25 = \dfrac{175}{100} \div \dfrac{25}{100}$
$= 175 \div 25 = 7$

(1) $22.8 \div 0.6$ _____

(2) $3.63 \div 1.21$ _____

02 빈칸에 알맞은 수를 써넣으세요.

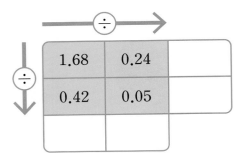

1.68	0.24	
0.42	0.05	

03 ○ 안에 >, =, <를 알맞게 써넣으세요.

$10.2 \div 1.2$	○	$1.04 \div 0.16$

04 몫이 3에 가장 가까운 나눗셈을 말한 친구는 누구인가요?

$14.4 \div 3.6$ $0.45 \div 0.18$ $8.5 \div 2.5$

명호   민경   유미

(   )

→ 바른답·알찬풀이 **24**쪽

유형 2 자릿수가 다른 (소수)÷(소수)

빈칸에 알맞은 수를 써넣으세요.

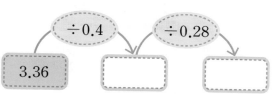

$$0.14\overline{)8.40} \Rightarrow 14\overline{)840}$$

나누는 수가 자연수가
되도록 나누는 수와
나누어지는 수의 소수점을
똑같이 옮겨서 계산해요!

3
단원

공부한 날

월

일

05 계산 결과를 찾아 이어 보세요.

$3.01 \div 0.7$ •

• 3.9

$7.8 \div 0.39$ •

• 20

$6.24 \div 1.6$ •

• 4.3

07 몫이 <u>다른</u> 것을 찾아 ○표 하세요.

$2.25 \div 0.9$ $3.5 \div 0.14$ $8.25 \div 3.3$

(   )   (   )   (   )

06 가장 큰 수를 가장 작은 수로 나눈 몫을 구해 보세요.

| 0.94 | 28.2 | 2.9 |

(   )

^{서술형}
08 몫이 가장 작은 것을 찾아 기호를 쓰려고 합니다. 풀이 과정을 쓰고, 답을 구해 보세요.

⊙ $2.07 \div 0.3$
⊙ $7.4 \div 0.37$
⊙ $8.93 \div 1.9$

풀이 _____

_____

_____

답 _____

유형 3 (소수)÷(소수)의 활용

식빵 1개를 만드는 데 효모균 4.85 g이 필요합니다. 효모균 29.1 g으로는 식빵을 몇 개 만들 수 있나요?

식 _____

답 _____ 개

구하려고 하는 것 찾기	만들 수 있는 식빵의 개수
주어진 조건 찾기	식빵 1개를 만드는 데 필요한 효모균 ▲ g, 전체 효모균 ■ g
식 세우기	■ ÷ ▲ = ●
답 구하기	● 개

---

09 준서가 물을 어제는 1.26 L, 오늘은 0.84 L 마셨습니다. 준서가 어제 마신 물의 양은 오늘 마신 물의 양의 몇 배인가요?

식 _____

답 _____ 배

10 사과의 무게는 복숭아의 무게의 몇 배인가요?

사과 0.34 kg   복숭아 0.2 kg

(   )배

11 직육면체의 부피가 12.72 m³입니다. 직육면체의 높이는 몇 m인지 ☐ 안에 알맞은 수를 써넣으세요.

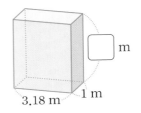

3.18 m   1 m   ☐ m

12 현지와 경태는 길이가 12.6 m인 철사를 각자 다른 길이로 잘랐습니다. 누가 자른 철사가 몇 조각 더 많은지 구해 보세요.

현지: 철사를 0.6 m씩 잘랐어요.
경태: 철사를 0.7 m씩 잘랐어요.

(   )가 자른 철사가
(   )조각 더 많습니다.

→ 바른답·알찬풀이 **24**쪽

유형 4 잘못 계산한 곳 찾기

잘못 계산한 곳을 찾아 ○표 하고, 바르게 계산해 보세요.

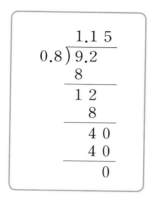

바르게 계산하기

3 단원

공부한 날

월

일

---

13 잘못 계산한 친구는 누구인가요?

$$5.6 \div 0.7 = \frac{56}{10} \div \frac{7}{10}$$
$$= 56 \div 7 = 8$$

만기

$$1.28 \div 0.08 = \frac{128}{10} \div \frac{8}{100}$$
$$= 1280 \div 8 = 160$$

지희

(   )

14 잘못 계산한 것의 기호를 써 보세요.

ㄱ $1.44 \div 0.3 = 4.8$
ㄴ $4.8 \div 0.06 = 0.8$

(   )

---

15 바르게 계산한 것에 ○표 하세요.

$0.56 \div 0.16 = 35$

$7.8 \div 0.13 = 60$

서술형

16 잘못 말한 친구를 찾고, 이유를 써 보세요.

$19.08 \div 5.3$의 몫은 $190.8 \div 53$의 몫과 같아요.

예림

$19.08 \div 5.3$의 몫은 $1908 \div 53$의 몫과 같아요.

세준

이름 _____

이유 _____

_____

4 (자연수)÷(소수)를 알아봐요

페인트로 벽 8 m²를 칠하는 데 0.5시간이 걸렸어요.
1시간 동안 칠할 수 있는 벽의 넓이는 몇 m²인지
어떻게 구할 수 있을까요?

 탐구

① 8÷0.5를 계산해 볼까요?

개념 동영상

나누는 수 0.5가 자연수가 되도록 8과 0.5에 똑같이 10배 해서 계산해요.

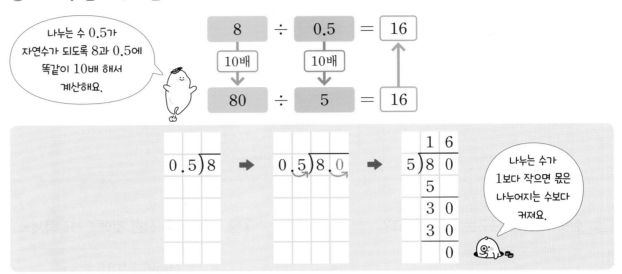

나누는 수가 1보다 작으면 몫은 나누어지는 수보다 커져요.

② 5÷1.25를 계산해 볼까요?

나누는 수 1.25가 자연수가 되도록 5와 1.25에 똑같이 100배 해서 계산해요.

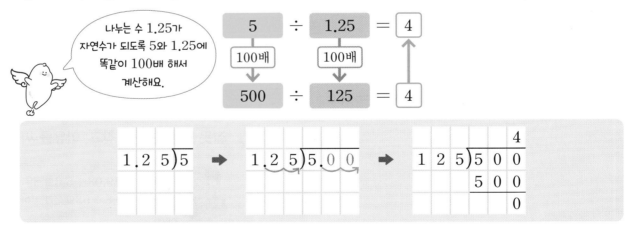

이미지로 개념쏙

나누는 수가 자연수가 되도록!

소수점을 한 자리씩 오른쪽으로 옮겨요.

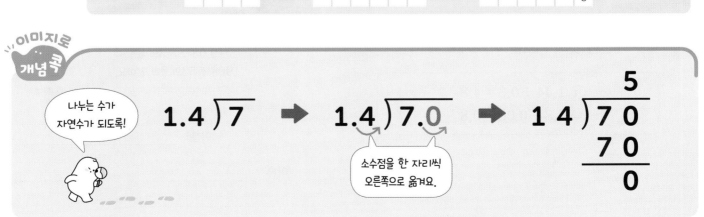

1 빈칸에 알맞은 수를 써넣으세요.

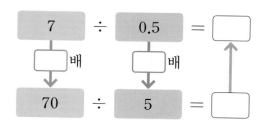

$7 \div 0.5 = \boxed{}$
$\boxed{}$ 배 $\quad \boxed{}$ 배
$70 \div 5 = \boxed{}$

2 ☐ 안에 알맞은 수를 써넣으세요.

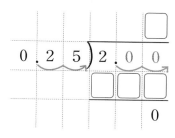

$0.25 \overline{)2.00}$

3 계산해 보세요.

(1) $0.6\overline{)3\,9}$

(2) $1.75\overline{)7}$

(3) $4 \div 2.5$

(4) $12 \div 0.24$

4 $10 \div 1.25$와 몫이 같은 것에 ◯표 하세요.

$1000 \div 125$ ( ) $100 \div 125$ ( )

5 계산 결과를 찾아 이어 보세요.

$42 \div 3.5$ •   • 50

$8 \div 0.16$ •   • 12

$1 \div 0.4$ •   • 2.5

6 ☐ 안에 알맞은 수를 써넣으세요.

(1)
$20 \div 5 = \boxed{}$
$20 \div 0.5 = \boxed{}$
$20 \div 0.05 = \boxed{}$

(2)
$4.96 \div 0.08 = \boxed{}$
$49.6 \div 0.08 = \boxed{}$
$496 \div 0.08 = \boxed{}$

3 단원

공부한 날

월

일

5 몫을 반올림하여 나타내요

우유 1 L를 3명이 똑같이 나누어 마시려고 해요.
한 명이 마실 수 있는 우유는 몇 L인지 어떻게 구할 수 있을까요?

❶ 1÷3의 몫을 반올림하여 나타내 볼까요?

개념 동영상

```
        0. 3  3  3  3  3 ── 몫이 간단한 소수로 구해지지 않습니다.
    3 ) 1. 0
        9
        1  0
           9
           1  0
              9
              1  0
                 9
                 1  0
                    9
                    1
```

1÷3＝0.33333…과 같이
몫이 간단한 소수로 구해지지 않으면
몫을 반올림하여 나타낼 수 있어요.

1÷3의 몫을 반올림하여 소수 셋째 자리까지
나타내면 0.3333… ➡ 0.333입니다.
└─ 소수 넷째 자리 숫자가 3이므로 버립니다.

❷ 2.5÷0.7의 몫을 반올림하여 나타내 볼까요?

```
           3. 5  7  1
  0. 7 ) 2. 5
         2  1
            4  0
            3  5
               5  0
               4  9
                  1  0
                     7
                     3
```

• 몫을 반올림하여 일의 자리까지 나타내기
  2.5÷0.7＝3.5… ➡ 4
  └─ 소수 첫째 자리 숫자가 5이므로 올립니다.
• 몫을 반올림하여 소수 첫째 자리까지 나타내기
  2.5÷0.7＝3.57… ➡ 3.6
  └─ 소수 둘째 자리 숫자가 7이므로 올립니다.
• 몫을 반올림하여 소수 둘째 자리까지 나타내기
  2.5÷0.7＝3.571… ➡ 3.57
  └─ 소수 셋째 자리 숫자가 1이므로 버립니다.

이미지로 개념쏙

몫이 간단한 소수로
구해지지 않으면 몫을 반올림하여
나타낼 수 있어요.

3÷0.7의 몫을 반올림하여
소수 둘째 자리까지 나타내기

3÷0.7＝4.285… ➡ 4.29
└→올림

1단계 개념탄탄

1 5÷9의 몫을 반올림하여 일의 자리까지 나타내려고 합니다. ☐ 안에 알맞은 수를 써넣으세요.

$$
\begin{array}{r}
0.5 \\
9{\overline{\smash{\big)}\,5}} \\
\underline{4\ 5} \\
5
\end{array}
$$

> 몫의 소수 첫째 자리 숫자가 5이므로 몫을 반올림하여 일의 자리까지 나타내면 ☐ 입니다.

2 2.3÷0.7을 계산하고, 몫을 반올림하여 주어진 자리까지 나타내 보세요.

$$
0.7{\overline{\smash{\big)}\,2.3}}
$$

(1)
| 일의 자리 |

(   )

(2)
| 소수 첫째 자리 |

(   )

(3)
| 소수 둘째 자리 |

(   )

3 계산을 하고, 몫을 반올림하여 소수 첫째 자리까지 나타내 보세요.

(1)
$$
6{\overline{\smash{\big)}\,4.1}}
$$

(2)
$$
3{\overline{\smash{\big)}\,1\,3}}
$$

(   )   (   )

4 3.4÷1.2의 몫을 반올림하여 소수 둘째 자리까지 나타낸 것을 찾아 ◯표 하세요.

| 2.84 | 2.833 | 2.83 |

(   )   (   )   (   )

5 몫을 반올림하여 주어진 자리까지 나타내 보세요.

4÷1.3	일의 자리	
	소수 셋째 자리	

3
단원

공부한 날

월

일

유형 1 (자연수)÷(소수)

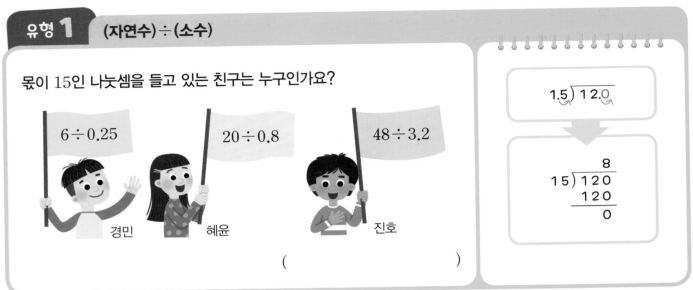

몫이 15인 나눗셈을 들고 있는 친구는 누구인가요?

$6÷0.25$ 경민

$20÷0.8$ 혜윤

$48÷3.2$ 진호

( )

$$1.5\overline{)12.0}$$

↓

$$15\overline{)120} \quad \begin{array}{r} 8 \\ 120 \\ \hline 120 \\ \hline 0 \end{array}$$

01 ○ 안에 >, =, <를 알맞게 써넣으세요.

$18÷1.2$ ○ $28÷1.12$

02 잘못 계산한 곳을 찾아 ○표 하고, 바르게 계산해 보세요.

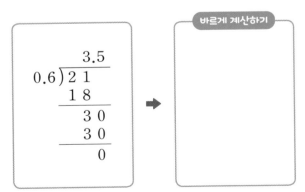

$$0.6\overline{)21} \quad \begin{array}{r} 3.5 \\ 18 \\ \hline 30 \\ 30 \\ \hline 0 \end{array}$$

바르게 계산하기

03 계산 결과가 큰 것부터 차례로 ○ 안에 1, 2, 3을 써넣으세요.

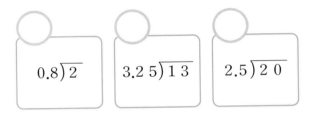

○ $0.8\overline{)2}$

○ $3.25\overline{)13}$

○ $2.5\overline{)20}$

04 1부터 9까지의 자연수 중에서 ☐ 안에 들어갈 수 있는 수를 모두 구해 보세요.

$18÷4.5 > ☐$

( )

→ 바른답·알찬풀이 **27**쪽

유형 2 (자연수)÷(소수)의 활용

길이가 35 m인 색 테이프를 2.5 m씩 잘라서 친구들에게 나누어 주려고 합니다. 몇 명에게 나누어 줄 수 있을까요?

식 _____

답 _____ 명

■ ÷ ▲

■를 ▲씩 나누기

▲ kg당 ■원일 때 1 kg의 가격 구하기

3 단원

공부한 날

월

일

05 가게에서 사탕을 0.4 kg당 6000원에 팔고 있습니다. 사탕 1 kg을 산다면 얼마를 내야 할까요?

식 _____

답 _____ 원

07 고구마가 한 상자에 17 kg씩 2상자 있습니다. 이 고구마를 한 봉지에 0.85 kg씩 모두 나누어 담는다면 몇 봉지에 담을 수 있나요?

( )봉지

서술형

08 두 음료 가게에서 똑같은 오렌지주스를 팔고 있습니다. 같은 양의 오렌지주스를 산다면 어느 가게가 더 저렴한지 풀이 과정을 쓰고, 답을 구해 보세요.

달콤 가게	새콤 가게
0.6 L당 4500원	1.4 L당 11200원

06 넓이가 45 cm²인 직사각형이 있습니다. 이 직사각형의 가로가 6.25 cm라면 세로는 몇 cm인가요?

( ) cm

풀이 _____

_____

_____

답 _____ 가게

유형 3 　몫을 반올림하여 나타내기

몫을 반올림하여 나타낸 수가 큰 것부터 차례로 기호를 써 보세요.

> ㉠ 35.2÷9의 몫을 반올림하여 일의 자리까지 나타낸 수
> ㉡ 30÷7의 몫을 반올림하여 소수 첫째 자리까지 나타낸 수
> ㉢ 5.9÷1.4의 몫을 반올림하여 소수 둘째 자리까지 나타낸 수

(　　　　　　　　　)

09 6÷2.6의 몫을 반올림하여 주어진 자리까지 나타내 보세요.

일의 자리	소수 셋째 자리

10 몫을 반올림하여 바르게 나타낸 친구는 누구 인가요?

> 혜린: 2.2÷3의 몫을 반올림하여 소수 첫째 자리까지 나타내면 0.7입니다.
> 명수: 6÷1.4의 몫을 반올림하여 소수 둘째 자리까지 나타내면 4.28입니다.

(　　　　　　　　　)

서술형

11 진호와 솔지가 말하는 수의 차는 얼마인지 풀이 과정을 쓰고, 답을 구해 보세요.

> 4÷11의 몫을 반올림하여 소수 첫째 자리까지 나타낸 수.
>
> 진호

> 4÷11의 몫을 반올림하여 소수 둘째 자리까지 나타낸 수.
>
> 솔지

풀이 _____

_____

_____

답 _____

12 몫을 반올림하여 일의 자리까지 나타낸 수가 다른 것을 찾아 기호를 써 보세요.

> ㉠ 5.8÷2.3　　㉡ 4÷1.7　　㉢ 10÷3

(　　　　　　　　　)

→ 바른답·알찬풀이 **27**쪽

유형 4 몫을 반올림하여 나타내기의 활용

농부가 시금치 60 kg과 파 38 kg을 수확했습니다. 수확한 시금치의 양은 수확한 파의 양의 몇 배인지 반올림하여 소수 첫째 자리까지 나타내 보세요.

식 _____

답 _____ 배

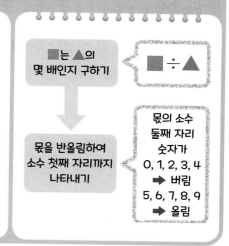

■는 ▲의 몇 배인지 구하기

■ ÷ ▲

↓

몫을 반올림하여 소수 첫째 자리까지 나타내기

몫의 소수 둘째 자리 숫자가
0, 1, 2, 3, 4 ➡ 버림
5, 6, 7, 8, 9 ➡ 올림

13 우유 2.9 L를 6명이 똑같이 나누어 마시려고 합니다. 한 명이 마실 수 있는 우유는 몇 L인지 반올림하여 소수 둘째 자리까지 나타내 보세요.

식 _____

답 _____ L

14 집에서 병원까지의 거리는 집에서 경찰서까지의 거리의 몇 배인지 반올림하여 일의 자리까지 나타내 보세요.

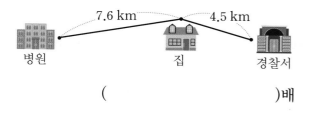

7.6 km   4.5 km
병원   집   경찰서

(_____)배

15 혜수네 집에서 매일 똑같은 양의 쌀을 먹었다면 하루에 먹은 쌀은 몇 kg인지 반올림하여 소수 첫째 자리까지 나타내 보세요.

우리집에서는 일주일 동안 쌀 5.8 kg을 먹었어요.

혜수

(_____) kg

16 굵기가 일정한 나무 막대 1 m 80 cm의 무게가 12 kg입니다. 이 나무 막대 1 m의 무게는 몇 kg인지 반올림하여 소수 둘째 자리까지 나타내 보세요.

(_____) kg

응용유형 1 수 카드로 몫이 가장 큰(작은) 나눗셈 만들기

수 카드를 한 번씩만 이용하여 다음과 같은 나눗셈을 만들려고 합니다. <u>몫이 가장 큰 나눗셈을</u>
만들고 몫을 구해 보세요.

4   3   8   ➡ $0.\Box)\overline{\Box\Box}$

(1) 알맞은 말에 ○표 하세요.

> 몫을 가장 크게 만들려면 나누어지는 수는 가장 (큰 , 작은) 수로,
> 나누는 수는 가장 (큰 , 작은) 수로 만들어야 합니다.

(2) 몫이 가장 큰 나눗셈을 만들어 보세요.

$0.\Box)\overline{\Box\Box}$

(3) 몫을 구해 보세요.

(   )

1-1 〔유사〕

수 카드를 한 번씩만 이용하여 몫이 가장 작은 나눗셈을 만들려고 합니다. ☐ 안에 알맞은 수를
써넣고 몫을 구해 보세요.

9   2   7   ➡ $0.\Box)\overline{\Box.\Box}$

(   )

1-2 〔변형〕

수 카드 6 , 4 , 7 , 0 , 9 를 한 번씩만 이용하여 몫이 가장 큰 나눗셈을 만들려고 합니
다. ☐ 안에 알맞은 수를 써넣고 몫을 구해 보세요.

$\Box.\Box\Box \div \Box.\Box$

(   )

→ 바른답·알찬풀이 **28**쪽

응용유형 2 **나누어 주고 남는 양 구하기**

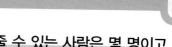

땅콩 4.6 kg을 한 명에게 0.6 kg씩 나누어 주려고 합니다. 나누어 줄 수 있는 사람은 몇 명이고, 남는 땅콩은 몇 kg인지 구해 보세요.

(1) 나누어 줄 수 있는 사람 수를 구하기 위한 식을 써 보세요.

식 _____

(2) 나누어 줄 수 있는 사람은 몇 명인가요?

(   )명

(3) 나누어 주는 땅콩은 몇 kg인가요?

(   ) kg

(4) 남는 땅콩은 몇 kg인가요?

(   ) kg

유사

2-1

상자 한 개를 묶는 데 리본이 3 m 필요합니다. 길이가 44 m인 리본으로 묶을 수 있는 상자는 몇 개이고, 남는 끈은 몇 m인지 구해 보세요.

묶을 수 있는 상자 수 (   )개
남는 끈의 길이 (   ) m

변형

2-2

주스 15.4 L를 한 병에 1.25 L씩 담아 판매하려고 합니다. 주스를 남김없이 모두 판매하려면 주스는 적어도 몇 L가 더 필요한지 구해 보세요.

(   ) L

응용유형 **3** 바르게 계산한 값 구하기 문제해결 추론

어떤 수를 1.7로 나누어야 하는데 잘못하여 곱했더니 17.34가 되었습니다. 바르게 계산한 값을 구해 보세요.

(1) 어떤 수를 ☐라 하고 잘못 계산한 식을 써 보세요.

식 _____

(2) 어떤 수를 구해 보세요.

(   )

(3) 바르게 계산한 값을 구해 보세요.

(   )

3-1 유사

어떤 수를 2.25로 나누어야 하는데 잘못하여 곱했더니 20.25가 되었습니다. 바르게 계산한 값을 구해 보세요.

(   )

3-2 변형

7.8을 어떤 수로 나누어야 하는데 잘못하여 곱했더니 9.36이 되었습니다. 바르게 계산한 값을 구해 보세요.

(   )

➜ 바른답·알찬풀이 **28**쪽

응용유형 **4** 몫의 소수 째 자리 숫자 구하기

몫의 소수 8째 자리 숫자를 구해 보세요.

$$50 \div 22$$

(1) $50 \div 22$의 몫을 소수 6째 자리까지 구해 보세요.

( )

(2) 몫의 소수점 아래 숫자의 규칙을 찾아 써 보세요.

( )

(3) 몫의 소수 8째 자리 숫자를 구해 보세요.

( )

유사

4-1 몫의 소수 11째 자리 숫자를 구해 보세요.

$$6 \div 3.3$$

( )

변형

4-2 몫의 소수 20째 자리 숫자와 몫의 소수 35째 자리 숫자의 합을 구해 보세요.

$$1.6 \div 1.5$$

( )

중2 미리보기

$0.777\cdots$이나 $0.363636\cdots$과 같이 소수점 아래의 어떤 자리에서부터 일정한 숫자의 배열이 끝없이 되풀이 되는 것을 순환소수라 하며, 이때 되풀이 되는 한 부분을 순환마디라고 합니다.

예 $0.777\cdots$은 순환마디가 7이고, $0.363636\cdots$은 순환마디가 36입니다.

$0.424242\cdots$는 순환마디가 □입니다.

답 42

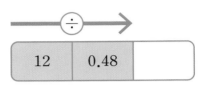

한 문항당 배점은 5점입니다.

점수 ___ 점

01 빈칸에 알맞은 수를 써넣으세요.

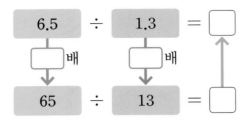

$6.5 \div 1.3 = \boxed{}$

$\boxed{}$ 배 　 $\boxed{}$ 배

$65 \div 13 = \boxed{}$

02 ☐ 안에 알맞은 수를 써넣으세요.

$$1.96 \div 0.28 = \dfrac{\boxed{}}{100} \div \dfrac{\boxed{}}{100}$$

$$= 196 \div \boxed{} = \boxed{}$$

중요
03 $3.92 \div 1.4$를 계산하고, $3.92 \div 1.4$와 몫이 같은 것에 ○표 하세요.

$$3.92 \div 1.4 = \boxed{}$$

$392 \div 14$ 　 $39.2 \div 14$

(　　　) 　 (　　　)

04 계산해 보세요.

$$0.1\,8\,)\,\overline{7.2}$$

05 빈칸에 알맞은 수를 써넣으세요.

$\xrightarrow{\div}$

| 12 | 0.48 | |

06 계산 결과를 찾아 이어 보세요.

$36.4 \div 5.2$ ・ 　 ・ 8

$17.36 \div 2.17$ ・ 　 ・ 7

$15 \div 2.5$ ・ 　 ・ 6

07 계산을 하고, 몫을 반올림하여 소수 첫째 자리까지 나타내 보세요.

$$0.9\,)\,\overline{4.2}$$

(　　　　　　　　　　　)

08 ☐ 안에 알맞은 수를 써넣으세요

$$1.56 \div 0.03 = \boxed{}$$

$$15.6 \div 0.03 = \boxed{}$$

$$156 \div 0.03 = \boxed{}$$

09 잘못 계산한 곳을 찾아 ○표 하고, 바르게 계산해 보세요.

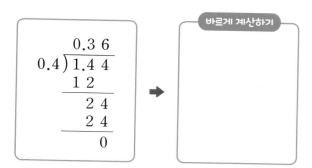

바르게 계산하기

10 큰 수를 작은 수로 나눈 몫을 구해 보세요.

1.5	6.6

(   )

11 ○ 안에 >, =, <를 알맞게 써넣으세요.

0.98÷0.28 ○ 2.59÷0.7

중요

12 포도주스 6.4 L를 한 명에게 0.4 L씩 주려고 합니다. 몇 명에게 나누어 줄 수 있을까요?

식 _____

답 _____ 명

응용

13 몫을 반올림하여 소수 둘째 자리까지 나타낸 수가 가장 큰 것을 찾아 기호를 써 보세요.

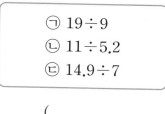

㉠ 19÷9
㉡ 11÷5.2
㉢ 14.9÷7

(   )

14 밑변이 3.52 cm이고 넓이가 15.84 cm²인 평행사변형이 있습니다. 이 평행사변형의 높이는 몇 cm인가요?

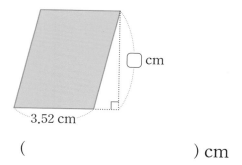

(   ) cm

15 페인트로 벽 9 m²를 칠하는 데 0.5시간이 걸립니다. 1시간 동안 칠할 수 있는 벽의 넓이는 몇 m²인가요?

(   ) m²

16 1부터 9까지의 자연수 중에서 ☐ 안에 들어갈 수 있는 수를 모두 구해 보세요.

$$2.04 \div 0.68 > \boxed{}$$

(   )

17 굵기가 일정한 철근 3 m 40 cm의 무게가 33 kg입니다. 이 철근 1 m의 무게는 몇 kg인지 반올림하여 일의 자리까지 나타내 보세요.

(   ) kg

중요
18 수 카드 6 , 3 , 8 을 한 번씩만 이용하여 몫이 가장 작은 나눗셈을 만들려고 합니다. ☐ 안에 알맞은 수를 써넣고 몫을 구해 보세요.

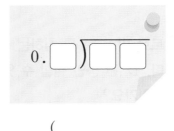

(   )

서술형 문제

19 선주네 농장에서 고구마를 9.8 kg, 감자를 4.7 kg 캤습니다. 선주네 농장에서 캔 고구마의 양은 캔 감자의 양의 몇 배인지 반올림하여 소수 첫째 자리까지 나타내려고 합니다. 풀이 과정을 쓰고, 답을 구해 보세요.

풀이 _____

_____

_____

_____

답 _____ 배

응용
20 어떤 수를 1.6으로 나누어야 하는데 잘못하여 곱했더니 7.68이 되었습니다. 바르게 계산한 값은 얼마인지 풀이 과정을 쓰고, 답을 구해 보세요.

풀이 _____

_____

_____

답 _____

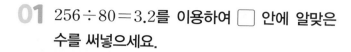
3. 소수의 나눗셈

한 문항당 배점은 5점입니다.

➡ 바른답·알찬풀이 **30**쪽

01 $256 \div 80 = 3.2$를 이용하여 ☐ 안에 알맞은 수를 써넣으세요.

$$2.56 \div 0.8 = \boxed{}$$

02 **보기**와 같이 계산해 보세요.

> **보기**
>
> $3.5 \div 0.7 = \dfrac{35}{10} \div \dfrac{7}{10} = 35 \div 7 = 5$

$6.3 \div 0.9$

_____

03 계산해 보세요.

$$0.7 \overline{)1.7\,5}$$

04 몫이 45인 것을 찾아 색칠해 보세요.

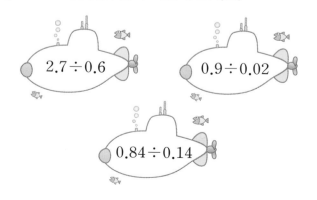

05 자연수를 소수로 나눈 몫을 구해 보세요.

1.25	20

(   )

중요
06 몫을 반올림하여 주어진 자리까지 나타내 보세요.

$2.9 \div 1.1$	일의 자리	
	소수 셋째 자리	

07 빈칸에 알맞은 수를 써넣으세요.

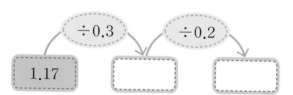

08 $1.95 \div 0.5$와 몫이 같은 것을 모두 고르세요.

(   )

① $1.95 \div 5$　　② $19.5 \div 5$

③ $19.5 \div 50$　　④ $195 \div 50$

⑤ $195 \div 0.5$

3 단원

공부한 날

월

일

중요

09 바르게 계산한 친구는 누구인가요?

 종오

$$9.12 \div 0.38 = 2.4$$

 슬비

$$14 \div 3.5 = 4$$

( )

10 몫이 큰 것부터 차례로 기호를 써 보세요.

> ㉠ $6.9 \div 0.23$
> ㉡ $20.4 \div 0.6$
> ㉢ $2.48 \div 0.08$

( )

11 휘발유 0.07 L를 넣으면 1 km를 갈 수 있는 자동차가 있습니다. 이 자동차에 휘발유 4.9 L 를 넣으면 몇 km를 갈 수 있나요?

식 _____

답 _____ km

12 두 수의 차를 구해 보세요.

> $7 \div 12$의 몫을 반올림하여 소수 첫째 자리 까지 나타낸 수

> $7 \div 12$의 몫을 반올림하여 소수 둘째 자리 까지 나타낸 수

( )

13 무게가 모두 같은 음료수 한 묶음의 무게는 9 kg입니다. 음료수 한 개의 무게가 0.36 kg 일 때, 한 묶음에 들어 있는 음료수는 몇 개인 가요?

( )개

14 색연필 길이는 13 cm이고, 크레파스 길이는 4.5 cm입니다. 색연필 길이는 크레파스 길이 의 몇 배인지 몫을 반올림하여 소수 첫째 자리 까지 나타내 보세요.

( )배

응용

15 ☐ 안에 알맞은 수를 써넣으세요.

$$\boxed{} \times 1.8 = 6.3$$

16 몫을 반올림하여 <u>잘못</u> 나타낸 것을 찾아 ○표 하세요.

> 1.7÷3의 몫을 반올림하여 일의 자리까지 나타내면 1 입니다.

> 37÷0.9의 몫을 반올림하여 소수 첫째 자리까지 나타내면 41.1입니다.

> 14÷9의 몫을 반올림하여 소수 둘째 자리까지 나타내면 1.55입니다.

응용

17 두 종류의 털실을 색에 관계없이 한 명에게 1.2 m씩 준다면 몇 명에게 나누어 줄 수 있을까요?

7.2 m   9.6 m

(   )명

 중요

18 소금 25 kg을 한 봉지에 0.7 kg씩 나누어 담으려고 합니다. 담을 수 있는 소금은 몇 봉지이고, 남는 소금은 몇 kg인지 구해 보세요.

소금 봉지 수 (   )봉지

남는 소금의 양 (   ) kg

서술형 문제

19 민서는 우유 1.5 L를 하루에 0.3 L씩 모두 마셨고, 세훈이는 우유 2.45 L를 하루에 0.35 L씩 모두 마셨습니다. 민서와 세훈이 중에서 누가 우유를 며칠 더 오래 마셨는지 풀이 과정을 쓰고, 답을 구해 보세요.

풀이 _____

_____

_____

_____

답 _____ , _____ 일

20 몫의 소수 14째 자리 숫자를 구하려고 합니다. 풀이 과정을 쓰고, 답을 구해 보세요.

> 1.8÷1.1

풀이 _____

_____

_____

_____

답 _____

4

비례식과 비례배분

단원에 대한 공부 계획을 세우고,
학습한 내용에 대해 이해 정도를 스스로 평가해 보세요.

☆☆☆ 자신있게 설명할 수 있어요.   ☆☆ 설명하기 조금 힘들어요.   ☆ 어려워서 설명할 수 없어요.

1 비의 성질을 알아봐요

초록 색종이 2장과 빨간 색종이 5장으로 종이꽃 한 개를 만들 수 있어요.
종이꽃을 만들 때 필요한 색종이 수의 비율을 비교하여
비의 성질을 알아볼까요?

① 비의 성질을 알아볼까요? (1)

개념 동영상

초록 색종이 수와 빨간 색종이 수의 비와 그 비율을 나타냈어요.

비 **2 : 5**　비율 $\dfrac{2}{5}$

비 **4 : 10**　비율 $\dfrac{4}{10}\left(=\dfrac{2}{5}\right)$

비율이 같습니다.

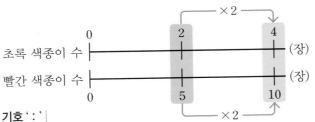

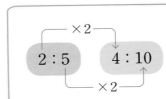

2 : 5의 전항과 후항에 2를 곱해도 비율은 같습니다.

비 2 : 5에서 기호 ' : '
앞에 있는 2를 전항,
뒤에 있는 5를 후항
이라고 해요.

> 비의 전항과 후항에 0이 아닌 같은 수를 곱해도 비율은 같습니다.

② 비의 성질을 알아볼까요? (2)

사진의 가로와 세로의 비와 그 비율을 나타냈어요.

36 cm

축소

18 cm

60 cm

30 cm

비 **60 : 36**　비율 $\dfrac{60}{36}\left(=1\dfrac{2}{3}\right)$

비 **30 : 18**　비율 $\dfrac{30}{18}\left(=1\dfrac{2}{3}\right)$

비율이 같습니다.

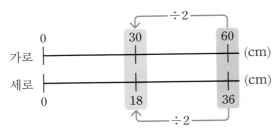

60 : 36의 전항과 후항을 2로 나누어도 비율은 같습니다.

> 비의 전항과 후항을 0이 아닌 같은 수로 나누어도 비율은 같습니다.

1 비를 보고 ☐ 안에 알맞은 수를 써넣으세요.

(1) 4 : 9   전항 ☐, 후항 ☐

(2) 8 : 3   전항 ☐, 후항 ☐

[2~3] ☐ 안에 비율을 써넣고, 비율을 비교하여 알맞은 말에 ◯표 하세요.

2

비 2 : 3   6 : 9

비율 $\dfrac{2}{3}$ ☐

비의 전항과 후항에 0이 아닌 같은 수를
(더해도 , 곱해도) 비율은 같습니다.

3

비 16 : 20   4 : 5

비율 ☐ $\dfrac{4}{5}$

비의 전항과 후항을 0이 아닌 같은 수로
(빼도 , 나누어도) 비율은 같습니다.

[4~5] 비의 성질을 활용하여 비율이 같은 비를 찾으려고 합니다. ☐ 안에 알맞은 수를 써넣으세요.

4

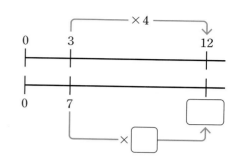

3 : 7과 비율이 같은 비는 12 : ☐ 입니다.

4 단원

공부한 날

월

일

5

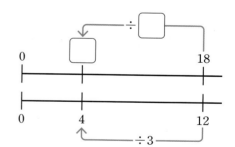

18 : 12와 비율이 같은 비는 ☐ : 4입니다.

6 비의 성질을 활용하여 10 : 7과 비율이 같은 비에 색칠해 보세요.

7 : 10   20 : 14

2 비의 성질을 활용해요

빵을 만들려면 밀가루 4.9 kg과 쌀가루 1.4 kg이 필요해요.
필요한 밀가루양과 쌀가루양의 비를 간단한 자연수의 비로 어떻게 나타낼까요?

탐구

1 4.9 : 1.4를 간단한 자연수의 비로 나타내 볼까요?

개념 동영상

전항과 후항에 10을 곱하면 자연수의 비로 나타낼 수 있습니다.	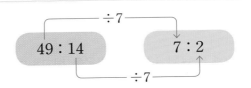

전항과 후항을 49와 14의 공약수인 7로 나누어 간단한 자연수의 비로 나타낼 수 있습니다.	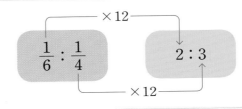

2 $\frac{1}{6}$: $\frac{1}{4}$을 간단한 자연수의 비로 나타내 볼까요?

전항과 후항에 6과 4의 공배수인 12를 곱하여 간단한 자연수의 비로 나타낼 수 있습니다.	

참고 소수와 분수의 비는 분수를 소수로 바꾸거나 소수를 분수로 바꾼 후 간단한 자연수의 비로 나타냅니다.

예 $0.6 : \frac{1}{2}$을 간단한 자연수의 비로 나타내기

방법 1 $0.6 : \frac{1}{2}$ ➡ $0.6 : 0.5$ ➡ $6 : 5$
분수를 소수로 바꾸기

방법 2 $0.6 : \frac{1}{2}$ ➡ $\frac{6}{10} : \frac{1}{2}$ ➡ $6 : 5$
소수를 분수로 바꾸기

이미지로 개념 쏙

간단한 자연수의 비로 나타내기

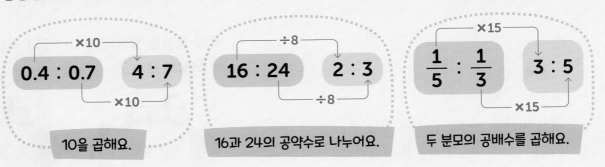

1단계 개념탄탄

[1~4] ☐ 안에 알맞은 수를 써넣어 간단한 자연수의 비로 나타내 보세요.

1
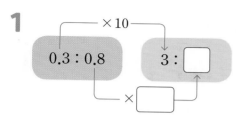

$×10$

$0.3 : 0.8$　　$3 : $ ☐

$× $ ☐

Tip 전항과 후항에 두 분모의 공배수를 곱합니다.

2

$× $ ☐

$\dfrac{1}{4} : \dfrac{1}{5}$　　☐ $: 4$

$×20$

Tip 전항과 후항을 21과 35의 공약수로 나눕니다.

3
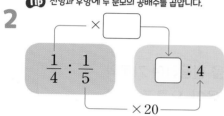

$÷7$

$21 : 35$　　$3 : $ ☐

$÷$ ☐

4
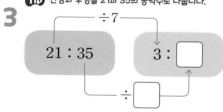

$÷100$

$400 : 900$　　☐ $: $ ☐

$÷$ ☐

5 $0.7 : \dfrac{1}{2}$ 을 간단한 자연수의 비로 나타내려고 합니다. ☐ 안에 알맞은 수를 써넣으세요.

방법 1 전항 0.7을 분수로 바꾸면 $\dfrac{☐}{10}$ 입니다.

$\dfrac{☐}{10} : \dfrac{1}{2}$ 을 간단한 자연수의 비인

☐ $: 5$로 나타낼 수 있습니다.

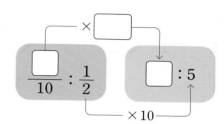

$×$ ☐

$\dfrac{☐}{10} : \dfrac{1}{2}$　　☐ $: 5$

$×10$

방법 2 후항 $\dfrac{1}{2}$ 을 소수로 바꾸면 ☐ 입니다.

$0.7 : $ ☐ 을/를 간단한 자연수의 비인

$7 : $ ☐ 로 나타낼 수 있습니다.

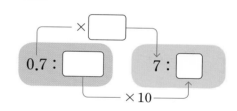

$×$ ☐

$0.7 : $ ☐　　$7 : $ ☐

$×10$

6 간단한 자연수의 비로 나타내 보세요.

(1) $4.2 : 5.4$

（　　　　　　　　　）

(2) $\dfrac{4}{5} : \dfrac{9}{10}$

（　　　　　　　　　）

유형 1 비의 성질

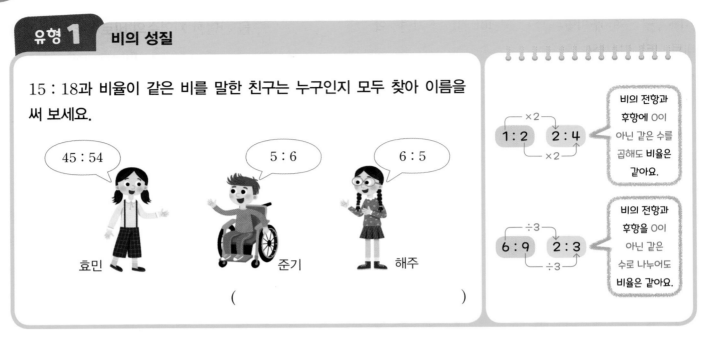

15 : 18과 비율이 같은 비를 말한 친구는 누구인지 모두 찾아 이름을 써 보세요.

45 : 54
효민

5 : 6
준기

6 : 5
해주

(   )

비의 전항과 후항에 0이 아닌 같은 수를 곱해도 비율은 같아요.

1 : 2 ×2→ 2 : 4

비의 전항과 후항을 0이 아닌 같은 수로 나누어도 비율은 같아요.

6 : 9 ÷3→ 2 : 3

01 비의 성질을 활용하여 비율이 같은 비를 찾아 이어 보세요.

4 : 7 •   • 16 : 15

11 : 5 •   • 66 : 30

80 : 75 •   • 20 : 35

02 비의 성질을 활용하여 50 : 90과 비율이 같은 비를 2개 써 보세요.

(   )

03 비의 성질을 활용하여 가로와 세로의 비율이 오른쪽 직사각형과 같은 것을 찾아 기호를 써 보세요.

3 cm
4 cm

가
8 cm
6 cm

나
6 cm
4 cm

(   )

04 구슬을 보고 <u>잘못</u> 말한 친구의 이름을 써 보세요.

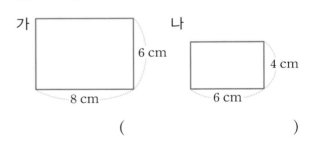

선우: 빨간색 구슬 수와 파란색 구슬 수의 비는 6 : 4예요.

민아: 빨간색 구슬 수와 파란색 구슬 수의 비는 2 : 3으로 나타낼 수 있어요.

(   )

→ 바른답·알찬풀이 **33**쪽

유형 **2** 간단한 자연수의 비로 나타내기

은행나무 키와 단풍나무 키의 비를 간단한 자연수의 비로 나타내 보세요.

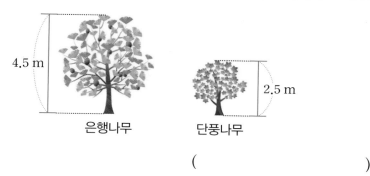

4.5 m

2.5 m

은행나무   단풍나무

(   )

| 소수의 비 | → | 전항과 후항에 10, 100, 1000, …을 곱하기 |
| 분수의 비 | → | 전항과 후항에 두 분모의 공배수 곱하기 |

4 단원

공부한 날

월

일

05 간단한 자연수의 비로 바르게 나타낸 것의 기호를 써 보세요.

㉠ $\dfrac{2}{3} : \dfrac{2}{9}$ → 2:2

㉡ 52:13 → 4:1

(   )

06 동운이는 흰색 페인트 $\dfrac{1}{8}$ L와 빨간색 페인트 0.2 L를 섞어 분홍색 페인트를 만들었습니다. 동운이가 분홍색 페인트를 만들기 위해 사용한 흰색 페인트양과 빨간색 페인트양의 비를 간단한 자연수의 비로 나타내 보세요.

(   )

07 왼쪽 비를 간단한 자연수의 비로 나타내려고 합니다. 후항이 8일 때 전항을 구해 보세요.

$\dfrac{3}{4} : \dfrac{6}{7}$ → □ : 8

(   )

서술형

08 가로가 24 cm이고 넓이가 384 cm²인 직사각형이 있습니다. 이 직사각형의 가로와 세로의 비를 간단한 자연수의 비로 나타내려고 합니다. 풀이 과정을 쓰고, 답을 구해 보세요.

풀이 _____

_____

_____

_____

답 _____

3 비례식을 알아봐요

민주와 지민이는 과학 시간에 만든 태양 고도 측정기로
태양 고도를 측정했어요. 민주와 지민이가 잰 막대 길이와
그림자 길이의 비를 식으로 나타내 볼까요?

탐구 비례식을 알아볼까요?

개념 동영상

	막대 길이(cm)	그림자 길이(cm)	막대 길이 : 그림자 길이	비율
민주	5	7	5 : 7	$\dfrac{5}{7}$
지민	10	14	10 : 14	$\dfrac{10}{14}\left(=\dfrac{5}{7}\right)$

비율이 같은 두 비를 기호 '='를 사용하여 5 : 7=10 : 14와 같이 나타낼 수 있습니다.
이와 같은 식을 비례식이라고 합니다.
비례식 5 : 7=10 : 14에서 바깥쪽에 있는 5와 14를 외항,
안쪽에 있는 7과 10을 내항이라고 합니다.

외항
5 : 7 = 10 : 14
내항

🔍 비의 성질을 비례식으로 나타내기

7 : 8의 전항과 후항에 2를 곱해도 비율이 같습니다.
이 성질을 비례식으로 나타내면 7 : 8 = 14 : 16 입니다.

56 : 21의 전항과 후항을 7로 나누어도 비율이 같습니다.
이 성질을 비례식으로 나타내면 56 : 21 = 8 : 3 입니다.

이미지로 개념 쏙

2 : 3과 6 : 9를 비율로
나타내면 $\dfrac{2}{3}$로 같아요!
두 비를 기호 '='를
사용하여 나타내요.

외항
비례식 **2 : 3 = 6 : 9**
내항

1 ☐ 안에 알맞은 수나 말을 써넣으세요.

> 비율이 같은 두 비를 기호 '='를 사용하여
> 1 : 6 = 2 : 12와 같이 나타낼 수 있습니다.
> 이와 같은 식을 ☐ (이)라고 하며
> 바깥쪽에 있는 1, ☐ 을/를 외항, 안쪽에
> 있는 ☐, 2를 내항이라고 합니다.

2 두 비 3 : 5와 6 : 10을 비율로 나타내고 비율을 비교하여 비례식으로 나타내려고 합니다. ☐ 안에 알맞은 수를 써넣으세요.

비	비율
3 : 5	$\dfrac{\boxed{}}{5}$
6 : 10	$\dfrac{\boxed{}}{10}\left(=\dfrac{\boxed{}}{5}\right)$

두 비 3 : 5와 6 : 10은 비율이 같으므로 비례식
으로 나타내면 3 : ☐ = 6 : ☐ 입니다.

3 비례식이 되는 것에 ○표 하세요.

> 7 : 4 = 14 : 8 ( )

> 15 : 5 = 16 : 8 ( )

[4~5] 비의 성질을 비례식으로 나타내려고 합니다. ☐ 안에 알맞은 수를 써넣으세요.

4

> 8 : 5의 전항과 후항에 4를 곱해도 비율이
> 같습니다. 이 성질을 비례식으로 나타내면
> 8 : 5 = ☐ : ☐ 입니다.

5

> 35 : 45의 전항과 후항을 5로 나누어도 비
> 율이 같습니다. 이 성질을 비례식으로 나타
> 내면 35 : 45 = ☐ : ☐ 입니다.

6 12 : 27과 비율이 같은 비를 찾아 비례식을 세우고, 외항과 내항을 써 보세요.

> 6 : 7   4 : 9

비례식 12 : 27 = ☐ : ☐

외항 _____

내항 _____

4 비례식의 성질을 알아봐요

태양 고도를 측정하면서 민주와 지민이가 잰
막대 길이와 그림자 길이의 비를 비례식으로 나타냈어요.

개념 동영상

탐구 비례식의 성질을 알아볼까요?

	막대 길이(cm)	그림자 길이(cm)
민주	5	7
지민	10	14

$$5 \times 14 = 70$$

비례식 $5 : 7 = 10 : 14$

$$7 \times 10 = 70$$

외항의 곱과 내항의 곱이
70으로 같아요!

> 비례식에서 외항의 곱과 내항의 곱은 같습니다.

🔍 비례식의 성질 활용하기

모형 돌하르방 높이와 실제 돌하르방 높이의 비는 1 : 13이고, 모형 돌하르방 높이는 15 cm예요. 실제 돌하르방 높이를 ☐ cm라 하면 비례식 1 : 13 = 15 : ☐ 를 세울 수 있어요. 실제 돌하르방 높이를 알아볼까요?

비례식에서 외항의 곱은 $1 \times$ ☐, 내항의 곱은 13×15입니다.

외항의 곱과 내항의 곱은 같으므로 $1 \times$ ☐ $= 13 \times 15$, ☐ $= 195$입니다.

따라서 실제 돌하르방 높이는 195 cm입니다.

이미지로
개념콕

(외항의 곱)$= 4 \times 6 = 24$

비례식 **4 : 3 = 8 : 6**

(내항의 곱)$= 3 \times 8 = 24$

외항의 곱과
내항의 곱은
같습니다.

1 비례식에서 외항의 곱과 내항의 곱을 구하고, 알맞은 말에 ◯표 하세요.

$$7 : 3 = 14 : 6$$

외항의 곱 $7 \times \boxed{} = \boxed{}$

내항의 곱 $\boxed{} \times 14 = \boxed{}$

비례식의 성질 비례식에서 외항의 곱과 내항의 곱은 (같습니다 , 다릅니다).

2 ☐ 안에 알맞은 수를 써넣고, 알맞은 말에 ◯표 하세요.

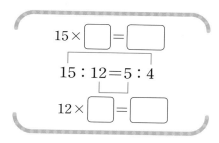

$15 \times \boxed{} = \boxed{}$

$15 : 12 = 5 : 4$

$12 \times \boxed{} = \boxed{}$

➡ 비례식이 (됩니다 , 안 됩니다).

3 비례식의 성질을 활용하여 비례식이 되도록 ■의 값을 구하려고 합니다. ☐ 안에 알맞은 수를 써넣으세요.

$2 \times \blacksquare$

$2 : 8 = 3 : \blacksquare$

8×3

$2 \times \blacksquare = 8 \times \boxed{}$,

$2 \times \blacksquare = \boxed{}$,

$\blacksquare = \boxed{}$

4 비례식에서 $5 \times \boxed{}$의 값을 구해 보세요.

$$6 : 5 = \boxed{} : 40$$

(   )

5 비례식의 성질을 활용하여 비례식이 되도록 ☐ 안에 알맞은 수를 써넣으세요.

(1) $2 : 11 = \boxed{} : 44$

(2) $8 : \boxed{} = 3 : 21$

6 꽃집에 있는 장미 수와 튤립 수의 비는 $9 : 2$입니다. 장미가 54송이 있을 때 튤립은 몇 송이가 있는지 구하려고 비례식을 세웠습니다. 튤립 수를 구해 보세요.

튤립 수를 ▲송이라 하고 비례식을 세우면 $9 : 2 = 54 : ▲$입니다.

(   )송이

4

단원

공부한 날

월

일

비례식을 활용해요

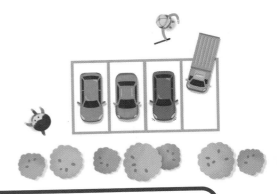

가로가 10 m인 주차 구역에 자동차 4대를 주차할 수 있어요.
자동차 12대를 주차할 수 있는 주차 구역의 가로는
몇 m인지 알아볼까요?

 비례식을 활용하여 문제를 해결해 볼까요?

개념 동영상

❶ 비례식 세우기

주차 구역의 가로와 주차할 수 있는 자동차 수의 비는 10 : 4입니다.
자동차 12대를 주차할 수 있는 주차 구역의 가로를 ▇ m라 하고
비례식을 세우면 10 : 4 = ▇ : 12입니다.

❷ ▇의 값 구하기

방법 1

비례식의 성질을 활용하면

$$10 : 4 = \boxed{} : 12$$에서

안쪽 $4 \times \boxed{}$, 바깥쪽 10×12

$10 \times 12 = 4 \times \boxed{}$이므로

$4 \times \boxed{} = 120$,

$\boxed{} = 30$입니다.

방법 2

비의 성질을 활용하면

$$10 : 4 = \boxed{} : 12$$이므로

($\times 3$)

$10 \times 3 = \boxed{}$,

$\boxed{} = 30$입니다.

❸ 답 구하기

자동차 12대를 주차할 수 있는 주차 구역의 가로는 30 m입니다.

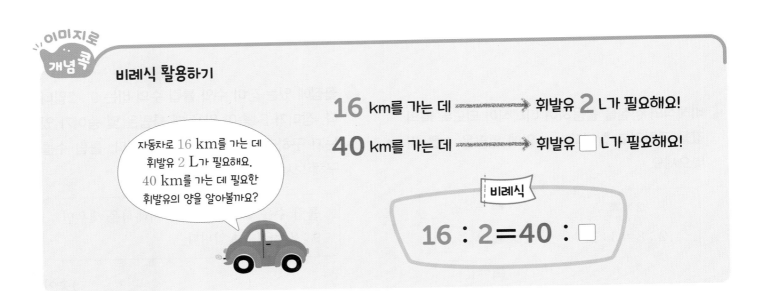

이미지로 개념 콕

비례식 활용하기

자동차로 16 km를 가는 데 휘발유 2 L가 필요해요.
40 km를 가는 데 필요한 휘발유의 양을 알아볼까요?

16 km를 가는 데 ⟶ 휘발유 2 L가 필요해요!

40 km를 가는 데 ⟶ 휘발유 ☐ L가 필요해요!

비례식

16 : 2 = 40 : ☐

[1~4] 달걀 12개로 케이크 3개를 만들 수 있습니다. 달걀 60개로 만들 수 있는 케이크는 몇 개인지 구하려고 합니다. 물음에 답하세요.

1 달걀 60개로 만들 수 있는 케이크 수를 ■개라 하고 비례식을 세우려고 합니다. ☐ 안에 알맞은 수를 써넣으세요.

$$12 : 3 = \boxed{} : ■$$

2 비례식의 성질을 활용하여 ■의 값을 구하려고 합니다. ☐ 안에 알맞은 수를 써넣으세요.

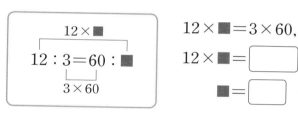

$$12 \times ■ = 3 \times 60,$$
$$12 \times ■ = \boxed{},$$
$$■ = \boxed{}$$

3 비의 성질을 활용하여 ■의 값을 구하려고 합니다. ☐ 안에 알맞은 수를 써넣으세요.

$$12 : 3 = 60 : ■$$

$$3 \times \boxed{} = ■,$$
$$■ = \boxed{}$$

4 달걀 60개로 만들 수 있는 케이크는 몇 개인가요?

(   )개

5 쌀과 보리를 7 : 2의 비로 섞어서 밥을 지으려고 합니다. 보리를 70 g 넣으면 쌀은 몇 g 넣어야 하는지 구하려고 합니다. ☐ 안에 알맞은 수를 써넣으세요.

넣어야 하는 쌀의 양을 ★ g이라 하고

비례식을 세우면 7 : 2 = ★ : ☐ 입니다.

$$7 \times \boxed{} = 2 \times ★,$$
$$2 \times ★ = \boxed{},$$
$$★ = \boxed{}$$

따라서 쌀은 ☐ g 넣어야 합니다.

6 종이꽃 3개를 만들려면 색종이 5장이 필요합니다. 종이꽃 15개를 만들려면 색종이가 몇 장 필요한지 구하려고 합니다. 필요한 색종이의 수를 ●장이라 하고 비례식을 세워 구해 보세요.

비례식 $3 : 5 = \boxed{} : ●$

(   )장

7 매실주스 4잔을 만드는 데 매실 원액 600 mL가 필요합니다. 매실 원액 1350 mL로는 매실주스를 몇 잔 만들 수 있는지 구하려고 합니다. 만들 수 있는 매실주스를 ▲잔이라 하고 비례식을 세워 구해 보세요.

비례식 $4 : 600 = ▲ : \boxed{}$

(   )잔

비례배분을 해요

유나와 우주가 함께 모은 빈 병을 가져다주고 받은
1200원을 7 : 5로 나누어 가지려고 해요.
얼마씩 나누어 가지게 될까요?

1200을 7 : 5로 나누어 볼까요?

개념 동영상

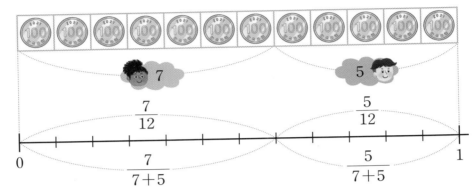

➡️ 유나🧑는 전체의 $\dfrac{7}{12}$, 우주🧑는 전체의 $\dfrac{5}{12}$를 가져야 합니다.

유나 $\quad 1200 \times \dfrac{7}{7+5} = 1200 \times \dfrac{7}{12} = 700(원)$

우주 $\quad 1200 \times \dfrac{5}{7+5} = 1200 \times \dfrac{5}{12} = 500(원)$

🔍 **비례배분 알아보기**

전체를 주어진 비로 배분하는 것을 비례배분이라고 합니다.

전체 ●를 ■ : ▲로 비례배분하기

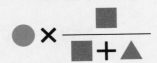

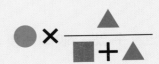

1 색 테이프 14 m를 은서와 준우가 4 : 3으로 나누어 가지려고 합니다. ☐ 안에 알맞은 수를 써넣으세요.

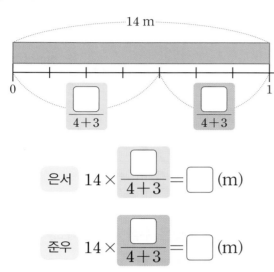

은서 $14 \times \dfrac{\boxed{}}{4+3} = \boxed{}$ (m)

준우 $14 \times \dfrac{\boxed{}}{4+3} = \boxed{}$ (m)

2 색연필 44자루를 가 상자와 나 상자에 5 : 6으로 나누어 담으려고 합니다. 물음에 답하세요.

(1) 두 상자에 담을 수 있는 색연필의 수는 각각 전체의 몇 분의 몇이 되는지 식으로 나타내 보세요.

가 상자 $\dfrac{\boxed{}}{5+6} = \dfrac{\boxed{}}{11}$

나 상자 $\dfrac{\boxed{}}{5+6} = \dfrac{\boxed{}}{11}$

(2) 두 상자에 담을 수 있는 색연필은 각각 몇 자루인지 구해 보세요.

가 상자 $44 \times \dfrac{\boxed{}}{11} = \boxed{}$(자루)

나 상자 $44 \times \dfrac{\boxed{}}{11} = \boxed{}$(자루)

3 35를 5 : 2로 비례배분하려고 합니다. ☐ 안에 알맞은 수를 써넣으세요.

$$35 \times \dfrac{5}{\boxed{}+\boxed{}} = 35 \times \dfrac{\boxed{}}{\boxed{}} = \boxed{}$$

$$35 \times \dfrac{2}{\boxed{}+\boxed{}} = 35 \times \dfrac{\boxed{}}{\boxed{}} = \boxed{}$$

4  안의 수를 주어진 비로 비례배분하여 (,) 안에 써 보세요.

(1) 72 3 : 5 ➡ (,   )

(2) 500 7 : 3 ➡ (,   )

5 물과 소금을 9 : 5로 섞어 소금물 280 g을 만들었습니다. 물을 몇 g 섞었는지 구하는 과정을 보고 ☐ 안에 알맞은 수를 써넣으세요.

> 소금물을 만드는 데 섞은 물의 양은 전체
>
> 소금물의 $\dfrac{\boxed{}}{9+\boxed{}}$ 이므로
>
> $280 \times \dfrac{\boxed{}}{\boxed{}} = \boxed{}$ (g)입니다.

4
단원

공부한 날
월
일

유형 1 비례식

비례식이 되는 것을 모두 찾아 ◯표 하세요.

$$5:8=6:9 \qquad 3:4=15:20$$
$$28:4=7:1 \qquad 19:17=14:12$$

비례식 확인하기

두 비의 비율이
같은지
확인하기

외항의 곱과
내항의 곱이
같은지
확인하기

---

01 지율이가 말하는 비례식을 세워 보세요.

외항이 12와 9,
내항이 27과 4예요.

지율

비례식 _____

---

02 비율이 같은 두 비를 찾아 비례식을 세우고,
외항과 내항을 써 보세요.

$$15:1 \qquad 0.4:0.7$$
$$3:4 \qquad 5:\dfrac{1}{3}$$

비례식 _____

외항 _____

내항 _____

---

03 다음 문장이 잘못된 이유를 설명한 것입니다.
□ 안에 알맞은 수를 써넣으세요.

$24:20=5:6$은 비례식입니다.

이유 $24:20$을 비율로 나타내면

$\dfrac{24}{20}\left(=\dfrac{\square}{5}\right)$, $5:6$을 비율로 나타

내면 $\boxed{}$ 입니다. 두 비의 비율이

다르므로 비례식이 아닙니다.

---

04 비례식이 되는 것을 모두 찾아 그 종이에 쓰인
글자로 낱말을 만들어 보세요.

채 $4:1=2:8$ 화 $5:3=15:9$

궁 $6:13=30:65$ 송 $9:8=11:10$

무 $2:7=4:14$ 청 $3:10=10:3$

(   )

유형 2 비례식 완성하기

비례식이 되도록 ☐ 안에 알맞은 수가 더 큰 것의 기호를 써 보세요.

> ㉠ $5 : 8 = \square : 32$
>
> ㉡ $2 : 6 = 10 : \square$

(   )

$$1 \times 12$$
$$1 : 4 = \square : 12$$
$$4 \times \square$$

➡ $1 \times 12 = 4 \times \square$, $\square = 3$

비례식의 성질을 활용하여 ☐의 값을 구할 수 있어요.

4 단원

공부한 날
월
일

05 비례식이 되도록 ☐ 안에 알맞은 수를 찾아 이어 보세요.

$\square : 1 = 26 : 13$ •

$7 : \square = 28 : 20$ •

• 2

• 5

• 8

서술형

06 두 비례식에서 ■＋▲의 값은 얼마인지 풀이 과정을 쓰고, 답을 구해 보세요.

> $15 : ■ = 5 : 15$
>
> $▲ : 81 = 4 : 9$

풀이 _____

_____

_____

_____

답 _____

07 비례식에서 내항의 곱이 84일 때 ㉠과 ㉡에 알맞은 수를 각각 구해 보세요.

> $7 : ㉠ = 42 : ㉡$

㉠ (   )

㉡ (   )

08 조건 을 만족하는 비례식을 세워 보세요.

조건

• 두 비를 비율로 나타내면 $\dfrac{3}{8}$ 입니다.

• 내항의 곱은 48입니다.

$\square : 16 = \square : \square$

유형 3 비례식의 활용

10000원을 주고 참외 4개를 샀습니다. 17500원으로는 참외를 몇 개 살 수 있는지 비례식을 세워 구해 보세요.

비례식 _____

답 _____ 개

구하려고 하는 것을 ☐라 하고 비례식 세우기

⬇

| 비례식의 성질을 활용하여 ☐의 값 구하기 | 비의 성질을 활용하여 ☐의 값 구하기 |

09 수진이네 텃밭에서 수확한 감자 양과 고구마 양의 비는 4 : 13입니다. 감자를 60 kg 수확했다면 고구마는 몇 kg 수확했는지 비례식을 세워 구해 보세요.

비례식 _____

답 _____ kg

10 9분 동안 36 L의 물이 일정하게 나오는 수도로 들이가 160 L인 욕조를 가득 채우려고 합니다. 욕조를 가득 채우는 데 걸리는 시간은 몇 분인지 비례식을 세워 구해 보세요.

비례식 _____

답 _____ 분

11 밀가루 48 g으로 쿠키 6개를 만들 수 있습니다. 쿠키 24개를 만드는 데 필요한 밀가루는 몇 g인지 구해 보세요.

(   ) g

12 김치볶음밥 2인분 재료를 보고 김치볶음밥 3인분을 만들기 위해 필요한 재료의 양을 각각 구해 보세요.

 김치볶음밥 2인분 재료

밥 360 g, 김치 2컵, 고춧가루 4큰술

김치볶음밥 3인분을 만들려면

밥 ☐ g, 김치 ☐ 컵,

고춧가루 ☐ 큰술이 필요합니다.

유형 4 비례배분

승호와 지혜는 초콜릿 34개를 8 : 9로 나누어 먹으려고 합니다. 두 사람은 초콜릿을 각각 몇 개씩 먹을 수 있는지 구해 보세요.

승호 (   )개

지혜 (   )개

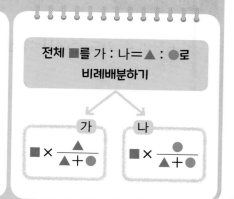

전체 ■를 가 : 나＝▲ : ●로 비례배분하기

가 → ■ × $\dfrac{▲}{▲+●}$

나 → ■ × $\dfrac{●}{▲+●}$

---

13 우유 440 mL를 형식이와 민지가 4 : 7로 나누어 마시려고 합니다. 두 사람은 우유를 각각 몇 mL씩 마실 수 있는지 구해 보세요.

형식 (   ) mL

민지 (   ) mL

14 현서네 모둠은 3명, 영규네 모둠은 4명입니다. 공책 56권을 모둠원 수에 따라 나누어 가지려고 합니다. 잘못 말한 친구의 이름을 써 보세요.

현서: 우리 모둠은 $56 \times \dfrac{3}{4} = 42$(권)을 가져야 해요.

영규: 우리 모둠은 $56 \times \dfrac{4}{7} = 32$(권)을 가져야 해요.

(   )

15 연아는 사과 35개를 빨간색 바구니와 노란색 바구니에 1 : 6으로 나누어 담으려고 합니다. 사과를 어느 색 바구니에 몇 개 더 많이 담아야 하는지 구해 보세요.

(   ) 바구니,

(   )개

4 단원
공부한 날
월
일

서술형

16 어느 날 낮과 밤의 길이가 5 : 3이었습니다. 이날 낮은 몇 시간이었는지 풀이 과정을 쓰고, 답을 구해 보세요.

풀이 _____

_____

_____

답 _____ 시간

응용유형 1 수 카드로 비례식 세우기

문제해결 추론

6장의 수 카드 중에서 4장을 골라 비례식을 세워 보세요.

| 1 | 2 | 4 | 5 | 7 | 8 |

(1) 두 수의 곱이 같은 카드를 찾아보세요.

(,   )과/와 (,   )

(2) (1)에서 고른 수로 비례식을 세워 보세요.

비례식 _____

1-1 유사

6장의 수 카드 중에서 4장을 골라 비례식을 세워 보세요.

| 3 | 4 | 5 | 6 | 8 | 9 |

비례식 _____

1-2 변형

6장의 수 카드 중에서 4장을 골라 비례식을 세워 보세요.

| 0.2 | $\dfrac{1}{4}$ | 2 | 5 | 8 | 10 |

비례식 _____

→ 바른답·알찬풀이 **37**쪽

응용유형 **2**   직사각형의 둘레를 알 때 한 변 구하기

가로와 세로의 비가 4 : 7이고 둘레가 66 cm인 직사각형이 있습니다. 직사각형의 세로는 몇 cm인지 구해 보세요.

(1) 직사각형의 가로와 세로의 합은 몇 cm인가요?

(   ) cm

(2) 직사각형의 세로는 몇 cm인지 구해 보세요.

(   ) cm

4
단원

공부한 날

월

일

유사

2-1

가로와 세로의 비가 5 : 8이고 둘레가 104 cm인 직사각형이 있습니다. 직사각형의 가로는 몇 cm인지 구해 보세요.

(   ) cm

변형

2-2

길이가 140 cm인 끈을 남김없이 사용하여 가로와 세로의 비가 3 : 4인 직사각형을 만들었습니다. 만든 직사각형의 넓이는 몇 cm^2인지 구해 보세요.

(   ) cm^2

응용유형 3 전체 양 구하기

 문제 해결 추론

어떤 수를 5 : 2로 나누었더니 더 작은 쪽의 수가 30이었습니다. 어떤 수를 구해 보세요.

(1) □ 안에 알맞은 수를 써넣으세요.

> 어떤 수를 ■라 하고 이것을 5 : 2로 비례배분하면 더 작은 쪽의 수가 30이므로
>
> $\blacksquare \times \dfrac{\boxed{}}{5+2} = 30$입니다.

(2) 어떤 수를 구해 보세요.

(   )

 유사

3-1 어떤 수를 4 : 9로 나누었더니 더 큰 쪽의 수가 108이었습니다. 어떤 수를 구해 보세요.

(   )

변형

3-2 윤정이와 동생이 어머니께서 주신 용돈을 5 : 3으로 나누어 가졌습니다. 윤정이가 가진 용돈이 7500원이라면 어머니께서 주신 용돈은 얼마인지 구해 보세요.

(   )원

 중1 미리보기

등식의 성질 ➡ 등식의 양변을 0이 아닌 같은 수로 나누어도 등식은 성립합니다.

└─ 등호의 왼쪽 부분과 오른쪽 부분

예 $\bullet \times \dfrac{2}{5} = 8$

$\bullet \times \dfrac{2}{5} \div \dfrac{2}{5} = 8 \div \dfrac{2}{5}$

$\bullet = \boxed{}$

> 등호 '='를 사용하여 나타낸 식을 등식이라고 해요.

답 20

→ 바른답·알찬풀이 37쪽

응용유형 4 **실제 거리 구하기**

지도에서 학교와 우체국 사이의 거리는 1 cm인데 실제 거리는 500 m입니다. 학교와 수영장 사이의 실제 거리는 몇 m인지 구해 보세요.

(1) 학교와 수영장 사이의 실제 거리를 ▲ cm라 하고 비례식을 세워 보세요.

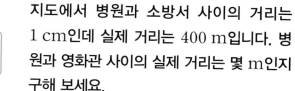

비례식 $1 : \boxed{} = 3 : ▲$

(2) 학교와 수영장 사이의 실제 거리는 몇 m인지 구해 보세요.

(   ) m

4
단원

공부한 날

월

일

유사

4-1 지도에서 병원과 소방서 사이의 거리는 1 cm인데 실제 거리는 400 m입니다. 병원과 영화관 사이의 실제 거리는 몇 m인지 구해 보세요.

(   ) m

변형

4-2 지도에서 집과 버스 정류장 사이의 거리는 2 cm인데 실제 거리는 150 m입니다. 집에서 학교를 지나 기차역까지의 실제 거리는 몇 m인지 구해 보세요.

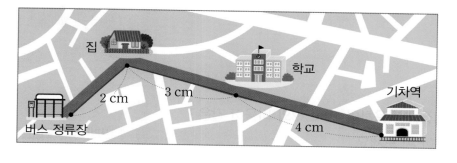

(   ) m

4. 비례식과 비례배분

한 문항당 배점은 5점입니다.

01 비에서 전항과 후항을 써 보세요.

16 : 15

전항 ( )

후항 ( )

02 비례식이 되는 것에 ◯표 하세요.

15 : 3 = 6 : 2 ◯

2 : 7 = 8 : 28 ◯

03 ☐ 안에 알맞은 수를 써넣어 간단한 자연수의 비로 나타내 보세요.

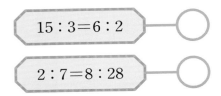

04 비의 성질을 활용하여 10 : 22와 비율이 같은 비를 찾아 써 보세요.

11 : 5   15 : 27   5 : 11

( )

05 비례식 7 : 9 = 14 : 18에 대해 **잘못** 설명한 것을 찾아 기호를 써 보세요.

㉠ 외항은 7, 18입니다.
㉡ 내항은 9, 14입니다.
㉢ 두 비는 비율이 다릅니다.

( )

06 비례식에서 외항의 곱과 내항의 곱을 구해 보세요.

15 : 18 = 5 : 6

외항의 곱 ( )

내항의 곱 ( )

07 간단한 자연수의 비로 나타낸 것을 찾아 이어 보세요.

0.6 : 2.4 •   • 4 : 3

$\frac{1}{3} : \frac{1}{4}$ •   • 1 : 4

중요
08 비례식이 되도록 ☐ 안에 알맞은 수를 써넣으세요.

9 : ☐ = 45 : 25

09 간단한 자연수의 비로 나타내 보세요.

$$\frac{4}{5} : 2.8$$

( )

10 주어진 수를 7 : 8로 비례배분해 보세요.

90

(,)

11 비율이 같은 두 비를 찾아 비례식을 세워 보세요.

4.8 : 5.4 $\frac{1}{5} : \frac{1}{4}$

60 : 70   8 : 9

비례식 _____

응용
12 어떤 비례식에서 외항의 곱이 120입니다. 한 내항이 10이라면 다른 내항을 구해 보세요.

( )

13 물을 윤희는 1.4 L 마셨고, 지호는 0.8 L 마셨습니다. 윤희가 마신 물의 양과 지호가 마신 물의 양을 간단한 자연수의 비로 나타내 보세요.

( )

중요
14 자전거를 타고 4 km를 이동하는 데 28분이 걸렸습니다. 같은 빠르기로 12 km를 이동하는 데 몇 분이 걸리는지 구해 보세요.

( )분

15 지영이네 가족과 성균이네 가족은 함께 사용한 여행 경비 18만 원을 사람 수에 따라 나누어 내려고 합니다. 지영이네 가족은 4명, 성균이네 가족은 5명이라면 두 가족은 여행 경비를 각각 얼마씩 내야 하는지 구해 보세요.

지영이네 가족 ( ) 원
성균이네 가족 ( ) 원

➡ 바른답·알찬풀이 **38**쪽

정답 확인

16 두 비는 21 : 36과 비율이 같습니다. ☐ 안에 알맞은 수를 써넣으세요.

7 : ☐   ☐ : 72

17 색종이 35장을 민영이와 준후가 2 : 3으로 나누어 가지려고 합니다. 준후는 민영이보다 색종이를 몇 장 더 많이 가지게 되는지 구해 보세요.

(   )장

18 조건 을 만족하는 비례식을 세워 보세요.

조건
- 두 비를 비율로 나타내면 $\frac{2}{5}$입니다.
- 외항의 곱은 100입니다.

☐ : ☐ = ☐ : 25

서술형 문제

19 오렌지주스 1병을 만들기 위해 물 8컵과 오렌지 원액 4컵을 준비했습니다. <u>잘못 말한</u> 친구의 이름을 쓰고, 바르게 고쳐 보세요.

 오렌지주스 1병을 만들기 위해 필요한 물의 양과 오렌지 원액량의 비는 4 : 8이에요.

현수

 물의 양과 오렌지 원액량의 비는 2 : 1로 나타낼 수 있어요.

윤미

이름 _____

바르게 고친 문장 _____

_____

_____

20 어떤 직사각형의 가로와 세로의 비가 7 : 3이고 둘레가 80 cm입니다. 직사각형의 가로는 몇 cm인지 풀이 과정을 쓰고, 답을 구해 보세요.

풀이 _____

_____

_____

_____

답 _____ cm

4. 비례식과 비례배분

01 ☐ 안에 알맞은 수를 써넣으세요.

비례식 $3:10=9:30$에서 외항은 ☐, ☐이고 내항은 ☐, ☐입니다.

02 비의 성질을 활용하여 ☐ 안에 알맞은 수를 써넣으세요.

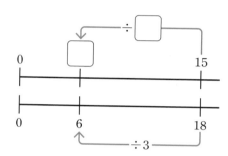

$15:18$과 비율이 같은 비는 ☐ : 6입니다.

03 ☐ 안에 알맞은 수를 써넣어 간단한 자연수의 비로 나타내 보세요.

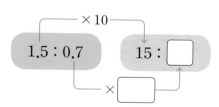

04 비례식이 되는 것을 찾아 기호를 써 보세요.

㉠ $6:9=9:6$
㉡ $3:8=15:40$
㉢ $4:7=21:12$

( )

05 비례식에서 $3 \times$ ㉠의 값을 구해 보세요.

$8:3=$ ㉠$:9$

( )

중요

06 간단한 자연수의 비로 나타내 보세요.

$$\frac{3}{7} : \frac{3}{8}$$

( )

07 비례식의 성질을 활용하여 비례식이 되도록 ■의 값을 구하려고 합니다. ☐ 안에 알맞은 수를 써넣으세요.

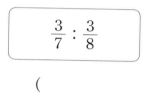

$2 \times$ ☐ $=6 \times$ ■,

$6 \times$ ■ $=$ ☐,

■ $=$ ☐

08 간단한 자연수의 비인 $2:5$로 나타낼 수 있는 것에 색칠해 보세요.

$1.4:3.5$ $16:20$

중요

09 밑변과 높이의 비율이 3 : 2와 같은 삼각형을 모두 찾아 기호를 써 보세요.

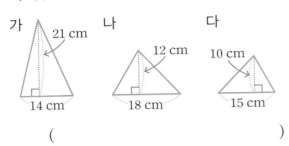

( )

10 비율이 같은 비를 찾아 비례식을 세워 보세요.

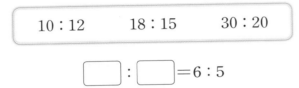

□ : □ =6 : 5

11 비례식에서 □ 안에 알맞은 수가 가장 큰 것을 찾아 기호를 써 보세요.

ㄱ 2 : 3=6 : □
ㄴ 5 : □ =15 : 18
ㄷ □ : 21=6 : 18

( )

12 비례식에서 내항의 곱이 180일 때 ㄱ과 ㄴ에 알맞은 수의 합을 구해 보세요.

ㄱ : 9=ㄴ : 45

( )

13 쌀가루와 쑥 가루를 9 : 2로 섞어서 쑥떡을 만들려고 합니다. 쑥 가루를 80 g 넣을 때 쌀가루는 몇 g 넣어야 하는지 구해 보세요.

( )g

응용

14 우림이네 학교의 전체 학생은 540명이고, 그 중에서 여학생은 260명입니다. 우림이네 학교의 남학생 수와 여학생 수의 비를 간단한 자연수의 비로 나타내 보세요.

( )

15 연수네 모둠은 3명, 재호네 모둠은 4명입니다. 찰흙 42 kg을 모둠원 수에 따라 나누어 가지려고 합니다. 연수네 모둠과 재호네 모둠은 찰흙을 각각 몇 kg 가지게 되는지 구해 보세요.

연수네 모둠 ( ) kg
재호네 모둠 ( ) kg

→ 바른답·알찬풀이 **40**쪽

16 직사각형 가의 넓이와 나의 넓이의 비를 간단한 자연수의 비로 나타내 보세요.

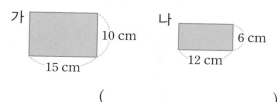

( )

서술형 문제

19 어느 야구 선수가 20타수 중에서 안타를 8번 쳤습니다. 이와 같은 비율로 안타를 친다면 360타수 중에서 안타를 몇 번 치게 되는지 풀이 과정을 쓰고, 답을 구해 보세요.

풀이 _____

_____

_____

답 _____ 번

중요

17 5장의 수 카드 중에서 4장을 골라 비례식을 세워 보세요.

2 3 6 7 9

비례식 _____

응용

20 후항이 45인 비가 있습니다. 이 비를 비율로 나타내면 $\frac{7}{9}$일 때 전항은 얼마인지 풀이 과정을 쓰고, 답을 구해 보세요.

풀이 _____

_____

_____

답 _____

18 붙임딱지를 지원이와 예림이가 7 : 6으로 나누어 가졌습니다. 지원이가 가진 붙임딱지가 28장이라면 처음에 있던 붙임딱지는 몇 장인지 구해 보세요.

( )장

5

원의 둘레와 넓이

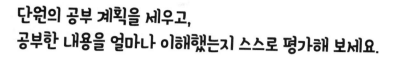

단원의 공부 계획을 세우고,
공부한 내용을 얼마나 이해했는지 스스로 평가해 보세요.

☆☆☆ 자신있게 설명할 수 있어요. ☆☆ 설명하기 조금 힘들어요. ☆ 어려워서 설명할 수 없어요.

원주와 지름의 관계를 알아봐요

주변에 있는 물건에서 원 모양을 찾았어요.
원의 지름과 원의 둘레는 어떤 관계가 있을까요?

탐구 원주와 지름의 관계를 알아볼까요?

개념 동영상

500원짜리 동전의
둘레를 털실로 두른 후
펼쳤어요.

➡ 500원짜리 동전의 둘레는 동전의 지름의 3배쯤입니다.

원의 둘레를 원주라고 합니다.

🔍 **정다각형의 둘레를 이용하여 원주와 지름의 관계 알아보기**

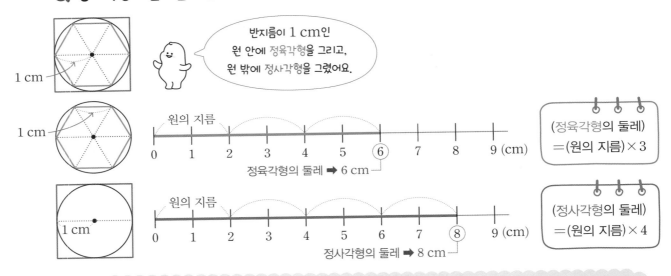

반지름이 1 cm인
원 안에 정육각형을 그리고,
원 밖에 정사각형을 그렸어요.

(정육각형의 둘레)
=(원의 지름)×3

(정사각형의 둘레)
=(원의 지름)×4

원주는 정육각형의 둘레보다 길므로 원의 지름의 3배보다 깁니다.
원주는 정사각형의 둘레보다 짧으므로 원의 지름의 4배보다 짧습니다.

이미지로 개념콕

 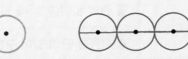

(지름의 3배) < (원주) < (지름의 4배)

→ 바른답·알찬풀이 **42** 쪽

1단계 개념탄탄

1 ☐ 안에 알맞은 말을 써넣으세요.

> 원의 둘레를 [   ](이)라고 합니다.

2 원주를 찾아 그려 보세요.

(1)

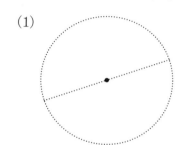

(2)

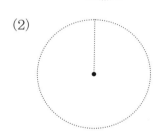

3 그림을 보고 ☐ 안에 알맞은 수를 써넣으세요.

> 원주는 지름의 약 [   ]배입니다.

[4~6] 그림을 보고 물음에 답하세요.

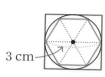

3 cm

4 정육각형의 둘레를 그림에 표시하고, ☐ 안에 알맞은 수를 써넣으세요.

원의 지름

0 1 2 3 4 5 6 7 8 9 10 11 12 13 (cm)

> 정육각형의 둘레는 [   ] cm이고,
> 원의 지름의 [   ] 배입니다.

5 정사각형의 둘레를 그림에 표시하고, ☐ 안에 알맞은 수를 써넣으세요.

원의 지름
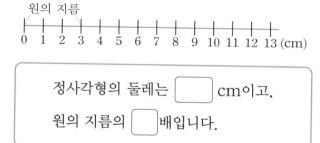
0 1 2 3 4 5 6 7 8 9 10 11 12 13 (cm)

> 정사각형의 둘레는 [   ] cm이고,
> 원의 지름의 [   ] 배입니다.

6 정육각형의 둘레, 원주, 정사각형의 둘레를 비교하여 ☐ 안에 알맞은 수를 써넣으세요.

> 원주는 원의 지름의 [   ] 배보다 길고,
> [   ] 배보다 짧습니다.

2 원주율을 알아봐요

원주가 지름의 몇 배인지 궁금하여
여러 가지 물건의 원주와 지름을 재었어요.

 원의 지름에 대한 원주의 비율을 알아볼까요?

개념 동영상

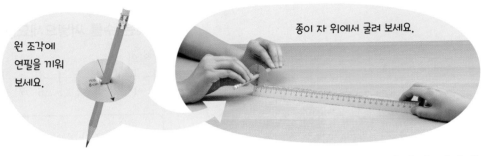

원 조각에 연필을 끼워 보세요.

종이 자 위에서 굴려 보세요.

원 조각의 원주를 재고, (원주)÷(지름)을 반올림하여 소수 둘째 자리까지 나타내면 다음과
같습니다.

원 조각	원주(cm)	지름(cm)	(원주)÷(지름)
가	15.7	5	3.14
나	25.1	8	3.14

참고 원의 크기와 상관없이 (원주)÷(지름)의 값은 일정합니다.

🔍 원주율 알아보기

원의 지름에 대한 원주의 비율을 **원주율**이라고 합니다.

$$(원주율)＝(원주)÷(지름)$$

원주율을 소수로 나타내면 3.1415926535897932384⋯과 같이 끝없이 계속됩니다.
따라서 필요에 따라 어림하여 3, 3.1, 3.14 등으로 사용합니다.

이미지로
개념 콕

$$(원주율)＝(원주)÷(지름)$$
원의 지름에 대한 원주의 비율

원의 크기가 달라도
원주율은 항상 같아요.

1 ☐ 안에 알맞은 말을 써넣으세요.

> 원의 지름에 대한 원주의 비율을
> ☐ (이)라고 합니다.

[2~3] 세 원의 원주와 지름을 각각 재었습니다. 물음에 답하세요.

2 (원주)÷(지름)을 반올림하여 소수 첫째 자리까지 나타내 보세요.

원주(cm)	지름(cm)	(원주)÷(지름)
18.8	6	
28.3	9	
47.2	15	

3 2의 표를 보고 ☐ 안에 알맞은 수를 써넣으세요.

> 원주는 지름의 약 ☐ 배입니다.

4 원주율을 반올림하여 주어진 자리까지 나타내 보세요.

> 원주율: 3.141592653…

일의 자리	소수 첫째 자리	소수 둘째 자리

5 ☐ 안에 알맞은 말을 써넣으세요.

> (원주율)＝(☐)÷(☐)

[6~7] 크기가 다른 원 모양 냄비 뚜껑 2개의 지름과 원주를 각각 재었습니다. 물음에 답하세요.

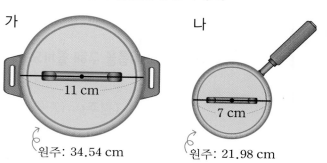

가
11 cm
원주: 34.54 cm

나
7 cm
원주: 21.98 cm

6 원 모양 냄비 뚜껑 2개의 원주율을 각각 구해 보세요.

> 가 ( )
> 나 ( )

7 알맞은 말에 ◯표 하세요.

(1) 원의 지름이 짧아지면 원주는
(짧아집니다 , 변함없습니다 , 길어집니다).

(2) 원의 지름이 짧아지면 원주율은
(작아집니다 , 변함없습니다 , 커집니다).

(3) 원의 크기가 달라도
(원주 , 지름 , 원주율)은/는 같습니다.

3 원주와 지름을 구해요

지름이 40 m인 원 모양의 대관람차예요. 빨간색 관람차가 출발점에서 한 바퀴 돌았을 때 움직인 거리는 지름이 40 m인 원의 둘레와 같아요.

❶ 지름을 알 때 원주를 구해 볼까요?

개념 동영상

$$(원주율) = (원주) \div (지름) \quad \Rightarrow \quad (원주) = (지름) \times (원주율)$$

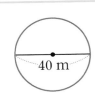
40 m

지름이 40 m인 원의 둘레 (원주율: 3.1)
$\Rightarrow (원주) = (지름) \times (원주율) = 40 \times 3.1 = 124 \ (m)$

❷ 원주를 알 때 지름을 구해 볼까요?

$$(원주) = (지름) \times (원주율) \quad \Rightarrow \quad (지름) = (원주) \div (원주율)$$

색 띠를 겹치지 않게 이어 붙여 원을 만들었어요. 만든 원의 지름을 구해 볼까요?

㉠ 15.5 cm
㉡ 21.7 cm
㉢ 31 cm

(원주율: 3.1)

색 띠	㉠	㉡	㉢
원주(cm)	15.5	21.7	31
지름(cm)	15.5 ÷ 3.1 = 5	21.7 ÷ 3.1 = 7	31 ÷ 3.1 = 10

원주 ─┘   └─ 원주율

이미지로 개념 쏙

원주는 지름의 약 3배!

$$(원주) = (지름) \times (원주율)$$
$$(지름) = (원주) \div (원주율)$$

지름은 원주의 약 $\frac{1}{3}$ 배!

→ 바른답·알찬풀이 **42**쪽

1 보기 에서 알맞은 말을 골라 ☐ 안에 써넣으세요.

> **보기**
>
> 반지름   지름   원주   원주율

(1) (원주) = (　　　) × (　　　)

(2) (지름) = (　　　) ÷ (　　　)

2 ☐ 안에 알맞은 수를 써넣으세요. (원주율: 3.1)

(1)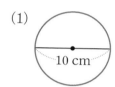

(2)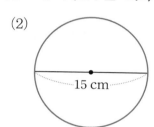

(원주)
= ☐ × 3.1
= ☐ (cm)

(원주)
= ☐ × 3.1
= ☐ (cm)

3 ☐ 안에 알맞은 수를 써넣으세요. (원주율: 3)

(1) 원주 21 cm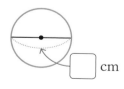

(2) 원주 36 cm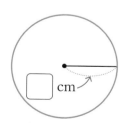

(지름)
= ☐ ÷ 3
= ☐ (cm)

(반지름)
= ☐ ÷ 3 ÷ 2
= ☐ (cm)

4 원주를 구해 보세요. (원주율: 3.1)

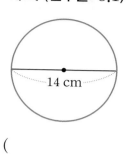

(　　　　　　) cm

5 컴퍼스를 5.5 cm만큼 벌려서 그린 원의 둘레를 구해 보세요. (원주율: 3)

(　　　　　　) cm

6 둘레가 58.9 cm인 원 모양 시계가 있습니다. 이 시계의 지름을 구해 보세요. (원주율: 3.1)

(　　　　　　) cm

유형 1 원주와 원주율

바르게 말한 친구는 누구인가요?

지름이 길어지면 원주도 길어져요.
윤지

원이 커지면 원주율도 커져요.
민호

원주
• 원의 둘레
• 지름의 약 3배

원주율
• 원의 지름에 대한 원주의 비율
• (원주)÷(지름)
• 3.141592…

(   )

01 잘못 설명한 것을 찾아 기호를 써 보세요.

> ㉠ 원주는 반지름의 약 3배입니다.
> ㉡ 원주율은 원의 지름에 대한 원주의 비율입니다.
> ㉢ 원주율을 소수로 나타내면 끝없이 계속되기 때문에 필요에 따라 어림하여 3, 3.1, 3.14 등으로 사용합니다.

(   )

02 지름이 4 cm인 원의 둘레와 가장 비슷한 길이를 찾아 ◯표 하세요.

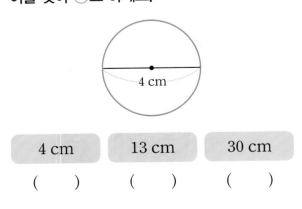

4 cm

4 cm	13 cm	30 cm
( )	( )	( )

03 원주가 가장 긴 원을 찾아 기호를 써 보세요.

> ㉠ 지름이 15 cm인 원
> ㉡ 지름이 17 cm인 원
> ㉢ 반지름이 6 cm인 원

(   )

04 크기가 다른 원 모양 접시 2개가 있습니다. 원주율을 비교하여 ◯ 안에 >, =, <를 알맞게 써넣으세요.

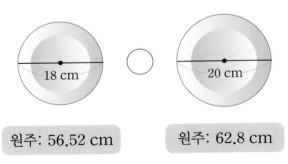

18 cm   ◯   20 cm

원주: 56.52 cm   원주: 62.8 cm

→ 바른답·알찬풀이 **43**쪽

유형 **2** 지름(반지름)을 알 때 원주 구하기

두 원의 둘레의 차를 구해 보세요. (원주율: 3)

17 cm

6 cm

( ) cm

원주

지름

(원주)＝(지름)×(원주율)

---

05 큰 원의 둘레를 구해 보세요. (원주율: 3)

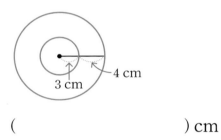

3 cm

4 cm

( ) cm

---

06 철사를 겹치지 않게 사용하여 원을 2개 만들었습니다. 사용한 철사의 길이를 구해 보세요.

(원주율: 3.1)

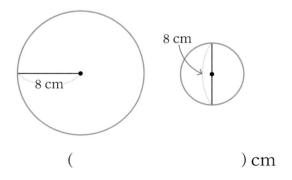

8 cm

8 cm

( ) cm

---

07 서아는 지름이 40 m인 원 모양 공원의 둘레를 따라 2바퀴 걸었습니다. 서아가 걸은 거리는 몇 m인지 구해 보세요. (원주율: 3)

( ) m

서술형

08 연아와 준호의 탬버린은 원 모양입니다. 연아의 탬버린은 지름이 18 cm이고, 준호의 탬버린의 둘레는 62 cm입니다. 누구의 탬버린의 둘레가 더 긴지 풀이 과정을 쓰고, 답을 구해 보세요. (원주율: 3.1)

풀이 _____

_____

_____

답 _____

5
단원

공부한 날

월

일

유형 3 원주를 알 때 지름(반지름) 구하기

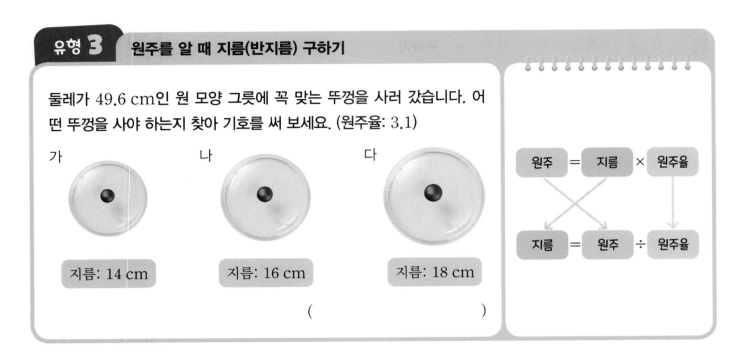

둘레가 49.6 cm인 원 모양 그릇에 꼭 맞는 뚜껑을 사러 갔습니다. 어떤 뚜껑을 사야 하는지 찾아 기호를 써 보세요. (원주율: 3.1)

가   지름: 14 cm

나   지름: 16 cm

다   지름: 18 cm

(　　　　)

원주 = 지름 × 원주율

지름 = 원주 ÷ 원주율

---

09 빨간색 털실과 노란색 털실을 각각 겹치지 않게 이어 붙여서 원을 2개 만들었습니다. 만든 두 원의 지름의 차를 구해 보세요. (원주율: 3.1)

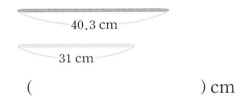

40.3 cm

31 cm

(　　　　　　) cm

11 둘레가 84 cm인 원 모양 케이크를 밑면이 정사각형인 상자에 담으려고 합니다. 상자 밑면의 한 변은 적어도 몇 cm이어야 하는지 구해 보세요. (원주율: 3)

(　　　　　　) cm

10 지름이 긴 것부터 차례로 기호를 써 보세요.
(원주율: 3)

> ㉠ 원주가 60 cm인 원
> ㉡ 반지름이 12 cm인 원
> ㉢ 원주가 78 cm인 원

(　　　　　　)

12 큰 원의 둘레는 37.2 cm입니다. 작은 원의 반지름은 몇 cm인지 구해 보세요.
(원주율: 3.1)

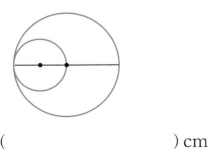

(　　　　　　) cm

→ 바른답·알찬풀이 43쪽

유형 4 굴러간 거리 구하기

바깥쪽 원의 지름이 36 cm인 굴렁쇠를 4바퀴 굴렸습니다. 이 굴렁쇠가 굴러간 거리를 구해 보세요. (원주율: 3.1)

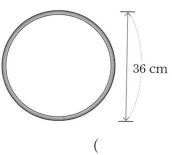

(   ) cm

(굴렁쇠가 한 바퀴 굴러간 거리)
=(굴렁쇠의 둘레)

13 반지름이 25 cm인 바퀴 자의 바퀴가 10바퀴 회전할 때 이동한 거리를 구해 보세요.

(원주율: 3)

(   ) cm

서술형
14 원 모양인 두 접시 가와 나를 같은 방향으로 6바퀴 굴렸습니다. 가 접시는 나 접시보다 몇 cm 더 굴러갔는지 풀이 과정을 쓰고, 답을 구해 보세요. (원주율: 3)

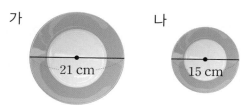

가   나

21 cm   15 cm

풀이 _____

_____

_____

답 _____ cm

15 원 모양 바퀴를 5바퀴 굴렸더니 434 cm만큼 굴러갔습니다. 이 바퀴의 지름은 몇 cm인지 구해 보세요. (원주율: 3.1)

(   ) cm

16 바깥쪽 원의 지름이 20 cm인 고리를 몇 바퀴 굴렸더니 496 cm만큼 굴러갔습니다. 이 고리를 몇 바퀴 굴렸는지 구해 보세요. (원주율: 3.1)

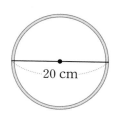

20 cm

(   )바퀴

원의 넓이를 어림해요

원반의 넓이가 얼마나 될지 궁금했어요.

① 한 칸이 $1\ cm^2$인 모눈을 이용하여 원의 넓이를 어림해 볼까요?

개념 동영상

$1\ cm^2$

파란색으로 색칠한 모눈 칸의 수는 모두 276칸이에요.

빨간색 선 안쪽에 있는 모눈 칸의 수는 모두 344칸 이에요.

10 cm

원의 넓이는 $276\ cm^2$보다 넓고, $344\ cm^2$보다 좁으므로 약 $310\ cm^2$로 어림할 수 있습니다.

② 정사각형과 원의 넓이를 비교하여 원의 넓이를 어림해 볼까요?

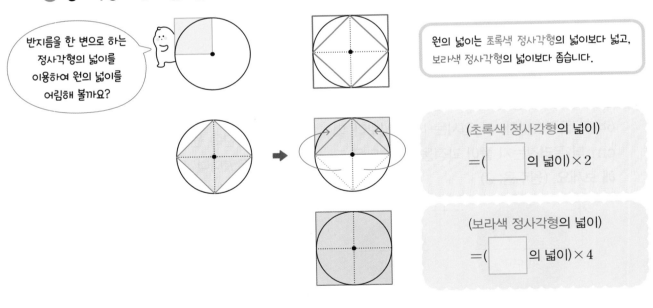

반지름을 한 변으로 하는 정사각형의 넓이를 이용하여 원의 넓이를 어림해 볼까요?

원의 넓이는 초록색 정사각형의 넓이보다 넓고, 보라색 정사각형의 넓이보다 좁습니다.

(초록색 정사각형의 넓이)
$=($ ☐ 의 넓이$)\times 2$

(보라색 정사각형의 넓이)
$=($ ☐ 의 넓이$)\times 4$

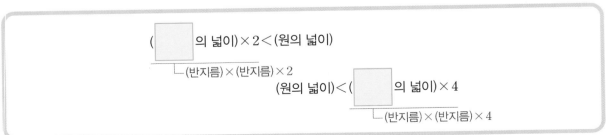

$($ ☐ 의 넓이$)\times 2 <$ (원의 넓이)
└ (반지름)$\times$(반지름)$\times 2$

(원의 넓이) $< ($ ☐ 의 넓이$)\times 4$
└ (반지름)$\times$(반지름)$\times 4$

→ 바른답·알찬풀이 **44**쪽

[1~3] 반지름이 6 cm인 원의 넓이를 어림하려고 합니다. 물음에 답하세요.

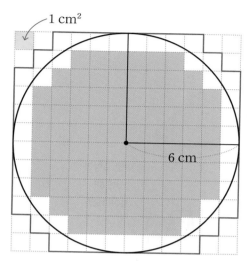

1 파란색으로 색칠한 모눈 칸의 넓이를 구해 보세요.

(   ) cm²

2 빨간색 선 안쪽에 있는 모눈 칸의 넓이를 구해 보세요.

(   ) cm²

3 ▢ 안에 알맞은 수를 써넣으세요.

> 원의 넓이는 파란색으로 색칠한 모눈 칸의 넓이인 ▢ cm²보다 넓고, 빨간색 선 안쪽에 있는 모눈 칸의 넓이인 ▢ cm² 보다 좁습니다.

4 초록색 정사각형과 보라색 정사각형의 넓이를 이용하여 반지름이 3 cm인 원의 넓이를 어림하려고 합니다. ▢ 안에 알맞은 수를 써넣으세요.

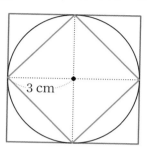

> 초록색 정사각형의 넓이는 ▢ cm²이고, 보라색 정사각형의 넓이는 ▢ cm²입니다. 따라서 원의 넓이는 ▢ cm²보다 넓고, ▢ cm²보다 좁습니다.

5 반지름이 5 cm인 원의 넓이를 어림하고, 어림한 방법을 써 보세요.

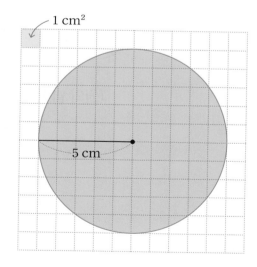

어림한 넓이 _____ cm²

방법 _____

_____

5 원의 넓이를 구해요

원을 잘라서 이어 붙여도 넓이는 변하지 않아요.
원을 잘라서 이어 붙여 다른 도형을 만들어 볼까요?

탐구 원의 넓이를 구해 볼까요?

개념 동영상

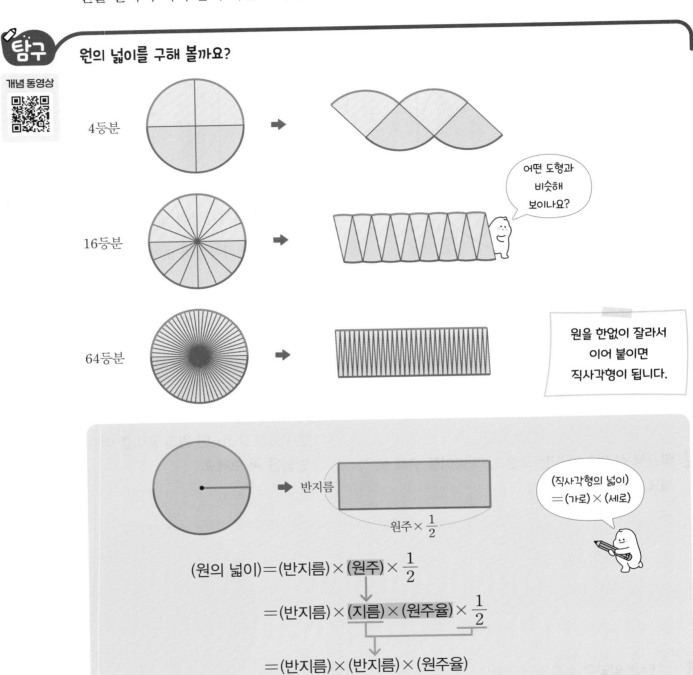

4등분

16등분

어떤 도형과
비슷해
보이나요?

64등분

원을 한없이 잘라서
이어 붙이면
직사각형이 됩니다.

반지름

원주 × $\frac{1}{2}$

(직사각형의 넓이)
= (가로) × (세로)

(원의 넓이) = (반지름) × (원주) × $\frac{1}{2}$

= (반지름) × (지름) × (원주율) × $\frac{1}{2}$

= (반지름) × (반지름) × (원주율)

이미지로 개념 쏙

2 cm
(원주율: 3)

(원의 넓이) = (반지름) × (반지름) × (원주율)
= 2 × 2 × 3
= 12 (cm²)

1 원을 한없이 잘라서 이어 붙였더니 직사각형이 되었습니다. 보기 에서 알맞은 수나 말을 골라 ☐ 안에 써넣으세요.

보기

반지름   지름   원주   원주율 $\dfrac{1}{2}$

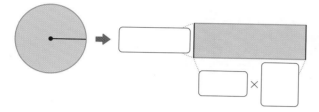

(원의 넓이)

$= (반지름) \times ($ ☐ $) \times$ ☐

$= (반지름) \times ($ ☐ $) \times (원주율) \times \dfrac{1}{2}$

$= (반지름) \times ($ ☐ $) \times ($ ☐ $)$

2 ☐ 안에 알맞은 수를 써넣으세요. (원주율: 3)

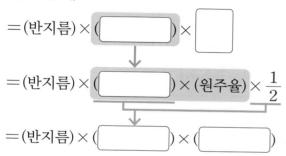

(1) 5 cm   (2) 7 cm

(원의 넓이)　　　　(원의 넓이)

$= $ ☐ $\times$ ☐ $\times 3$　　$= $ ☐ $\times$ ☐ $\times 3$

$= $ ☐ (cm^2)　　　$= $ ☐ (cm^2)

3 원의 넓이를 구해 보세요. (원주율: 3.1)

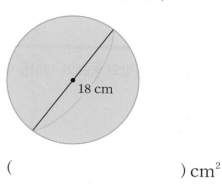

18 cm

(　　　　　　) cm^2

4 끈의 길이를 반지름으로 하는 원의 넓이를 구해 보세요. (원주율: 3.1)

10 cm

(　　　　　　) cm^2

5 지름이 30 m인 원 모양 호수가 있습니다. 이 호수의 넓이를 구해 보세요. (원주율: 3)

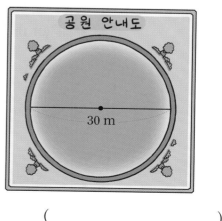

공원 안내도

30 m

(　　　　　　) m^2

6 원의 둘레와 넓이를 활용해요

반원 모양의 꽃밭의 둘레와 넓이를 어떻게 구할 수 있을까요?

탐구 꽃밭의 둘레와 넓이를 구해 볼까요?

개념 동영상

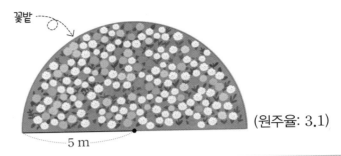

꽃밭

5 m

(원주율: 3.1)

(꽃밭의 둘레)
= (원의 둘레) ÷ 2 + (지름)
= (지름) × (원주율) ÷ 2 + (지름)
= 10 × 3.1 ÷ 2 + 10 = 25.5 (m)

(꽃밭의 넓이)
= (원의 넓이) ÷ 2
= (반지름) × (반지름) × (원주율) ÷ 2
= 5 × 5 × 3.1 ÷ 2 = 38.75 (m²)

🔍 반지름과 원주, 반지름과 넓이 사이의 관계 알아보기

가

나

다

1 cm

2 cm

3 cm

(원주율: 3)

원	가	나	다
반지름(cm)	1	2	3
원주(cm)	6	12	18
넓이(cm²)	3	12	27

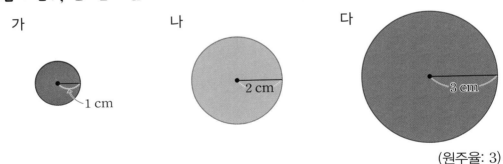

반지름이 2배, 3배가 되면 원주도 2배, 3배가 됩니다.

반지름이 2배, 3배가 되면 넓이는 4배, 9배가 됩니다.

1 ☐ 안에 알맞은 수를 써넣으세요. (원주율: 3)

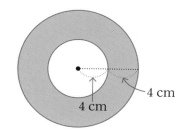

(색칠한 부분의 둘레)
= (큰 원의 둘레) + (작은 원의 둘레)
= ☐ × 2 × 3 + ☐ × 2 × 3
= ☐ + ☐ = ☐ (cm)

2 ☐ 안에 알맞은 수를 써넣으세요. (원주율: 3)

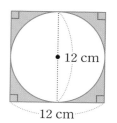

(색칠한 부분의 넓이)
= (정사각형의 넓이) − (원의 넓이)
= 12 × ☐ − ☐ × ☐ × 3
= ☐ − ☐ = ☐ (cm²)

3 색칠한 부분의 둘레를 구해 보세요. (원주율: 3)

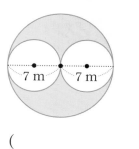

(   ) m

4 색칠한 부분의 넓이를 구해 보세요. (원주율: 3)

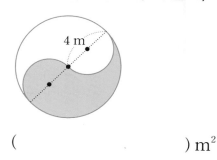

(   ) m²

5 색칠한 부분의 넓이를 구해 보세요. (원주율: 3)

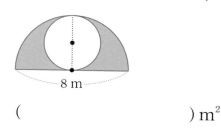

(   ) m²

6 반지름이 각각 2 cm, 4 cm인 원이 있습니다. 두 원의 원주와 넓이를 각각 구하고, ☐ 안에 알맞은 수를 써넣으세요. (원주율: 3)

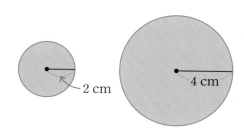

반지름(cm)	2	4
원주(cm)		
넓이(cm²)		

반지름이 2배가 되면 원주는 ☐ 배, 넓이는 ☐ 배가 됩니다.

유형 1   원의 넓이 구하기

넓이가 좁은 원부터 차례로 기호를 써 보세요. (원주율: 3)

> ㉠ 지름이 24 cm인 원
> ㉡ 반지름이 10 cm인 원
> ㉢ 넓이가 363 cm²인 원

(   )

반지름

(원의 넓이)
＝(반지름)×(반지름)×(원주율)

---

01 두 원의 넓이의 차를 구해 보세요. (원주율: 3)

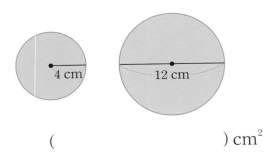

4 cm   12 cm

(   ) cm²

---

02 원주가 42 cm인 원의 넓이를 구해 보세요.

(원주율: 3)

(   ) cm²

---

03 한 변이 26 cm인 정사각형 모양의 종이에 그릴 수 있는 가장 큰 원의 넓이를 구해 보세요.

(원주율: 3)

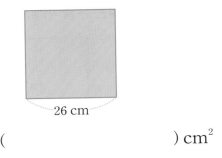

26 cm

(   ) cm²

---

04 정사각형 모양 가 피자와 원 모양 나 피자가 있습니다. 두 피자의 두께가 같을 때 가 피자와 나 피자 중에서 양이 더 많은 것은 어느 것인지 구해 보세요. (원주율: 3)

가   나

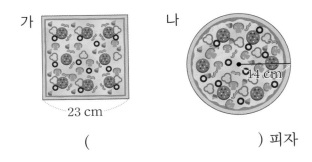

23 cm   14 cm

(   ) 피자

유형 2 색칠한 부분의 둘레 구하기

색칠한 부분의 둘레를 구해 보세요. (원주율: 3)

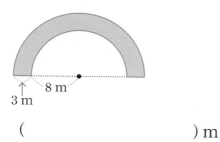

6 cm   6 cm

(   ) cm

(색칠한 부분의 둘레)
=(원의 둘레)+(두 변의 길이의 합)

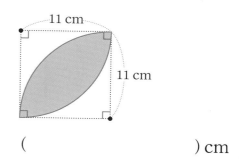

05 색칠한 부분의 둘레를 구해 보세요. (원주율: 3)

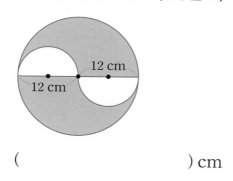

3 m   8 m

(   ) m

07 색칠한 부분의 둘레를 구해 보세요. (원주율: 3)

11 cm

11 cm

(   ) cm

5 단원

공부한 날

월

일

06 색칠한 부분의 둘레를 구해 보세요. (원주율: 3)

12 cm

12 cm

(   ) cm

서술형

08 색칠한 부분의 둘레는 몇 m인지 풀이 과정을 쓰고, 답을 구해 보세요. (원주율: 3)

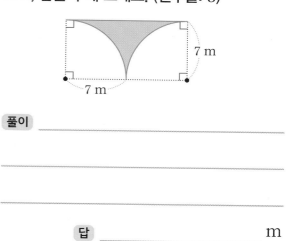

7 m

7 m

풀이 _____

_____

_____

답 _____ m

유형 3 색칠한 부분의 넓이 구하기

색칠한 부분의 넓이를 구해 보세요. (원주율: 3)

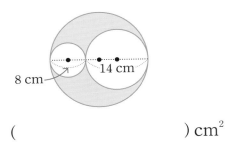

5 m

(   ) m²

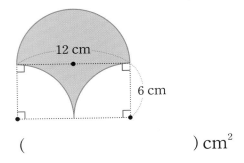

(색칠한 부분의 넓이)

＝(큰 원의 넓이)－(작은 원의 넓이)

---

09 색칠한 부분의 넓이를 구해 보세요. (원주율: 3)

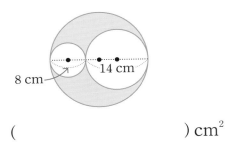

8 cm   14 cm

(   ) cm²

11 색칠한 부분의 넓이를 구해 보세요. (원주율: 3)

12 cm

6 cm

(   ) cm²

10 색칠한 부분의 넓이를 구해 보세요. (원주율: 3)

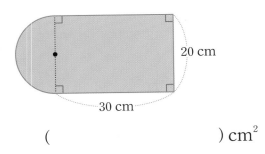

20 cm

30 cm

(   ) cm²

12 색칠한 부분의 넓이를 구해 보세요. (원주율: 3)

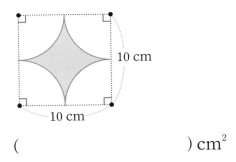

10 cm

10 cm

(   ) cm²

유형 **4** 반지름과 원주, 반지름과 넓이 사이의 관계

잘못 말한 친구는 누구인가요?

반지름이 2배가 되면 원의 넓이도 2배가 돼요.

서아

반지름이 3배가 되면 원의 넓이는 9배가 돼요.

영준

(   )

반지름(m)	1	2	3
원주(m)	6	12	18

2배, 3배 / 2배, 3배

반지름(m)	1	2	3
넓이(m²)	3	12	27

2배, 3배 / 4배, 9배

(원주율: 3)

---

13 반지름이 각각 3 cm, 6 cm, 9 cm인 원이 있습니다. 세 원의 원주를 각각 구하고, 알맞은 말에 ○표 하세요. (원주율: 3)

반지름(cm)	3	6	9
원주(cm)			

반지름이 3배가 되면 원주는
(1배 , 2배 , 3배)가 됩니다.

서술형

14 넓이가 48 cm²인 원의 반지름을 3배로 늘여 새로운 원을 만들었습니다. 새로 만든 원의 넓이는 몇 cm²인지 풀이 과정을 쓰고, 답을 구해 보세요. (단, 처음 원의 반지름을 구하지 않고 해결해 보세요.)

풀이 _____

_____

_____

답 _____ cm²

15 작은 바퀴의 둘레는 15.5 cm입니다. 큰 바퀴의 반지름이 작은 바퀴의 반지름의 2배일 때 큰 바퀴의 둘레를 구해 보세요. (단, 작은 바퀴의 반지름을 구하지 않고 해결해 보세요.)

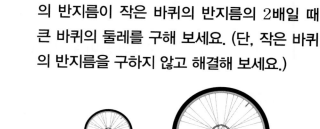

(   ) cm

16 가 원의 반지름은 나 원의 반지름의 2배입니다. 가 원의 넓이가 38.4 cm²일 때 나 원의 넓이를 구해 보세요. (단, 가 원의 반지름을 구하지 않고 해결해 보세요.)

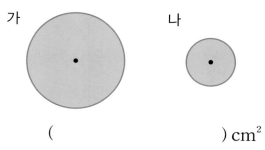

가   나

(   ) cm²

응용유형 1 만들 수 있는 가장 큰 원의 넓이 구하기

문제해결 추론

직사각형 모양의 종이를 잘라 만들 수 있는 가장 큰 원의 넓이를 구해 보세요. (원주율: 3.1)

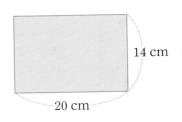

14 cm

20 cm

(1) 만들 수 있는 가장 큰 원의 지름은 몇 cm인가요?

( ) cm

(2) 만들 수 있는 가장 큰 원의 넓이를 구해 보세요.

( ) cm²

유사

1-1 직사각형 모양의 종이를 잘라 만들 수 있는 가장 큰 원의 넓이를 구해 보세요. (원주율: 3.1)

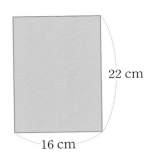

22 cm

16 cm

( ) cm²

변형

1-2 직사각형 모양의 종이를 잘라 가장 큰 원을 만들었습니다. 원을 만들고 남은 부분의 넓이를 구해 보세요. (원주율: 3)

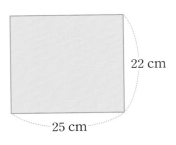

22 cm

25 cm

( ) cm²

→ 바른답·알찬풀이 **47**쪽

응용유형 2 　사용한 페인트의 양 구하기　　

똑같은 원 4개를 노란색 페인트로 칠하여 그림과 같은 벽화를 그리려고 합니다. 노란색 페인트 $1\,\text{L}$로 $6\,\text{m}^2$를 칠할 수 있다면 벽화를 그리기 위해 필요한 노란색 페인트는 몇 L인지 구해 보세요. (원주율: 3)

(1) 노란색으로 칠할 부분의 넓이를 구해 보세요.

(　　　　　　　　) m^2

(2) 벽화를 그리기 위해 필요한 노란색 페인트는 몇 L인지 구해 보세요.

(　　　　　　　) L

5
단원

공부한 날

월

일

유사

2-1

똑같은 원 3개를 파란색 페인트로 칠하여 그림과 같은 벽화를 그리려고 합니다. 파란색 페인트 $1\,\text{L}$로 $3\,\text{m}^2$를 칠할 수 있다면 벽화를 그리기 위해 필요한 파란색 페인트는 몇 L인지 구해 보세요. (원주율: 3)

(　　　　　　　) L

변형

2-2

분홍색 페인트로 칠하여 그림과 같이 똑같은 모양 2개를 그리려고 합니다. 분홍색 페인트 $1\,\text{L}$로 $4\,\text{m}^2$를 칠할 수 있다면 그림을 그리기 위해 필요한 분홍색 페인트는 몇 L인지 구해 보세요.

(원주율: 3)

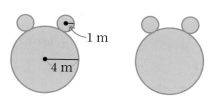

(　　　　　　　) L

응용유형 3 원의 넓이를 알 때 원주 구하기

문제해결

원 모양 거울의 넓이는 192 cm²입니다. 이 거울의 둘레를 구해 보세요.

(원주율: 3)

(1) 거울의 반지름은 몇 cm인가요?

(   ) cm

(2) 거울의 둘레를 구해 보세요.

(   ) cm

3-1 유사

원 모양 나침반의 넓이는 77.5 cm²입니다. 이 나침반의 둘레를 구해 보세요.

(원주율: 3.1)

(   ) cm

3-2 변형

색칠한 부분의 넓이는 150 cm²입니다. 색칠한 부분의 둘레를 구해 보세요. (원주율: 3)

(   ) cm

중1 미리보기

반지름이 9 cm인 원의 둘레와 넓이를 각각 π(파이)를 사용하여 나타낼 수 있습니다.

예 (원의 둘레)$=9 \times 2 \times \pi = 18\pi$ (cm)

(원의 넓이)$=\square \times \square \times \pi = 81\pi$ (cm²)

답 9, 9

원주율 3.1415926…을 기호 π로 나타내고, 파이라고 읽어요.

→ 바른답·알찬풀이 **47**쪽

응용유형 4 사용한 끈의 길이 구하기

반지름이 6 cm인 원 모양 통 3개를 다음과 같이 끈으로 겹치지 않게 한 번 묶었습니다. 사용한 끈의 길이를 구해 보세요. (단, 원주율은 3이고 매듭의 길이는 생각하지 않습니다.)

(1) 사용한 끈의 길이를 직선 부분과 곡선 부분으로 나누어 생각할 수 있습니다. ☐ 안에 알맞은 수를 써넣으세요.

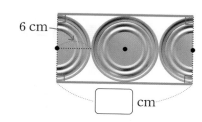 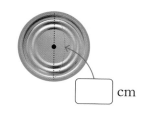

☐ cm   ☐ cm

(2) 사용한 끈의 길이를 구해 보세요.

(   ) cm

유사

4-1 반지름이 15 cm인 원 모양 통나무 4개를 다음과 같이 끈으로 겹치지 않게 한 번 묶었습니다. 사용한 끈의 길이를 구해 보세요. (단, 원주율은 3이고 매듭의 길이는 생각하지 않습니다.)

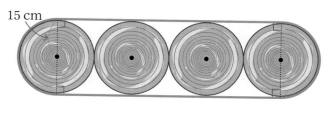

(   ) cm

변형

4-2 반지름이 3 cm인 원 모양 음료수 캔 4개를 오른쪽과 같이 끈으로 겹치지 않게 한 번 묶었습니다. 사용한 끈의 길이를 구해 보세요. (단, 원주율은 3이고 매듭의 길이는 생각하지 않습니다.)

(   ) cm

5 단원

공부한 날

월

일

5. 원의 둘레와 넓이

한 문항당 배점은 5점입니다.

점수 [   ] 점

01 ☐ 안에 알맞은 말을 써넣으세요.

(원주율) = ([   ]) ÷ (지름)

중요
02 ☐ 안에 알맞은 수를 써넣으세요. (원주율: 3.1)

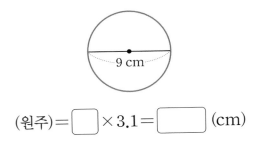

(원주) = [ ] × 3.1 = [   ] (cm)

03 지름이 8 cm인 원의 넓이를 어림하려고 합니다. ☐ 안에 알맞은 수를 써넣으세요.

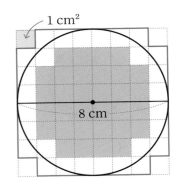

원의 넓이는 파란색으로 색칠한 모눈 칸의 넓이인 [   ] cm²보다 넓고, 빨간색 선 안쪽에 있는 모눈 칸의 넓이인 [   ] cm²보다 좁습니다.

04 원주는 지름의 몇 배인지 구해 보세요.

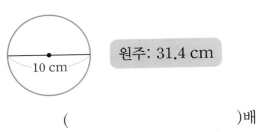

원주: 31.4 cm

(   )배

05 원을 한없이 잘라서 이어 붙이면 직사각형이 됩니다. ☐ 안에 알맞은 수를 써넣고, 원의 넓이를 구해 보세요. (원주율: 3)

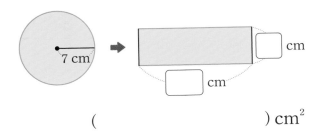

(   ) cm²

06 원의 넓이를 구해 보세요. (원주율: 3)

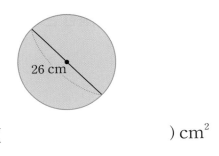

(   ) cm²

07 리본의 길이를 반지름으로 하는 원을 만들었습니다. 만든 원의 둘레를 구해 보세요.
(원주율: 3)

6 cm

(   ) cm

08 원주가 34.1 cm일 때, ☐ 안에 알맞은 수를 써넣으세요. (원주율: 3.1)

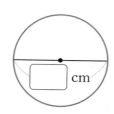

09 두 원의 둘레의 차를 구해 보세요. (원주율: 3.1)

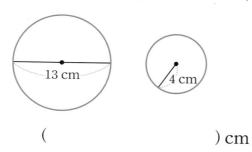

(   ) cm

10 넓이가 넓은 원부터 차례로 기호를 써 보세요. (원주율: 3)

> ㉠ 넓이가 192 cm²인 원
> ㉡ 반지름이 5 cm인 원
> ㉢ 지름이 18 cm인 원

(   )

11 원주가 48 cm인 원의 넓이를 구해 보세요.

(원주율: 3)

(   ) cm²

12 색칠한 부분의 둘레를 구해 보세요.

(원주율: 3.1)

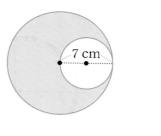

(   ) cm

🔵중요
13 색칠한 부분의 넓이를 구해 보세요. (원주율: 3)

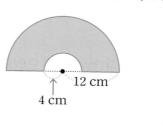

(   ) cm²

14 운동장의 넓이를 구해 보세요. (원주율: 3)

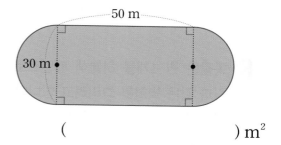

(   ) m²

🔵응용
15 넓이가 108 cm²인 원의 반지름을 2배로 늘여 새로운 원을 만들었습니다. 새로 만든 원의 넓이를 구해 보세요. (단, 처음 원의 반지름을 구하지 않고 해결해 보세요.)

(   ) cm²

16 바깥쪽 원의 지름이 40 cm인 굴렁쇠를 6바퀴 굴렸습니다. 이 굴렁쇠가 굴러간 거리를 구해 보세요. (원주율: 3.1)

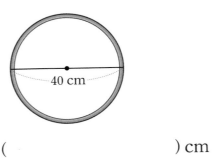

40 cm

(   ) cm

응용

17 지름이 50 m인 원 모양의 공원 둘레에 6 m 간격으로 가로수를 심으려고 합니다. 가로수는 몇 그루 필요한지 구해 보세요. (단, 원주율은 3이고 가로수의 두께는 생각하지 않습니다.)

(   )그루

18 똑같은 원 4개를 하늘색 페인트로 칠하여 그림과 같은 벽화를 그리려고 합니다. 하늘색 페인트 1 L로 3 m²를 칠할 수 있다면 벽화를 그리기 위해 필요한 하늘색 페인트는 몇 L인지 구해 보세요. (원주율: 3)

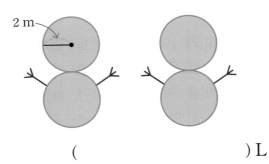

2 m

(   ) L

서술형 문제

19 잘못 설명한 것을 찾아 기호를 쓰고, 바르게 고쳐 보세요.

> ㉠ 반지름이 길어지면 원주도 길어집니다.
> ㉡ 원이 작아지면 원주율도 작아집니다.
> ㉢ 원주는 지름의 약 3배입니다.

기호 _____

바르게 고친 문장 _____

_____

중요

20 원 모양 접시의 넓이는 243 cm²입니다. 이 접시의 둘레는 몇 cm인지 풀이 과정을 쓰고, 답을 구해 보세요. (원주율: 3)

풀이 _____

_____

_____

_____

답 _____ cm

5. 원의 둘레와 넓이

한 문항당 배점은 5점입니다.

점수 [   ] 점

→ 바른답·알찬풀이 **49**쪽

01 바르게 설명한 것에 ○표 하세요.

원주와 지름은 길이가 같습니다. [   ]

원의 둘레를 원주라고 합니다. [   ]

02 (원주)÷(지름)을 반올림하여 소수 둘째 자리 까지 나타내 보세요.

지름(cm)	원주(cm)
13	40.8

(   )

중요

03 ☐ 안에 알맞은 수를 써넣으세요. (원주율: 3)

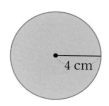

(원의 넓이)=☐×☐×3=☐ (cm²)

04 원주를 구해 보세요. (원주율: 3.1)

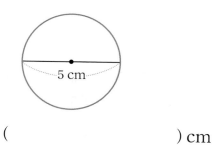

(   ) cm

05 반지름이 2 cm인 원의 넓이를 어림해 보세요.

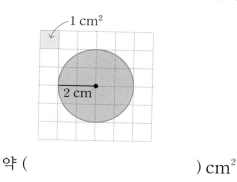

약 (   ) cm²

06 표를 완성해 보세요. (원주율: 3.1)

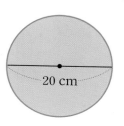

원주(cm)	원의 넓이(cm²)

07 컴퍼스의 침과 연필심 사이의 거리를 6 cm만 큼 벌려서 원을 그렸습니다. 그린 원의 넓이를 구해 보세요. (원주율: 3)

(   ) cm²

08 원주가 54 cm일 때, 반지름은 몇 cm인지 구해 보세요. (원주율: 3)

(   ) cm

09 두 원의 넓이의 합을 구해 보세요. (원주율: 3)

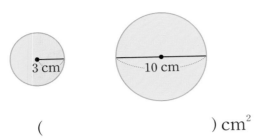

( ) cm²

10 색칠한 부분의 넓이를 구해 보세요.

(원주율: 3.1)

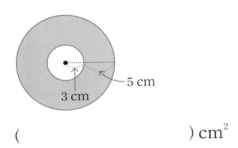

( ) cm²

11 넓이가 49.6 cm²인 원이 있습니다. 이 원의 반지름은 몇 cm인지 구해 보세요.

(원주율: 3.1)

( ) cm

중요
12 색칠한 부분의 둘레를 구해 보세요. (원주율: 3)

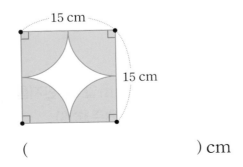

( ) cm

13 길이가 2 m인 철사를 겹치지 않게 사용하여 반지름이 26 cm인 원을 한 개 만들었습니다. 원을 만들고 남은 철사는 몇 cm인지 구해 보세요. (원주율: 3)

( ) cm

14 크기가 다른 원 모양 색종이 2장이 있습니다. 큰 색종이의 둘레는 45 cm이고, 큰 색종이의 반지름이 작은 색종이의 반지름의 3배일 때 작은 색종이의 둘레를 구해 보세요. (단, 큰 색종이의 반지름을 구하지 않고 해결해 보세요.)

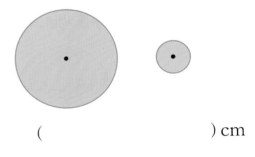

( ) cm

응용
15 길이가 66 cm인 끈을 겹치지 않게 사용하여 원 모양을 한 개 만들었습니다. 만든 원의 넓이를 구해 보세요. (원주율: 3)

( ) cm²

16 색칠한 부분의 둘레를 구해 보세요. (원주율: 3)

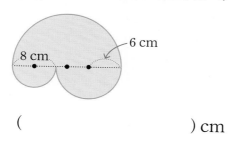

(   ) cm

중요

17 바깥쪽 원의 지름이 19 cm인 원 모양 굴렁쇠를 몇 바퀴 굴렸더니 171 cm만큼 굴러갔습니다. 굴렁쇠를 몇 바퀴 굴렸는지 구해 보세요. (원주율: 3)

(   )바퀴

18 반지름이 7 cm인 원 모양 통조림 캔 3개를 다음과 같이 끈으로 겹치지 않게 한 번 묶었습니다. 사용한 끈의 길이를 구해 보세요. (단, 원주율은 3이고 매듭의 길이는 생각하지 않습니다.)

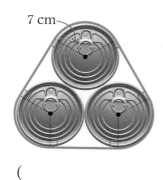

(   ) cm

서술형 문제

19 지름이 더 긴 원은 어느 것인지 풀이 과정을 쓰고, 기호를 써 보세요. (원주율: 3)

> ㉠ 둘레가 57 cm인 원
> ㉡ 반지름이 9 cm인 원

이유 _____

_____

_____

답 _____

응용

20 직사각형 모양의 종이를 잘라 만들 수 있는 가장 큰 원의 넓이는 몇 cm²인지 풀이 과정을 쓰고, 답을 구해 보세요. (원주율: 3)

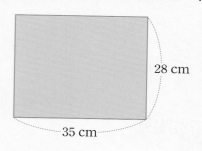

풀이 _____

_____

_____

_____

답 _____ cm²

6

원기둥, 원뿔, 구

단원의 공부 계획을 세우고,
공부한 내용을 얼마나 이해했는지 스스로 평가해 보세요.

☆☆☆ 자신있게 설명할 수 있어요.   ☆☆ 설명하기 조금 힘들어요.   ☆ 어려워서 설명할 수 없어요.

1 원기둥과 원뿔을 알아봐요

주변에서 찾은 여러 가지 물건을
어떻게 분류할 수 있을까요?

 탐구 원기둥과 원뿔을 알아볼까요?

개념 동영상

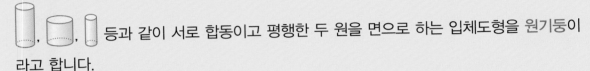 등과 같이 서로 합동이고 평행한 두 원을 면으로 하는 입체도형을 원기둥이라고 합니다.

등과 같이 한 원을 면으로 하는 뿔 모양의 입체도형을 원뿔이라고 합니다.

참고 원기둥과 원뿔 만들기
• 직사각형 모양의 종이를 한 변을 기준으로 한 바퀴 돌리면 원기둥이 됩니다.

• 직각삼각형 모양의 종이를 한 변을 기준으로 한 바퀴 돌리면 원뿔이 됩니다.

🔍 **원기둥의 특징 알아보기**

원기둥에서 서로 합동이고 평행한 두 원을 밑면이라 하고, 두 밑면과 만나는 굽은 면을 옆면이라고 합니다. 두 밑면 사이의 거리를 높이라고 합니다.

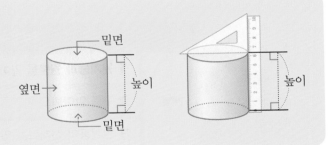

🔍 **원뿔의 특징 알아보기**

원뿔에서 원을 밑면, 원과 만나는 굽은 면을 옆면, 뾰족한 부분의 점을 원뿔의 꼭짓점이라고 합니다. 원뿔의 꼭짓점과 밑면인 원의 둘레의 한 점을 이은 선분을 모선이라고 합니다. 원뿔의 꼭짓점에서 밑면에 수직으로 내린 선분의 길이를 높이라고 합니다.

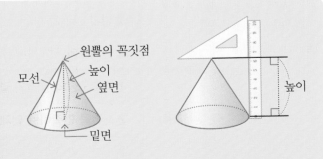

[1~2] 입체도형을 보고 물음에 답하세요.

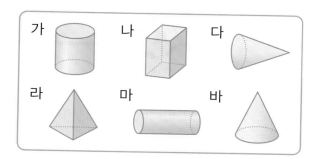

가 나 다
라 마 바

1 원기둥을 모두 찾아 기호를 써 보세요.

( )

2 원뿔을 모두 찾아 기호를 써 보세요.

( )

3 다음과 같은 모양의 종이를 한 변을 기준으로 한 바퀴 돌리면 어떤 입체도형이 되는지 써 보세요.

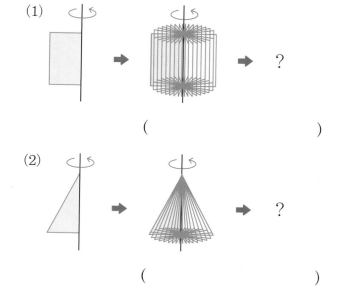

(1)

( )

(2)

( )

4 ☐ 안에 알맞은 말을 써넣으세요.

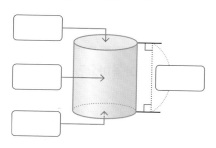

[5~6] 원뿔의 무엇을 재는 것인지 **보기**에서 찾아 써 보세요.

보기
| 높이 | 밑면의 지름 | 모선의 길이 |

5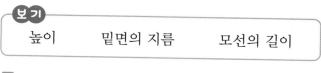

6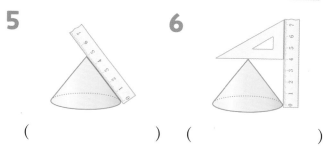

( ) ( )

7 원기둥과 원뿔에 대해 바르게 설명한 것에 ○표, 잘못 설명한 것에 ✕표 하세요.

(1) 원기둥과 원뿔의 밑면은 원입니다. ( )

(2) 원기둥과 원뿔의 옆면은 평평한 면입니다.
( )

(3) 원뿔은 원뿔의 꼭짓점이 있습니다. ( )

2 구를 알아봐요

여러 가지 공이 있어요. 공 모양의 입체도형을 알아볼까요?

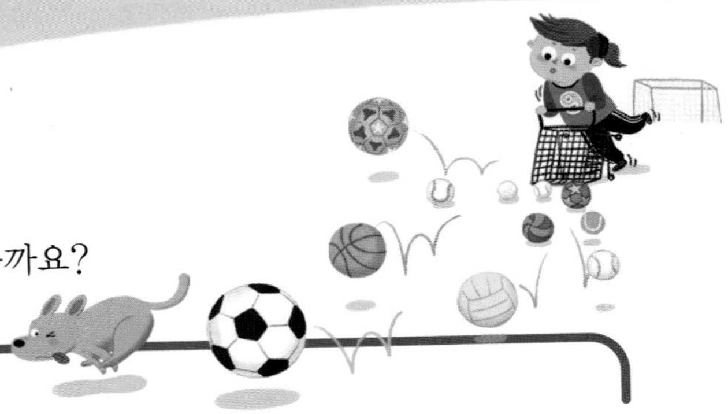

탐구 구를 알아볼까요?

개념 동영상

반원을 지름을 기준으로 한 바퀴 돌려서 만든 입체도형을 구라고 합니다.
이때 반원의 중심은 구의 중심이 되고, 반원의 반지름은 구의 반지름이 됩니다.

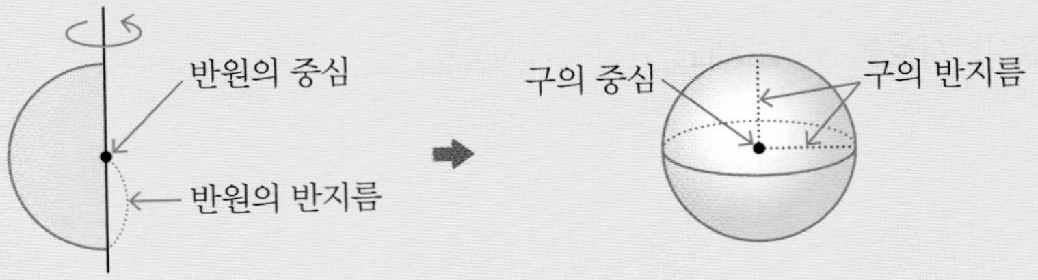

원기둥, 원뿔, 구 비교하기

	원기둥	원뿔	구
입체도형	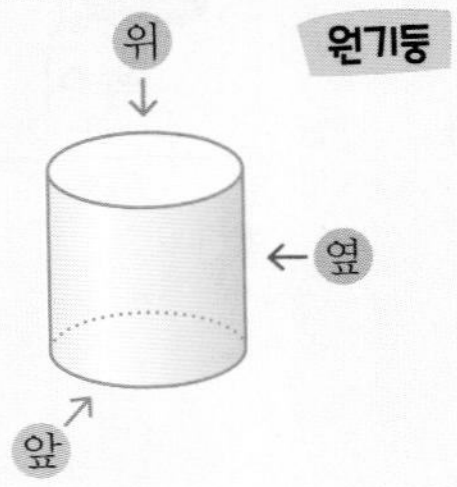	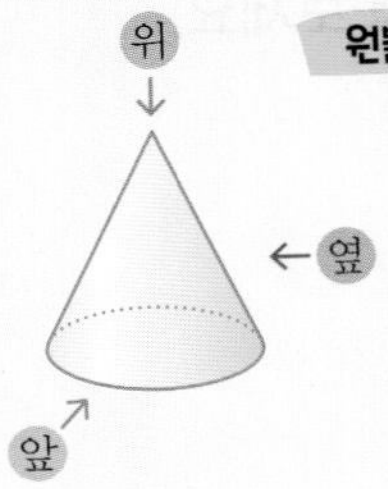	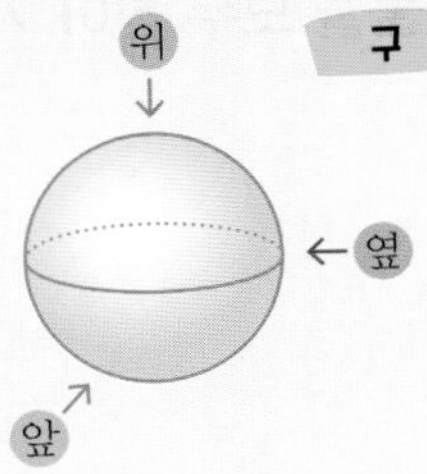
위에서 본 모양	원	원	원
앞에서 본 모양	사각형	삼각형	원
옆에서 본 모양	사각형	삼각형	원

구는 어느 방향에서 보아도 모양이 같습니다.

같은 점
위에서 본 모양은 모두 원으로 같습니다.

다른 점
- 원기둥, 원뿔, 구를 앞과 옆에서 본 모양은 모두 다릅니다.
- 원뿔은 뾰족한 부분이 있지만 원기둥과 구는 없습니다.

이미지로 개념 콕

원기둥

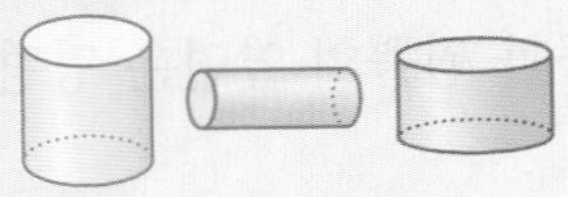

원뿔

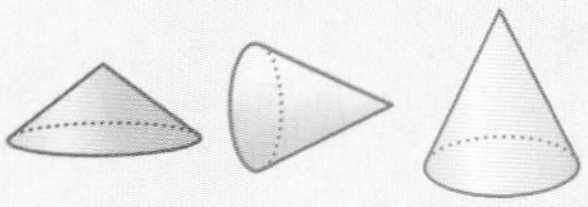

구

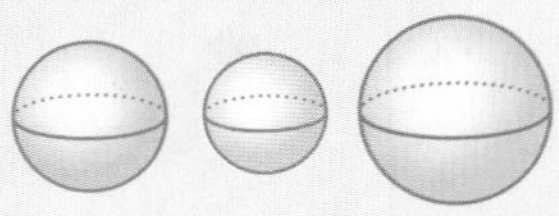

1 구를 모두 고르세요. ( )

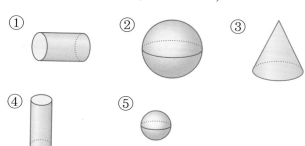

2 반원 모양의 종이를 지름을 기준으로 한 바퀴 돌리면 어떤 입체도형이 되는지 써 보세요.

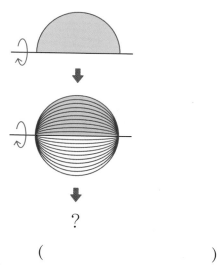

?

( )

3 ☐ 안에 알맞은 말을 써넣으세요.

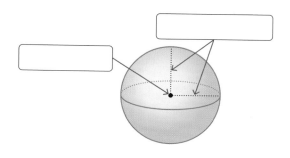

4 구에 대해 잘못 설명한 것을 찾아 기호를 써 보세요.

> ㉠ 구의 중심은 1개입니다.
> ㉡ 구는 꼭짓점이 1개입니다.
> ㉢ 구의 반지름은 무수히 많습니다.

( )

[5~7] 입체도형을 보고 물음에 답하세요.

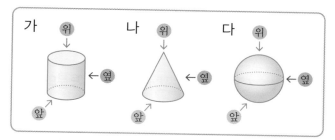

5 가, 나, 다를 위에서 본 모양은 각각 어떤 도형인지 써 보세요.

가 ( )
나 ( )
다 ( )

6 옆에서 본 모양이 삼각형인 입체도형을 찾아 기호와 이름을 써 보세요.

기호 ( )
이름 ( )

7 어느 방향에서 보아도 모양이 같은 입체도형을 찾아 기호와 이름을 써 보세요.

기호 ( )
이름 ( )

6
단원

공부한 날

월

일

3 원기둥의 전개도를 알아봐요

원기둥 모양의 과자 포장지를
밑면의 둘레를 따라 잘라서 펼쳤어요.

탐구 원기둥의 전개도를 알아볼까요?

개념 동영상

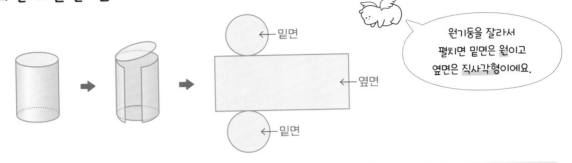

원기둥을 잘라서
펼치면 밑면은 원이고
옆면은 직사각형이에요.

원기둥의 모든 면이 이어지도록 잘라서 평면 위에 펼친 그림을 원기둥의 **전개도**라고 합니다.

🔍 원기둥의 전개도에서 각 부분의 길이 알아보기

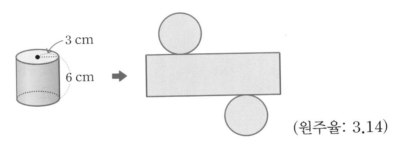

(원주율: 3.14)

- 전개도에서 옆면의 가로는 원기둥의 밑면의 둘레와 같습니다.
  ➡ $3 \times 2 \times 3.14 = 18.84$ (cm)
- 전개도에서 옆면의 세로는 원기둥의 높이와 같습니다. ➡ 6 cm

이미지로 개념 쏙 원기둥의 전개도

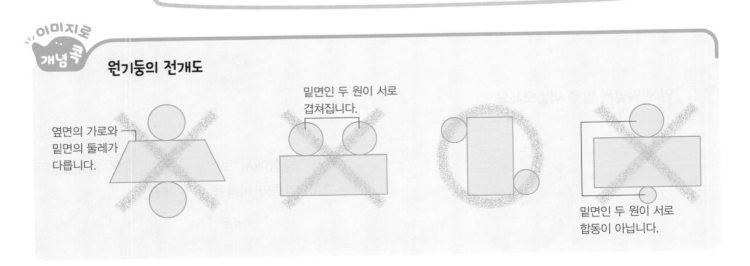

옆면의 가로와 밑면의 둘레가 다릅니다.

밑면인 두 원이 서로 겹쳐집니다.

밑면인 두 원이 서로 합동이 아닙니다.

1 ⬚ 안에 알맞은 말을 써넣으세요.

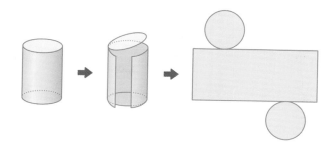

원기둥의 모든 면이 이어지도록 잘라서 평면 위에 펼친 그림을 원기둥의 ⬚ (이)라고 합니다.

2 원기둥의 전개도를 보고 ⬚ 안에 알맞은 수나 말을 써넣으세요.

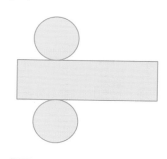

(1) 밑면은 ⬚ 이고 ⬚ 개입니다.

(2) 옆면은 ⬚ 이고 ⬚ 개입니다.

3 원기둥의 전개도가 될 수 있는 것에 ○표 하세요.

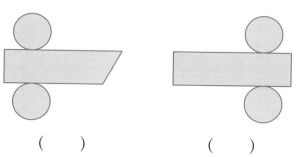

(   )   (   )

[4~5] 원기둥의 전개도를 보고 물음에 답하세요.

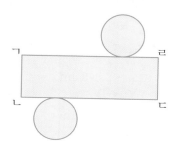

4 전개도에서 밑면의 둘레와 길이가 같은 선분을 모두 찾아 써 보세요.

(   )

5 선분 ㄱㄴ은 원기둥의 무엇과 같은가요?

(   )

6 원기둥과 원기둥의 전개도입니다. ㉠, ㉡, ㉢의 길이를 각각 구해 보세요. (원주율: 3)

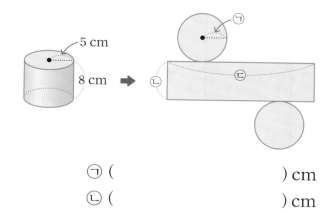

㉠ (   ) cm

㉡ (   ) cm

㉢ (   ) cm

6 단원

공부한 날

월

일

유형 1 원기둥, 원뿔, 구에서 각 부분의 길이

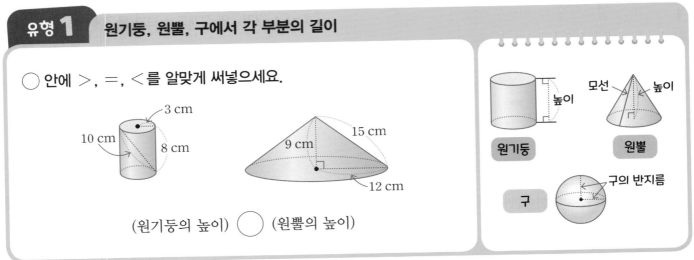

◯ 안에 >, =, <를 알맞게 써넣으세요.

(원기둥의 높이) ◯ (원뿔의 높이)

01 원뿔의 모선의 길이와 구의 지름의 합은 몇 cm인가요?

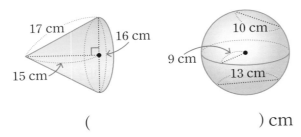

(   ) cm

02 ☐ 안에 알맞은 수를 써넣으세요.

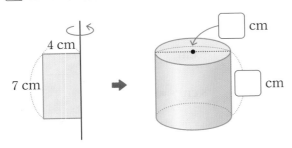

03 오른쪽 직각삼각형 모양의 종이를 한 변을 기준으로 한 바퀴 돌렸을 때 만들어지는 입체도형의 밑면의 지름과 높이를 각각 구해 보세요.

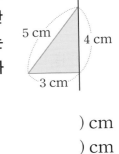

밑면의 지름 (   ) cm

높이 (   ) cm

04 나은이가 말하는 입체도형을 찾아 기호를 써 보세요.

밑면이 원이고 밑면의 지름은 10 cm예요. 높이는 13 cm예요.

나은

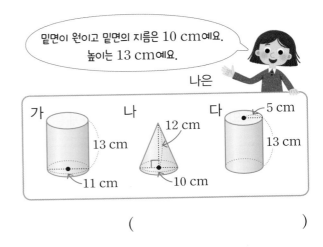

(   )

유형 **2**   원기둥, 원뿔, 구의 비교

원기둥과 구의 같은 점에 대해 바르게 설명한 것에 색칠해 보세요.

굽은 면이 있습니다.

위, 앞, 옆에서 본 모양이 모두 같습니다.

입체도형		
위에서 본 모양	원	원
앞에서 본 모양	사각형	원
옆에서 본 모양	사각형	원

05 원기둥과 원뿔의 다른 점을 모두 찾아 ○표 하세요.

밑면의 모양

꼭짓점의 수

밑면의 수

06 원기둥과 구에 대해 <u>잘못</u> 설명한 친구의 이름을 써 보세요.

은정: 원기둥은 밑면이 2개이지만 구는 밑면이 없어요.
민우: 구에는 구의 중심이 있지만 원기둥에는 중심이 없어요.
경아: 원기둥과 구에는 모두 꼭짓점이 있어요.

(   )

07 원기둥, 원뿔, 구에 대해 바르게 설명한 것을 모두 찾아 기호를 써 보세요.

㉠ 원기둥과 원뿔에는 밑면이 있습니다.
㉡ 원기둥, 원뿔, 구를 어느 방향에서 보아도 모양이 같습니다.
㉢ 원뿔과 구에는 평평한 면이 있습니다.
㉣ 원뿔은 뾰족한 부분이 있지만 원기둥과 구는 없습니다.

(   )

서술형
08 원뿔과 구의 같은 점과 다른 점을 써 보세요.

같은 점 _____

_____

다른 점 _____

_____

유형 **3** 원기둥의 전개도

원기둥의 전개도가 될 수 있는 것을 찾아 기호를 써 보세요.

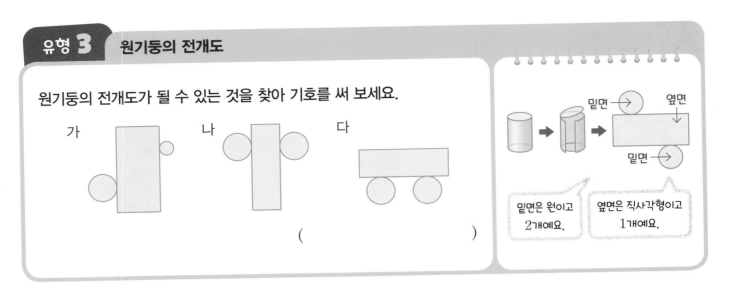

가　　　나　　　다

(　　　　　　　　　)

밑면은 원이고 2개예요.　　옆면은 직사각형이고 1개예요.

---

09 원기둥의 전개도에서 밑면에 모두 색칠해 보세요.

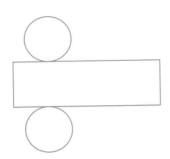

10 오른쪽 원기둥의 전개도에 대해 <u>잘못</u> 설명한 친구의 이름을 써 보세요.

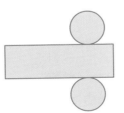

두 밑면은 원이고 합동이에요.　　옆면의 가로는 원기둥의 밑면의 지름과 같아요.　　옆면의 세로는 원기둥의 높이와 같아요.

수민　　　정호　　　현서

(　　　　　　　　　)

---

11 오른쪽 원기둥의 전개도에 대해 바르게 설명한 것에 ○표, 잘못 설명한 것에 ×표 하세요.

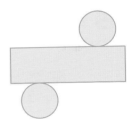

(1) 옆면은 직사각형이고 2개입니다.

(　　)

(2) 옆면의 가로는 원기둥의 밑면의 둘레와 같습니다.

(　　)

서술형

12 원기둥의 전개도가 될 수 <u>없는</u> 이유를 써 보세요.

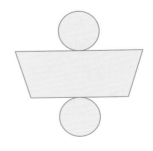

이유 _____

_____

유형 4 원기둥의 전개도에서 길이 구하기

오른쪽 원기둥의 전개도로 만든 원기둥의 높이와 밑면의 지름을 구해 보세요. (원주율: 3)

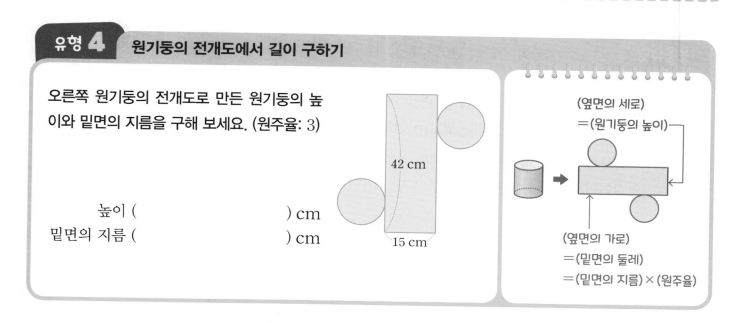

높이 (   ) cm
밑면의 지름 (   ) cm

(옆면의 세로)
=(원기둥의 높이)

(옆면의 가로)
=(밑면의 둘레)
=(밑면의 지름)×(원주율)

13 원기둥의 전개도에서 밑면의 반지름은 몇 cm인가요? (원주율: 3)

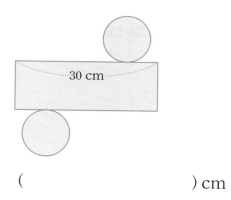

(   ) cm

14 원기둥과 원기둥의 전개도를 보고 ☐ 안에 알맞은 수를 써넣으세요. (원주율: 3.14)

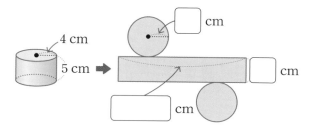

15 원기둥의 전개도에서 옆면의 둘레는 몇 cm인가요? (원주율: 3.1)

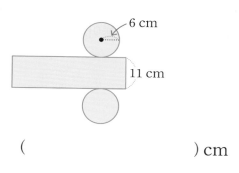

(   ) cm

16 원기둥의 전개도에서 옆면의 둘레가 32 cm일 때 전개도로 만든 원기둥의 높이는 몇 cm인가요? (원주율: 3)

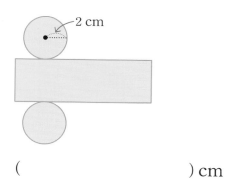

(   ) cm

6
단원

공부한 날

월

일

응용유형 1 입체도형의 밑면의 넓이 구하기

문제해결 추론

오른쪽 직각삼각형 모양의 종이를 한 변을 기준으로 한 바퀴 돌렸을 때 만들어지는 입체도형의 밑면의 넓이는 몇 cm²인지 구해 보세요. (원주율: 3.1)

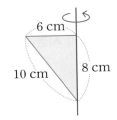

(1) 직각삼각형 모양의 종이를 한 변을 기준으로 한 바퀴 돌렸을 때 만들어지는 입체도형의 밑면의 반지름은 몇 cm인가요?

(   ) cm

(2) 직각삼각형 모양의 종이를 한 변을 기준으로 한 바퀴 돌렸을 때 만들어지는 입체도형의 밑면의 넓이는 몇 cm²인가요?

(   ) cm²

유사

1-1 오른쪽 직각삼각형 모양의 종이를 한 변을 기준으로 한 바퀴 돌렸을 때 만들어지는 입체도형의 밑면의 넓이는 몇 cm²인지 구해 보세요.

(원주율: 3)

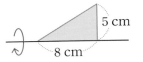

(   ) cm²

변형

1-2 오른쪽 직사각형 모양의 종이를 한 변을 기준으로 한 바퀴 돌렸을 때 만들어지는 입체도형의 한 밑면의 넓이는 몇 cm²인지 구해 보세요.

(원주율: 3)

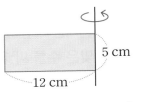

(   ) cm²

→ 바른답·알찬풀이 **52**쪽

응용유형 2 조건을 만족하는 입체도형의 길이 구하기

오른쪽 원기둥을 보고 나눈 대화입니다. 원기둥의 높이는 몇 cm인지 구해 보세요.

> 호경: 위에서 본 모양은 반지름이 10 cm인 원이에요.
> 민재: 앞에서 본 모양은 정사각형이에요.

(1) 원기둥의 밑면의 지름은 몇 cm인가요?

(   ) cm

(2) 원기둥의 높이는 몇 cm인가요?

(   ) cm

2-1 유사

원기둥을 보고 나눈 대화입니다. 원기둥의 밑면의 지름과 높이의 합은 몇 cm인지 구해 보세요.

위에서 본 모양은 반지름이 4 cm인 원이에요.

앞에서 본 모양은 정사각형이에요.

(   ) cm

2-2 변형

원뿔을 보고 나눈 대화입니다. 원뿔의 모선의 길이는 몇 cm인지 구해 보세요.

위에서 본 모양은 반지름이 7 cm인 원이에요.

앞에서 본 모양은 정삼각형이에요.

(   ) cm

응용유형 3   원기둥의 높이 구하기

가로 24 cm, 세로 22 cm인 직사각형 모양의 종이에 원기둥의 전개도를 그렸습니다. 전개도로 만든 원기둥의 높이는 몇 cm인지 구해 보세요. (원주율: 3)

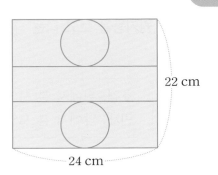

(1) 밑면의 둘레는 몇 cm인가요?

(   ) cm

(2) 밑면의 지름은 몇 cm인가요?

(   ) cm

(3) 원기둥의 높이는 몇 cm인가요?

(   ) cm

3-1   유사

가로 31 cm, 세로 29 cm인 직사각형 모양의 종이에 원기둥의 전개도를 그렸습니다. 전개도로 만든 원기둥의 높이는 몇 cm인지 구해 보세요. (원주율: 3.1)

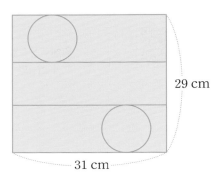

(   ) cm

3-2   변형

한 변이 60 cm인 정사각형 모양의 종이에 원기둥의 전개도를 그렸습니다. 전개도로 만든 원기둥의 높이는 몇 cm인지 구해 보세요. (원주율: 3)

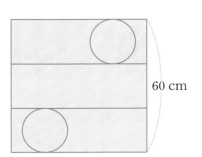

(   ) cm

6. 원기둥, 원뿔, 구

점수   점

한 문항당 배점은 5점입니다.

→ 바른답·알찬풀이 **53**쪽

01 원기둥, 원뿔, 구를 찾아 기호를 써 보세요.

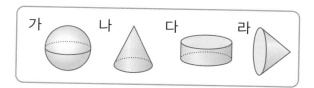

원기둥	원뿔	구

02 ☐ 안에 알맞은 말을 써넣으세요.

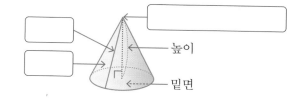

높이

밑면

03 다음 모양의 종이를 한 바퀴 돌렸을 때 만들어지는 입체도형을 찾아 이어 보세요.

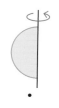

원기둥   원뿔   구

04 원기둥과 구로 만든 모양의 기호를 써 보세요.

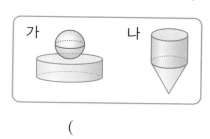

( )

중요

05 원기둥의 전개도가 될 수 있는 것을 찾아 기호를 써 보세요.

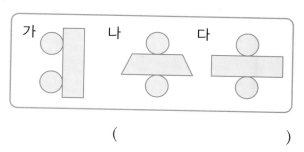

( )

06 오른쪽 원뿔을 위, 앞, 옆에서 본 모양을 **보기**에서 골라 그려 보세요.

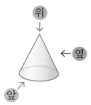

위

옆

앞

보기

○   □   △

위에서 본 모양	앞에서 본 모양	옆에서 본 모양

07 반원 모양의 종이를 지름을 기준으로 한 바퀴 돌렸을 때 만들어지는 입체도형입니다. ☐ 안에 알맞은 수를 써넣으세요.

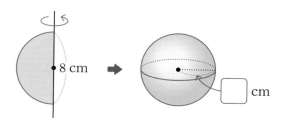

8 cm   ☐ cm

6 단원

공부한 날

월

일

08 어느 방향에서 보아도 모양이 같은 입체도형을 찾아 기호를 써 보세요.

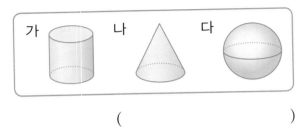

(   )

중요
09 오른쪽 원기둥의 밑면의 반지름과 높이는 각각 몇 cm인가요?

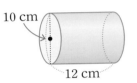

밑면의 반지름 (   ) cm

높이 (   ) cm

10 원뿔에서 모선의 길이와 높이의 차는 몇 cm인가요?

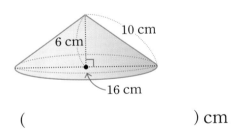

(   ) cm

11 직각삼각형 모양의 종이를 한 변을 기준으로 한 바퀴 돌렸을 때 만들어지는 입체도형의 높이는 몇 cm인가요?

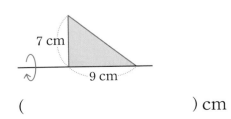

(   ) cm

[12~13] 원기둥의 전개도를 보고 물음에 답하세요.

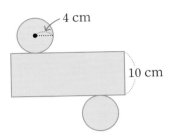

12 원기둥의 높이는 몇 cm인가요?

(   ) cm

13 옆면의 가로는 몇 cm인가요? (원주율: 3.1)

(   ) cm

14 원기둥과 원뿔의 같은 점에 대해 바르게 설명한 것은 어느 것인가요? (   )

① 합동인 원이 2개 있습니다.
② 밑면이 1개입니다.
③ 원뿔의 꼭짓점이 있습니다.
④ 옆면은 굽은 면입니다.
⑤ 밑면의 모양은 육각형입니다.

응용
15 오른쪽 원기둥의 전개도를 보고 잘못 설명한 친구의 이름을 써 보세요.

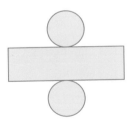

하은: 밑면은 서로 합동인 원이 2개예요.
성규: 옆면의 가로와 세로는 길이가 같아요.
승원: 옆면의 세로는 원기둥의 높이와 같아요.

(   )

→ 바른답·알찬풀이 **53**쪽

중요

16 원기둥, 원뿔, 구에 대해 잘못 설명한 것을 찾아 기호를 써 보세요.

가　　　나　　　다

> ㉠ 가는 밑면이 2개이고 나는 밑면이 1개입니다.
> ㉡ 나는 원뿔의 꼭짓점이 있고 가와 다는 없습니다.
> ㉢ 가, 나, 다 모두 앞에서 본 모양이 원입니다.

(　　　　　　　　　)

17 오른쪽 직사각형 모양의 종이를 한 변을 기준으로 한 바퀴 돌렸을 때 만들어지는 입체도형의 한 밑면의 넓이는 몇 cm²인가요? (원주율: 3)

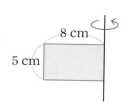

(　　　　　　　) cm²

응용

18 직사각형 모양의 종이에 원기둥의 전개도를 그렸습니다. 전개도로 만든 원기둥의 높이는 몇 cm인가요? (원주율: 3)

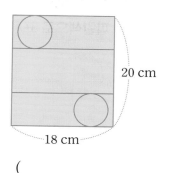

20 cm

18 cm

(　　　　　　　) cm

서술형 문제

19 원기둥과 구의 같은 점과 다른 점을 써 보세요.

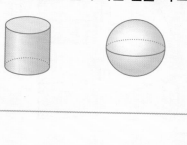

같은 점 _____

_____

다른 점 _____

_____

20 반지름이 5 cm인 구가 있습니다. 이 구를 위에서 본 모양의 넓이는 몇 cm²인지 풀이 과정을 쓰고, 답을 구해 보세요. (원주율: 3)

풀이 _____

_____

_____

_____

답 _____ cm²

6
단원

공부한 날

월

일

6. 원기둥, 원뿔, 구

한 문항당 배점은 5점입니다.

점수
점

[01~03] 입체도형을 보고 물음에 답하세요.

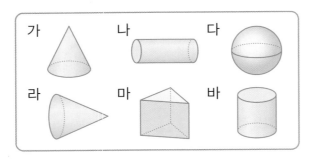

01 원기둥을 모두 찾아 기호를 써 보세요.

( )

02 원뿔을 모두 찾아 기호를 써 보세요.

( )

03 구를 찾아 기호를 써 보세요.

( )

중요
04 오른쪽 직사각형 모양의 종이를 한 변을 기준으로 한 바퀴 돌렸을 때 만들어지는 입체도형을 찾아 기호를 써 보세요.

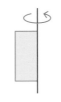

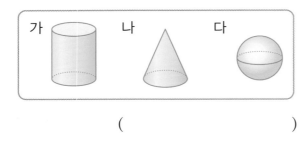

( )

05 오른쪽은 원뿔의 무엇을 재는 것인가요?

( )

06 원기둥, 원뿔, 구 중에서 가와 나 두 모양에 모두 사용한 입체도형은 무엇인가요?

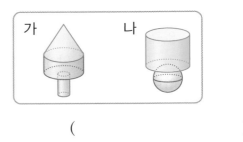

( )

07 입체도형을 앞에서 본 모양을 찾아 이어 보세요.

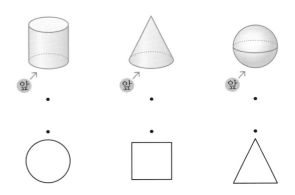

08 원기둥의 전개도를 보고 원기둥의 높이와 같은 선분을 찾아 파란색으로 표시해 보세요.

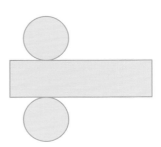

09 직각삼각형 모양의 종이를 한 변을 기준으로 한 바퀴 돌렸을 때 만들어지는 입체도형입니다. ☐ 안에 알맞은 수를 써넣으세요.

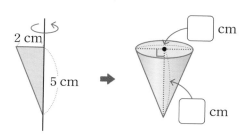

10 다음 중에서 수가 가장 큰 것을 찾아 기호를 써 보세요.

> ㉠ 원기둥의 밑면의 수
> ㉡ 원뿔의 밑면의 수
> ㉢ 구의 중심의 수

( )

중요
11 구의 반지름은 몇 cm인가요?

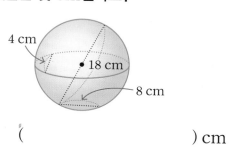

( ) cm

12 원기둥과 원뿔의 다른 점에 대해 잘못 설명한 친구의 이름을 써 보세요.

( )

13 오른쪽 원뿔에서 길이가 다른 선분을 찾아 기호를 써 보세요.

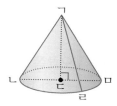

> ㉠ 선분 ㄱㄴ   ㉡ 선분 ㄱㄷ
> ㉢ 선분 ㄱㄹ   ㉣ 선분 ㄱㅁ

( )

[14~15] 밑면의 지름이 12 cm, 높이가 8 cm인 원기둥의 전개도입니다. 물음에 답하세요.

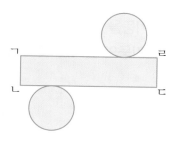

14 선분 ㄱㄴ은 몇 cm인가요?

( ) cm

응용
15 선분 ㄴㄷ은 몇 cm인가요? (원주율: 3)

( ) cm

16 원기둥의 전개도에서 밑면의 반지름은 몇 cm 인가요? (원주율: 3)

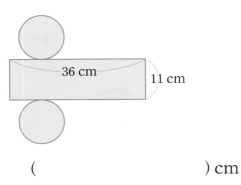

36 cm   11 cm

(   ) cm

17 오른쪽 직각삼각형 모양의 종이를 한 변을 기준으로 한 바퀴 돌렸을 때 만들어지는 입체도형의 밑면의 넓이는 몇 cm²인가요? (원주율: 3)

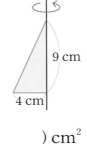

9 cm

4 cm

(   ) cm²

응용

18 오른쪽 원기둥을 보고 나눈 대화입니다. 원기둥의 높이는 몇 cm 인가요?

앞

위에서 본 모양은 반지름이 12 cm인 원이에요.

앞에서 본 모양은 정사각형이에요.

(   ) cm

서술형 문제

19 원기둥이 <u>아닌</u> 이유를 써 보세요.

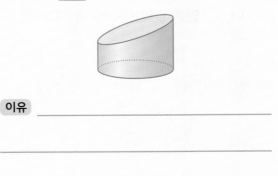

이유 _____

_____

_____

중요

20 원기둥에서 옆면의 둘레는 몇 cm인지 풀이 과정을 쓰고, 답을 구해 보세요. (원주율: 3.1)

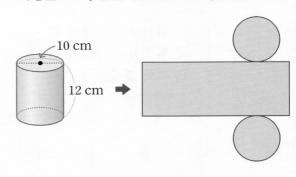

10 cm

12 cm   ➡

풀이 _____

_____

_____

답 _____ cm

문장제 해결력 강화

문제
해결의
길잡이

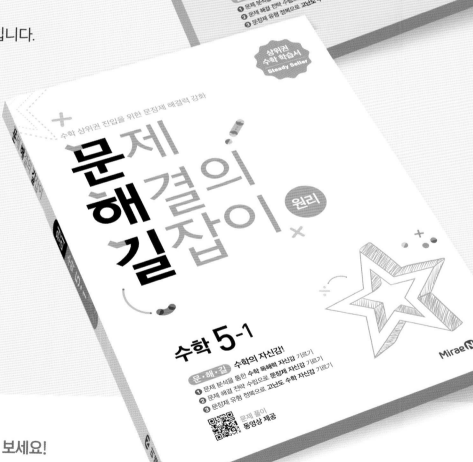

문해길 시리즈는

문장제 해결력을 키우는 상위권 수학 학습서입니다.

문해길은 8가지 문제 해결 전략을 익히며

수학 사고력을 향상하고,

수학적 성취감을 맛보게 합니다.

이런 성취감을 맛본 아이는

수학에 자신감을 갖습니다.

수학의 자신감, 문해길로 이루세요.

문해길 원리를 공부하고, 문해길 심화에 도전해 보세요!
원리로 닦은 실력이 심화에서 빛이 납니다.

문해길 원리
문장제 해결력 강화
1~6학년 학기별 [총12책]

문해길 심화
고난도 유형 해결력 완성
1~6학년 학년별 [총6책]

공부력 강화 프로그램

공부력은 초등 시기에 갖춰야 하는 기본 학습 능력입니다.

공부력이 탄탄하면 언제든지 학습에서 두각을 나타낼 수 있습니다.

초등 교과서 발행사 미래엔의 공부력 강화 프로그램은

초등 시기에 다져야 하는 공부력 향상 교재입니다.

독해

초등 국어 3-1 **5**

쏙셈

초등 수학 3-2 **6**

초등코어

바른답·알찬풀이

수학
6·2

Mirae N 에듀

❶ 핵심 개념을 비주얼로 이해하는 탄탄한 초코!
❷ 기본부터 응용까지 공부가 즐거운 달콤한 초코!
❸ 온오프 학습 시스템으로 실력이 쌓이는 신나는 초코!

바른답·알찬풀이

수학 6·2

1단원 분수의 나눗셈

교과서+익힘책 개념탄탄

1 3, 3

2 4, 2, 4, 2, 4, 2, 2

3 (○)( )

4 (1) 1, 5 (2) 2, 4

5 (1) 4 (2) 2 (3) 4

6 2

1 $\frac{3}{4}$은 $\frac{1}{4}$이 3개이므로 $\frac{3}{4}$에서 $\frac{1}{4}$을 3번 덜어 낼 수 있습니다. ➡ $\frac{3}{4} \div \frac{1}{4} = 3$

3 $\frac{12}{15}$는 $\frac{1}{15}$이 12개이고 $\frac{4}{15}$는 $\frac{1}{15}$이 4개이므로 $\frac{12}{15} \div \frac{4}{15}$는 12÷4로 계산할 수 있습니다.

➡ $\frac{12}{15} \div \frac{4}{15} = 12 \div 4 = 3$

4 분모가 같은 (분수)÷(분수)는 나누어지는 수와 나누는 수가 각각 단위분수 몇 개인지 알아보고 그 수끼리 나누어 계산합니다.

5 (1) $\frac{4}{7} \div \frac{1}{7} = 4 \div 1 = 4$

(2) $\frac{8}{13} \div \frac{4}{13} = 8 \div 4 = 2$

(3) $\frac{12}{14} \div \frac{3}{14} = 12 \div 3 = 4$

6 $\frac{10}{11} \div \frac{5}{11} = 10 \div 5 = 2$

교과서+익힘책 개념탄탄

1 4, $4\boxed{\frac{1}{2}}$

2 7, 4, 7, 4, 7, 4, $\boxed{\frac{7}{4}}$, $1\frac{3}{4}$

3 (1) 5, $\boxed{\frac{3}{5}}$ (2) 3, $\boxed{\frac{4}{3}}$, $1\frac{1}{3}$

4 (1) $1\frac{2}{3}$ (2) $\frac{4}{9}$ (3) $2\frac{1}{5}$

5 $1\frac{6}{7}$

6 $\frac{6}{9} \div \frac{5}{9}$에 색칠

1 $\frac{9}{10}$는 $\frac{2}{10}$씩 4묶음과 $\frac{1}{2}$ 묶음이므로 $\frac{9}{10} \div \frac{2}{10} = 4\frac{1}{2}$ 입니다.

3 분모가 같은 (분수)÷(분수)는 분자끼리 나누고, 나누어떨어지지 않으면 몫을 분수로 나타냅니다.

4 (1) $\frac{5}{8} \div \frac{3}{8} = 5 \div 3 = \frac{5}{3} = 1\frac{2}{3}$

(2) $\frac{4}{11} \div \frac{9}{11} = 4 \div 9 = \frac{4}{9}$

(3) $\frac{11}{12} \div \frac{5}{12} = 11 \div 5 = \frac{11}{5} = 2\frac{1}{5}$

5 $\frac{13}{15} \div \frac{7}{15} = 13 \div 7 = \frac{13}{7} = 1\frac{6}{7}$

6 $\frac{5}{13} \div \frac{2}{13} = 5 \div 2 = \frac{5}{2} = 2\frac{1}{2}$

$9 \div \frac{5}{9} = 6 \div 5 = \frac{6}{5} = 1\frac{1}{5}$

교과서+익힘책 개념탄탄

1 6, 6, 2

2 9, 9, 9, 8, 9, $\boxed{\frac{8}{9}}$

3 (○)( )

4 (1) 3, 1, 3, 1, 3 (2) 35, 24, 35, 24, $\boxed{\frac{35}{24}}$, $1\frac{11}{24}$

5 (1) 2 (2) $\frac{9}{20}$ (3) $1\frac{1}{27}$

6 (위에서부터) 2, $4\frac{1}{6}$

1 $\frac{3}{4} = \frac{6}{8}$이고 $\frac{6}{8}$은 $\frac{3}{8}$의 2배입니다.

2 $\frac{2}{3} \div \frac{3}{4}$은 $\frac{2}{3}$와 $\frac{3}{4}$을 통분하여 $\frac{8}{12} \div \frac{9}{12}$로 계산할 수 있습니다.

3 $\frac{1}{3} \div \frac{2}{5}$는 $\frac{1}{3}$과 $\frac{2}{5}$를 통분하여 $\frac{5}{15} \div \frac{6}{15}$으로 계산할 수 있습니다.

➡ $\frac{1}{3} \div \frac{2}{5} = \frac{5}{15} \div \frac{6}{15} = 5 \div 6 = \frac{5}{6}$

4 (1) 6을 공통분모로 하여 $\frac{1}{2}$과 $\frac{1}{6}$을 통분한 후 분자끼리 나누어 계산합니다.

(2) 42를 공통분모로 하여 $\frac{5}{6}$와 $\frac{4}{7}$를 통분한 후 분자끼리 나누어 계산합니다.

5 (1) $\frac{8}{10} \div \frac{2}{5} = \frac{8}{10} \div \frac{4}{10} = 8 \div 4 = 2$

(2) $\frac{3}{8} \div \frac{5}{6} = \frac{9}{24} \div \frac{20}{24} = 9 \div 20 = \frac{9}{20}$

(3) $\frac{7}{9} \div \frac{3}{4} = \frac{28}{36} \div \frac{27}{36} = 28 \div 27 = \frac{28}{27} = 1\frac{1}{27}$

6 $\frac{5}{6} \div \frac{5}{12} = \frac{10}{12} \div \frac{5}{12} = 10 \div 5 = 2$

$\frac{5}{6} \div \frac{1}{5} = \frac{25}{30} \div \frac{6}{30} = 25 \div 6 = \frac{25}{6} = 4\frac{1}{6}$

유형별 실력쑥쑥

14～17쪽

1

01 $\frac{13}{14} \div \frac{6}{14} = 13 \div 6 = \frac{13}{6} = 2\frac{1}{6}$

02 $3\frac{1}{3}$ **03** ㉠

04 미, 나, 리

2 $\frac{15}{16}$, $1\frac{1}{14}$

05 ( ) (○) **06** $2\frac{1}{4}$

07 예 $\frac{5}{6} \div \frac{7}{8} = \frac{5}{24} \div \frac{7}{24} = 5 \div 7 = \frac{5}{7}$,

$\frac{5}{6} \div \frac{7}{8} = \frac{20}{24} \div \frac{21}{24} = 20 \div 21 = \frac{20}{21}$

08 풀이 참조, $\frac{9}{16}$

3 <, >

09 $\frac{5}{7} \div \frac{1}{7}$에 색칠 **10** 민호

11 ㉠ **12** 2, 1, 3

4 $\frac{4}{5} \div \frac{3}{4} = 1\frac{1}{15}$ / $1\frac{1}{15}$

13 $\frac{2}{3} \div \frac{2}{9} = 3$ / 3 **14** 2

15 $\frac{7}{12}$ **16** 풀이 참조, $1\frac{1}{4}$

---

1 · $\frac{4}{7} \div \frac{2}{7} = 4 \div 2 = 2$

$\frac{3}{5} \div \frac{4}{5} = 3 \div 4 = \frac{3}{4}$

$\frac{12}{17} \div \frac{3}{17} = 12 \div 3 = 4$

· $\frac{8}{11} \div \frac{2}{11} = 8 \div 2 = 4$

$\frac{6}{19} \div \frac{3}{19} = 6 \div 3 = 2$

$\frac{3}{13} \div \frac{4}{13} = 3 \div 4 = \frac{3}{4}$

01 보기와 같이 분자끼리 나누어 계산하고, 나누어떨어지지 않을 때에는 몫을 분수로 나타냅니다.

02 $\frac{10}{11} > \frac{8}{11} > \frac{4}{11} > \frac{3}{11}$이므로

가장 큰 수는 $\frac{10}{11}$이고, 가장 작은 수는 $\frac{3}{11}$입니다.

➡ $\frac{10}{11} \div \frac{3}{11} = 10 \div 3 = \frac{10}{3} = 3\frac{1}{3}$

03 ㉠ $\frac{2}{3} \div \frac{1}{3} = 2 \div 1 = 2$

㉡ $\frac{7}{10} \div \frac{4}{10} = 7 \div 4 = \frac{7}{4} = 1\frac{3}{4}$

따라서 몫이 자연수인 것은 ㉠입니다.

04 $\frac{4}{15} \div \frac{2}{15} = 4 \div 2 = 2$ ➡ 미

$\frac{16}{17} \div \frac{4}{17} = 16 \div 4 = 4$ ➡ 나

$\frac{18}{25} \div \frac{3}{25} = 18 \div 3 = 6$ ➡ 리

2 $\frac{3}{4} \div \frac{4}{5} = \frac{15}{20} \div \frac{16}{20} = 15 \div 16 = \frac{15}{16}$

$\frac{15}{16} \div \frac{7}{8} = \frac{15}{16} \div \frac{14}{16} = 15 \div 14 = \frac{15}{14} = 1\frac{1}{14}$

05 $\frac{1}{3} \div \frac{1}{12} = \frac{4}{12} \div \frac{1}{12} = 4 \div 1 = 4$

$\frac{2}{3} \div \frac{2}{15} = \frac{10}{15} \div \frac{2}{15} = 10 \div 2 = 5$

06 $\frac{9}{14} > \frac{2}{7}\left(= \frac{4}{14}\right)$

➡ $\frac{9}{14} \div \frac{2}{7} = \frac{9}{14} \div \frac{4}{14} = 9 \div 4 = \frac{9}{4} = 2\frac{1}{4}$

07 분모가 다른 (분수)÷(분수)는 통분하여 분자끼리 나누어 계산합니다. 통분을 잘못한 부분을 찾아 바르게 계산합니다.

08 예 ❶ ㉠ $\dfrac{3}{10} \div \dfrac{4}{5} = \dfrac{3}{10} \div \dfrac{8}{10} = 3 \div 8 = \dfrac{3}{8}$입니다.

❷ 따라서 ㉠을 ㉡으로 나눈 몫은

$\dfrac{3}{8} \div \dfrac{2}{3} = \dfrac{9}{24} \div \dfrac{16}{24} = 9 \div 16 = \dfrac{9}{16}$입니다.

❸ $\dfrac{9}{16}$

채점 기준
❶ ㉠의 몫을 구한 경우
❷ ㉠을 ㉡으로 나눈 몫을 구한 경우
❸ 답을 바르게 쓴 경우

3 • $\dfrac{1}{4} \div \dfrac{1}{5} = \dfrac{5}{20} \div \dfrac{4}{20} = 5 \div 4 = \dfrac{5}{4} = 1\dfrac{1}{4}$

$\dfrac{7}{9} \div \dfrac{4}{9} = 7 \div 4 = \dfrac{7}{4} = 1\dfrac{3}{4}$

➡ $1\dfrac{1}{4} < 1\dfrac{3}{4}$

• $\dfrac{4}{5} \div \dfrac{2}{10} = \dfrac{8}{10} \div \dfrac{2}{10} = 8 \div 2 = 4$

$\dfrac{5}{12} \div \dfrac{2}{9} = \dfrac{15}{36} \div \dfrac{8}{36} = 15 \div 8 = \dfrac{15}{8} = 1\dfrac{7}{8}$

➡ $4 > 1\dfrac{7}{8}$

09 $\dfrac{5}{7} \div \dfrac{1}{7} = 5 \div 1 = 5$

$\dfrac{8}{11} \div \dfrac{4}{11} = 8 \div 4 = 2$

따라서 몫이 3보다 큰 것은 $\dfrac{5}{7} \div \dfrac{1}{7}$입니다.

10 민호: $\dfrac{7}{8} \div \dfrac{3}{8} = 7 \div 3 = \dfrac{7}{3} = 2\dfrac{1}{3}$

➡ $\dfrac{7}{8} \div \dfrac{3}{8}$의 몫은 2보다 큽니다.

윤지: $\dfrac{10}{13} \div \dfrac{7}{13} = 10 \div 7 = \dfrac{10}{7} = 1\dfrac{3}{7}$,

$\dfrac{10}{11} \div \dfrac{7}{11} = 10 \div 7 = \dfrac{10}{7} = 1\dfrac{3}{7}$

➡ $\dfrac{10}{13} \div \dfrac{7}{13}$의 몫은 $\dfrac{10}{11} \div \dfrac{7}{11}$의 몫과 같습니다.

따라서 바르게 이야기한 친구는 민호입니다.

11 ㉠ $\dfrac{4}{9} \div \dfrac{5}{6} = \dfrac{8}{18} \div \dfrac{15}{18} = 8 \div 15 = \dfrac{8}{15}$

㉡ $\dfrac{8}{15} \div \dfrac{7}{15} = 8 \div 7 = \dfrac{8}{7} = 1\dfrac{1}{7}$

㉢ $\dfrac{4}{5} \div \dfrac{3}{7} = \dfrac{28}{35} \div \dfrac{15}{35} = 28 \div 15 = \dfrac{28}{15} = 1\dfrac{13}{15}$

➡ 나눗셈의 몫이 가장 작은 것은 ㉠입니다.

12 $\dfrac{6}{7} \div \dfrac{3}{7} = 6 \div 3 = 2$

$\dfrac{5}{6} \div \dfrac{3}{10} = \dfrac{25}{30} \div \dfrac{9}{30} = 25 \div 9 = \dfrac{25}{9} = 2\dfrac{7}{9}$

$\dfrac{13}{17} \div \dfrac{8}{17} = 13 \div 8 = \dfrac{13}{8} = 1\dfrac{5}{8}$

➡ $2\dfrac{7}{9} > 2 > 1\dfrac{5}{8}$

4 (은주가 걸은 거리)÷(재우가 걸은 거리)

$= \dfrac{4}{5} \div \dfrac{3}{4} = \dfrac{16}{20} \div \dfrac{15}{20} = 16 \div 15$

$= \dfrac{16}{15} = 1\dfrac{1}{15}$(배)

13 (전체 주스양)÷(한 컵에 담는 주스양)

$= \dfrac{2}{3} \div \dfrac{2}{9} = \dfrac{6}{9} \div \dfrac{2}{9} = 6 \div 2 = 3$(컵)

14 (윤아네 집에서 학교까지의 거리)

÷(윤아네 집에서 우체국까지의 거리)

$= \dfrac{14}{15} \div \dfrac{7}{15} = 14 \div 7 = 2$(배)

15 $\square \times \dfrac{3}{7} = \dfrac{1}{4}$

➡ $\square = \dfrac{1}{4} \div \dfrac{3}{7} = \dfrac{7}{28} \div \dfrac{12}{28} = 7 \div 12 = \dfrac{7}{12}$

16 예 ❶ 남은 상추양은 수확한 상추양에서 먹은 상추양을 빼면 되므로 $1 - \dfrac{4}{9} = \dfrac{9}{9} - \dfrac{4}{9} = \dfrac{5}{9}$ (kg)입니다.

❷ 따라서 남은 상추양은 먹은 상추양의

$\dfrac{5}{9} \div \dfrac{4}{9} = 5 \div 4 = \dfrac{5}{4} = 1\dfrac{1}{4}$(배)입니다.

❸ $1\dfrac{1}{4}$

채점 기준
❶ 남은 상추양을 구한 경우
❷ 남은 상추양은 먹은 상추양의 몇 배인지 구한 경우
❸ 답을 바르게 쓴 경우

1 4, 24

2 (1) 3   (2) 7

3

4 (1) 4, 28   (2) 5, 45

5 (1) 30   (2) 16   (3) 60

6 32, 64

---

1 1시간은 $\dfrac{1}{4}$시간의 4배이므로 $\dfrac{1}{4}$시간 동안 딸 수 있는 사과의 무게인 6 kg을 4배 하면 1시간 동안 딸 수 있는 사과의 무게를 구할 수 있습니다.

➡ $6 \div \dfrac{1}{4} = 6 \times 4 = 24$ (kg)

2 $\blacktriangle \div \dfrac{1}{\blacksquare}$은 $\blacktriangle \times \blacksquare$로 나타낼 수 있습니다.

(1) $5 \div \dfrac{1}{3} = 5 \times 3$

(2) $11 \div \dfrac{1}{7} = 11 \times 7$

3 $\blacktriangle \div \dfrac{1}{\blacksquare}$은 $\blacktriangle \times \blacksquare$로 나타낼 수 있습니다.

• $3 \div \dfrac{1}{2} = 3 \times 2$

• $6 \div \dfrac{1}{3} = 6 \times 3$

• $3 \div \dfrac{1}{3} = 3 \times 3$

4 (자연수)÷(단위분수)는 자연수에 단위분수의 분모를 곱해 계산합니다.

(1) $7 \div \dfrac{1}{4} = 7 \times 4 = 28$

(2) $9 \div \dfrac{1}{5} = 9 \times 5 = 45$

5 (1) $6 \div \dfrac{1}{5} = 6 \times 5 = 30$

(2) $8 \div \dfrac{1}{2} = 8 \times 2 = 16$

(3) $10 \div \dfrac{1}{6} = 10 \times 6 = 60$

6 $4 \div \dfrac{1}{8} = 4 \times 8 = 32$

$8 \div \dfrac{1}{8} = 8 \times 8 = 64$

---

1 3, 5, 5

2 (1) 6, $\dfrac{\boxed{7}}{\boxed{6}}$, 7   (2) 4, $\dfrac{\boxed{5}}{\boxed{4}}$, 10

3 (◯)
(   )

4 (1) 12   (2) $4\dfrac{1}{2}$ (3) 18

5 $10\dfrac{1}{2}$ **6** $11\dfrac{2}{3}$

---

1 1시간은 $\dfrac{1}{5}$시간의 5배이므로 $\dfrac{1}{5}$시간 동안 달릴 수 있는 거리를 구한 다음 그 값을 5배 하면 됩니다.

3 km를 3으로 나누어 $\dfrac{1}{5}$시간 동안 달릴 수 있는 거리를 구하고, 이 값을 5배 하면 1시간 동안 달릴 수 있는 거리가 됩니다.

2 (1) $6 \div 6 \times 7$은 $6 \times \dfrac{1}{6} \times 7$로 나타낼 수 있고, 뒤에 있는 두 수를 먼저 곱하면 $6 \times \dfrac{7}{6}$입니다.

(2) $8 \div 4 \times 5$는 $8 \times \dfrac{1}{4} \times 5$로 나타낼 수 있고, 뒤에 있는 두 수를 먼저 곱하면 $8 \times \dfrac{5}{4}$입니다.

3 (자연수)÷(분수)는 나눗셈을 곱셈으로 나타내고 나누는 분수의 분모와 분자를 바꾸어 계산합니다.

$\blacktriangle \div \dfrac{\bullet}{\blacksquare} = \blacktriangle \times \dfrac{\blacksquare}{\bullet}$ ➡ $4 \div \dfrac{2}{7} = 4 \times \dfrac{7}{2}$

4 (1) $9 \div \dfrac{3}{4} = \overset{3}{9} \times \dfrac{4}{\underset{1}{3}} = 12$

(2) $2 \div \dfrac{4}{9} = 2 \times \dfrac{9}{\underset{2}{4}}^{1} = \dfrac{9}{2} = 4\dfrac{1}{2}$

(3) $12 \div \dfrac{2}{3} = \overset{6}{12} \times \dfrac{3}{\underset{1}{2}} = 18$

5 $6 \div \dfrac{4}{7} = \overset{3}{6} \times \dfrac{7}{\underset{2}{4}} = \dfrac{21}{2} = 10\dfrac{1}{2}$

6 자연수: 7, 분수: $\dfrac{3}{5}$

➡ $7 \div \dfrac{3}{5} = 7 \times \dfrac{5}{3} = \dfrac{35}{3} = 11\dfrac{2}{3}$

1   3, 4, $\dfrac{\boxed{4}}{\boxed{5}}$

2   (1) 4, $\dfrac{\boxed{5}}{\boxed{4}}$, $\dfrac{\boxed{25}}{\boxed{28}}$ (2) 3, $\dfrac{\boxed{8}}{\boxed{3}}$, $\dfrac{\boxed{56}}{\boxed{27}}$, $2\dfrac{2}{27}$

3   (1) $\dfrac{\boxed{7}}{\boxed{5}}$, $\dfrac{\boxed{28}}{\boxed{45}}$ (2) $\dfrac{\boxed{5}}{\boxed{2}}$, $\dfrac{\boxed{35}}{\boxed{22}}$, $1\dfrac{13}{22}$

4   (1) $\dfrac{3}{4}$ (2) $2\dfrac{4}{7}$ (3) $\dfrac{21}{22}$

5 $1\dfrac{11}{24}$

---

1   1병은 $\dfrac{1}{4}$병의 4배이므로 $\dfrac{1}{4}$병에 채울 수 있는 주스
양을 구한 다음 그 값을 4배 하면 됩니다.

$\dfrac{3}{5}$ L를 3으로 나누어 $\dfrac{1}{4}$병에 담을 수 있는 주스양
을 구하고, 이 값을 4배 하면 병을 가득 채울 수 있는
주스양이 됩니다.

➡ $\dfrac{3}{5} \div \dfrac{3}{4} = \dfrac{3}{5} \div 3 \times 4 = \dfrac{4}{5}$ (L)

2   (1) $\dfrac{5}{7} \div 4 \times 5$는 $\dfrac{5}{7} \times \dfrac{1}{4} \times 5$로 나타낼 수 있고, 뒤
에 있는 두 수를 먼저 곱하면 $\dfrac{5}{7} \times \dfrac{5}{4}$입니다.

    (2) $\dfrac{7}{9} \div 3 \times 8$은 $\dfrac{7}{9} \times \dfrac{1}{3} \times 8$로 나타낼 수 있고, 뒤
에 있는 두 수를 먼저 곱하면 $\dfrac{7}{9} \times \dfrac{8}{3}$입니다.

3   (1) $\dfrac{4}{9} \div \dfrac{5}{7} = \dfrac{4}{9} \times \dfrac{7}{5} = \dfrac{28}{45}$

    (2) $\dfrac{7}{11} \div \dfrac{2}{5} = \dfrac{7}{11} \times \dfrac{5}{2} = \dfrac{35}{22} = 1\dfrac{13}{22}$

4   (1) $\dfrac{3}{8} \div \dfrac{1}{2} = \dfrac{3}{\overset{4}{\cancel{8}}} \times \overset{1}{\cancel{2}} = \dfrac{3}{4}$

    (2) $\dfrac{4}{7} \div \dfrac{2}{9} = \dfrac{\overset{2}{\cancel{4}}}{7} \times \dfrac{9}{\underset{1}{\cancel{2}}} = \dfrac{18}{7} = 2\dfrac{4}{7}$

    (3) $\dfrac{7}{10} \div \dfrac{11}{15} = \dfrac{7}{\underset{2}{\cancel{10}}} \times \dfrac{\overset{3}{\cancel{15}}}{11} = \dfrac{21}{22}$

5 $\dfrac{5}{6} \div \dfrac{4}{7} = \dfrac{5}{6} \times \dfrac{7}{4} = \dfrac{35}{24} = 1\dfrac{11}{24}$

---

1   **방법 1** 28, 55, 28, $\dfrac{\boxed{28}}{\boxed{55}}$

    방법 2 7, $\dfrac{\boxed{4}}{\boxed{11}}$, $\dfrac{\boxed{28}}{\boxed{55}}$

2   (1) 5, 4, 15, 4, 15, $\dfrac{\boxed{15}}{\boxed{4}}$, $3\dfrac{3}{4}$

    (2) 7, 7, 7, $\dfrac{\boxed{8}}{\boxed{7}}$, 8, $2\dfrac{2}{3}$

3   (1) $2\dfrac{3}{4}$ (2) $\dfrac{35}{64}$ (3) $2\dfrac{13}{16}$

4 $1\dfrac{11}{21}$

5 $\dfrac{15}{52}$

---

1   대분수의 나눗셈은 대분수를 가분수로 나타낸 다음
통분하여 분자끼리 나누거나 분수의 곱셈으로 나타
내어 계산할 수 있습니다.

2   (1) $1\dfrac{2}{3} \div \dfrac{4}{9} = \dfrac{5}{3} \div \dfrac{4}{9} = \dfrac{15}{9} \div \dfrac{4}{9}$

$= 15 \div 4 = \dfrac{15}{4} = 3\dfrac{3}{4}$

    (2) $2\dfrac{1}{3} \div \dfrac{7}{8} = \dfrac{7}{3} \div \dfrac{7}{8} = \dfrac{\overset{1}{\cancel{7}}}{3} \times \dfrac{8}{\underset{1}{\cancel{7}}} = \dfrac{8}{3} = 2\dfrac{2}{3}$

3   (1) $1\dfrac{5}{6} \div \dfrac{2}{3} = \dfrac{11}{6} \div \dfrac{2}{3} = \dfrac{11}{6} \div \dfrac{4}{6}$

$= 11 \div 4 = \dfrac{11}{4} = 2\dfrac{3}{4}$

    (2) $\dfrac{5}{8} \div 1\dfrac{1}{7} = \dfrac{5}{8} \div \dfrac{8}{7} = \dfrac{5}{8} \times \dfrac{7}{8} = \dfrac{35}{64}$

    (3) $4\dfrac{1}{2} \div 1\dfrac{3}{5} = \dfrac{9}{2} \div \dfrac{8}{5} = \dfrac{9}{2} \times \dfrac{5}{8} = \dfrac{45}{16} = 2\dfrac{13}{16}$

4 $3\dfrac{5}{9} \div 2\dfrac{1}{3} = \dfrac{32}{9} \div \dfrac{7}{3} = \dfrac{32}{9} \div \dfrac{21}{9}$

$= 32 \div 21 = \dfrac{32}{21} = 1\dfrac{11}{21}$

5   진분수: $\dfrac{5}{8}$, 대분수: $2\dfrac{1}{6}$

➡ $\dfrac{5}{8} \div 2\dfrac{1}{6} = \dfrac{5}{8} \div \dfrac{13}{6} = \dfrac{5}{\underset{4}{\cancel{8}}} \times \dfrac{\overset{3}{\cancel{6}}}{13} = \dfrac{15}{52}$

① ($6\frac{2}{3}$) (   ) (20)

01 $6 \div \frac{1}{3} = 6 \times 3$에 색칠

02 2, 7, 14   03 21, $10\frac{1}{2}$

04 성민

② $\frac{7}{10} \div \frac{4}{9} = \frac{7}{10} \times \frac{9}{4} = \frac{63}{40} = 1\frac{23}{40}$

05 $\frac{4}{7} \times \frac{21}{2}$에 ○표

06

07 예 $\frac{4}{5} \div \frac{3}{7} = \frac{4}{5} \times \boxed{\frac{3}{7}} = \frac{12}{35}$,

$\frac{4}{5} \div \frac{3}{7} = \frac{4}{5} \times \frac{7}{3} = \frac{28}{15} = 1\frac{13}{15}$

08 풀이 참조, $\frac{16}{35}$

③

$2\frac{2}{9} \div \frac{5}{7}$	$\frac{3}{4} \div \frac{7}{8}$	$1\frac{3}{4} \div 1\frac{1}{2}$
$3\frac{1}{3} \div 4\frac{4}{5}$	$12 \div \frac{3}{5}$	$\frac{5}{8} \div 1\frac{1}{5}$

09 $1\frac{1}{9}$, $1\frac{2}{3}$ 10 >

11 $1\frac{1}{16}$ 12 ㉡, ㉢, ㉠

④ $3\frac{1}{2} \div 7\frac{7}{8} = \frac{4}{9}$ / $\frac{4}{9}$

13 $6 \div \frac{1}{4} = 24$ / 24   14 $\frac{21}{44}$

15 $\frac{15}{28}$ 16 풀이 참조, 18

① 사다리를 따라 내려가면 다음과 같습니다.

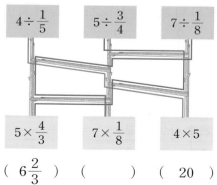

($6\frac{2}{3}$) (   ) (20)

• $4 \div \frac{1}{5}$을 곱셈으로 나타내면 4×5이므로 (   ) 안에 몫을 써넣습니다.

$4 \div \frac{1}{5} = 4 \times 5 = 20$

• $5 \div \frac{3}{4}$을 곱셈으로 나타내면 $5 \times \frac{4}{3}$이므로 (   ) 안에 몫을 써넣습니다.

$5 \div \frac{3}{4} = 5 \times \frac{4}{3} = \frac{20}{3} = 6\frac{2}{3}$

• $7 \div \frac{1}{8}$을 곱셈으로 나타내면 7×8인데 $7 \times \frac{1}{8}$이 있으므로 잘못되었습니다.

참고 $7 \div \frac{1}{8} = 7 \times 8 = 56$

01 (자연수)÷(분수)는 나눗셈을 곱셈으로 나타내고 나누는 분수의 분모와 분자를 바꾸어 계산합니다.

02 $4 \div \frac{2}{7} = 4 \div 2 \times 7 = 4 \times \frac{1}{2} \times 7 = \overset{2}{4} \times \frac{7}{\underset{1}{2}} = 14$

03 $12 \div \frac{4}{7} = 12 \times \frac{7}{\underset{1}{4}}^{3} = 21$

$6 \div \frac{4}{7} = \overset{3}{6} \times \frac{7}{\underset{2}{4}} = \frac{21}{2} = 10\frac{1}{2}$

04 성민: $6 \div \frac{3}{8} = \overset{2}{6} \times \frac{8}{\underset{1}{3}} = 16$

은하: $2 \div \frac{1}{6} = 2 \times 6 = 12$

지호: $8 \div \frac{2}{3} = \overset{4}{8} \times \frac{3}{\underset{1}{2}} = 12$

따라서 나눗셈의 몫이 다른 것을 들고 있는 친구는 성민입니다.

② 보기와 같이 나눗셈을 곱셈으로 나타내고 나누는 분수의 분모와 분자를 바꾸어 계산합니다.

05 (분수)÷(분수)는 나눗셈을 곱셈으로 나타내고 나누는 분수의 분모와 분자를 바꾸어 계산할 수 있습니다.

06 • $\frac{2}{3} \div \frac{3}{5} = \frac{2}{3} \times \frac{5}{3} = \frac{10}{9} = 1\frac{1}{9}$

• $\frac{5}{6} \div \frac{3}{8} = \frac{5}{\underset{3}{6}} \times \frac{8}{3}^{4} = \frac{20}{9} = 2\frac{2}{9}$

바른답·알찬풀이

07 (분수)÷(분수)를 분수의 곱셈으로 나타내어 계산할 때에는 ÷■를 ×●로 나타내야 합니다. 나누는 분수의 분모와 분자를 바꾸지 않았으므로 잘못되었습니다.

08 예 ❶ $\frac{1}{7}$이 2개인 수는 $\frac{2}{7}$이고, $\frac{1}{8}$이 5개인 수는 $\frac{5}{8}$

이므로 ㉠$=\frac{2}{7}$, ㉡$=\frac{5}{8}$입니다.

❷ ㉠÷㉡의 몫은 $\frac{2}{7}÷\frac{5}{8}=\frac{2}{7}×\frac{8}{5}=\frac{16}{35}$입니다.

❸ $\frac{16}{35}$

채점 기준
❶ ㉠과 ㉡이 나타내는 수를 각각 구한 경우
❷ ㉠÷㉡의 몫을 구한 경우
❸ 답을 바르게 쓴 경우

❸ $2\frac{2}{9}÷\frac{5}{7}=\frac{20}{9}÷\frac{5}{7}=\frac{\overset{4}{20}}{9}×\frac{7}{\underset{1}{5}}=\frac{28}{9}=3\frac{1}{9}\ (>1)$

$\frac{3}{4}÷\frac{7}{8}=\frac{3}{\underset{1}{4}}×\frac{\overset{2}{8}}{7}=\frac{6}{7}\ (<1)$

$1\frac{3}{4}÷1\frac{1}{2}=\frac{7}{4}÷\frac{3}{2}=\frac{7}{\underset{2}{4}}×\frac{\overset{1}{2}}{3}=\frac{7}{6}=1\frac{1}{6}\ (>1)$

$3\frac{1}{3}÷4\frac{4}{5}=\frac{10}{3}÷\frac{24}{5}=\frac{10}{3}×\frac{5}{\underset{12}{24}}=\frac{25}{36}\ (<1)$

$12÷\frac{3}{5}=\overset{4}{12}×\frac{5}{\underset{1}{3}}=20\ (>1)$

$\frac{5}{8}÷1\frac{1}{5}=\frac{5}{8}÷\frac{6}{5}=\frac{5}{8}×\frac{5}{6}=\frac{25}{48}\ (<1)$

09 $2\frac{4}{9}÷2\frac{1}{5}=\frac{22}{9}÷\frac{11}{5}=\frac{22}{9}×\frac{5}{\underset{1}{11}}=\frac{10}{9}=1\frac{1}{9}$

$1\frac{1}{9}÷\frac{2}{3}=\frac{10}{9}÷\frac{2}{3}=\frac{10}{\underset{3}{9}}×\frac{\overset{1}{3}}{2}=\frac{5}{3}=1\frac{2}{3}$

10 $\frac{5}{6}÷1\frac{1}{3}=\frac{5}{6}÷\frac{4}{3}=\frac{5}{\underset{2}{6}}×\frac{\overset{1}{3}}{4}=\frac{5}{8}$

$\frac{5}{27}÷\frac{4}{9}=\frac{5}{\underset{3}{27}}×\frac{\overset{1}{9}}{4}=\frac{5}{12}$

➡ $\frac{5}{8}\left(=\frac{15}{24}\right)>\frac{5}{12}\left(=\frac{10}{24}\right)$

11 사각형 안에 있는 수: $2\frac{5}{6}$, 삼각형 안에 있는 수: $2\frac{2}{3}$

➡ $2\frac{5}{6}÷2\frac{2}{3}=\frac{17}{6}÷\frac{8}{3}=\frac{17}{\underset{2}{6}}×\frac{\overset{1}{3}}{8}$

$=\frac{17}{16}=1\frac{1}{16}$

12 ㉠ $\frac{4}{9}÷\frac{14}{15}=\frac{\overset{2}{4}}{\underset{3}{9}}×\frac{\overset{5}{15}}{\underset{7}{14}}=\frac{10}{21}$

㉡ $2÷\frac{1}{2}=2×2=4$

㉢ $2\frac{2}{7}÷1\frac{1}{3}=\frac{16}{7}÷\frac{4}{3}=\frac{\overset{4}{16}}{7}×\frac{3}{\underset{1}{4}}=\frac{12}{7}=1\frac{5}{7}$

따라서 $4>1\frac{5}{7}>\frac{10}{21}$이므로 몫이 큰 것부터 차례로 기호를 쓰면 ㉡, ㉢, ㉠입니다.

④ (고무관의 길이)÷(고무관의 무게)

$=3\frac{1}{2}÷7\frac{7}{8}=\frac{7}{2}÷\frac{63}{8}=\frac{\overset{1}{7}}{\underset{1}{2}}×\frac{\overset{4}{8}}{\underset{9}{63}}=\frac{4}{9}\ (m)$

13 (전체 우유양)÷(하루에 마시는 우유양)

$=6÷\frac{1}{4}=6×4=24(일)$

14 (쌀의 무게)÷(보리의 무게)

$=\frac{7}{8}÷1\frac{5}{6}=\frac{7}{8}÷\frac{11}{6}=\frac{7}{\underset{4}{8}}×\frac{\overset{3}{6}}{11}=\frac{21}{44}(배)$

15 $\frac{3}{8}÷\frac{7}{10}=\frac{3}{\underset{4}{8}}×\frac{\overset{5}{10}}{7}=\frac{15}{28}\ (L)$

16 예 ❶ 15분$=\frac{15}{60}$시간$=\frac{1}{4}$시간입니다.

❷ 만들 수 있는 인형의 수는 전체 시간을 인형 한 개를 만드는 데 걸리는 시간으로 나누면 되므로 $4\frac{1}{2}÷\frac{1}{4}=\frac{9}{2}÷\frac{1}{4}=\frac{9}{\underset{1}{2}}×\overset{2}{4}=18(개)$입니다.

❸ 18

채점 기준
❶ 15분은 몇 시간인지 분수로 나타낸 경우
❷ 만들 수 있는 인형의 수를 구한 경우
❸ 답을 바르게 쓴 경우

1 (1) 8   (2) $\dfrac{7}{8} \div \dfrac{5}{8} = 1\dfrac{2}{5}$ / $1\dfrac{2}{5}$

1-1 $\dfrac{9}{10} \div \dfrac{8}{10} = 1\dfrac{1}{8}$ / $1\dfrac{1}{8}$

1-2 $\dfrac{\boxed{5}}{\boxed{12}} \div \dfrac{\boxed{11}}{\boxed{12}} = \dfrac{\boxed{5}}{\boxed{11}}$, $\dfrac{\boxed{5}}{\boxed{13}} \div \dfrac{\boxed{11}}{\boxed{13}} = \dfrac{\boxed{5}}{\boxed{11}}$

2 (1) 높이, 넓이, 밑변   (2) $\dfrac{3}{5} \div \dfrac{7}{10} = \dfrac{6}{7}$ / $\dfrac{6}{7}$

2-1 $1\dfrac{17}{18}$ **2-2** $3\dfrac{1}{4}$

3 (1) $2\dfrac{1}{10}$ (2) 1, 2

3-1 4   **3-2** 3, 4

4 (1) 작은에 ○표, 큰에 ○표   (2) 2, 8, $2\dfrac{1}{4}$

4-1 6, 1 / 30   **4-2** 2, 9 / $\dfrac{2}{9}$

---

1 (1) 두 분수의 분모가 같고, 7÷5를 이용해서 계산할 수 있는 진분수의 나눗셈을 만들어야 하므로 분모는 7보다 커야 합니다. 또, 분모가 8 이하이므로 두 분수의 분모가 될 수 있는 수는 8입니다.

(2) $\dfrac{7}{8} \div \dfrac{5}{8} = 7 \div 5 = \dfrac{7}{5} = 1\dfrac{2}{5}$

1-1 두 분수의 분모가 같고, 9÷8을 이용해서 계산할 수 있는 진분수의 나눗셈을 만들어야 하므로 분모는 9보다 커야 합니다. 또, 분모가 10 이하이므로 두 분수의 분모가 될 수 있는 수는 10입니다.

➡ $\dfrac{9}{10} \div \dfrac{8}{10} = 9 \div 8 = \dfrac{9}{8} = 1\dfrac{1}{8}$

1-2 두 분수의 분모가 같고, 5÷11을 이용해서 계산할 수 있는 진분수의 나눗셈을 만들어야 하므로 분모는 11보다 커야 합니다. 또, 분모가 13 이하이므로 두 분수의 분모가 될 수 있는 수는 12, 13입니다.

➡ $\dfrac{5}{12} \div \dfrac{11}{12} = 5 \div 11 = \dfrac{5}{11}$,

$\dfrac{5}{13} \div \dfrac{11}{13} = 5 \div 11 = \dfrac{5}{11}$

2 (2) (높이)=(넓이)÷(밑변)

$= \dfrac{3}{5} \div \dfrac{7}{10} = \dfrac{3}{\underset{1}{5}} \times \dfrac{\overset{2}{10}}{7} = \dfrac{6}{7}$ (m)

2-1 (직사각형의 넓이)=(가로)×(세로)이므로 (가로)=(넓이)÷(세로)로 구할 수 있습니다.

➡ (가로)$= 4\dfrac{2}{3} \div 2\dfrac{2}{5} = \dfrac{14}{3} \div \dfrac{12}{5} = \dfrac{\overset{7}{14}}{3} \times \dfrac{5}{\underset{6}{12}}$

$= \dfrac{35}{18} = 1\dfrac{17}{18}$ (cm)

2-2 (직육면체의 부피)=(가로)×(세로)×(높이)이므로 직육면체의 높이를 □ cm라 하면

$2\dfrac{1}{2} \times 2\dfrac{1}{5} \times \square = 17\dfrac{7}{8}$ 입니다.

$\dfrac{\overset{1}{5}}{2} \times \dfrac{11}{\underset{1}{5}} \times \square = 17\dfrac{7}{8}$, $\dfrac{11}{2} \times \square = 17\dfrac{7}{8}$

➡ $\square = 17\dfrac{7}{8} \div \dfrac{11}{2} = \dfrac{143}{8} \div \dfrac{11}{2} = \dfrac{\overset{13}{143}}{\underset{4}{8}} \times \dfrac{\overset{1}{2}}{\underset{1}{11}}$

$= \dfrac{13}{4} = 3\dfrac{1}{4}$

따라서 직육면체의 높이는 $3\dfrac{1}{4}$ cm입니다.

3 (1) $\dfrac{3}{5} \div \dfrac{2}{7} = \dfrac{3}{5} \times \dfrac{7}{2} = \dfrac{21}{10} = 2\dfrac{1}{10}$

(2) $2\dfrac{1}{10} > \square$ 이므로 □ 안에 들어갈 수 있는 자연수는 1, 2입니다.

3-1 $1\dfrac{2}{7} \div \dfrac{3}{8} = \dfrac{9}{7} \div \dfrac{3}{8} = \dfrac{\overset{3}{9}}{7} \times \dfrac{8}{\underset{1}{3}} = \dfrac{24}{7} = 3\dfrac{3}{7}$

따라서 $3\dfrac{3}{7} < \square$ 이므로 □ 안에 들어갈 수 있는 자연수는 4, 5, 6, …이고, 가장 작은 자연수는 4입니다.

3-2 $12 \div \dfrac{3}{\square} = 12 \times \dfrac{\square}{\underset{1}{3}} = 4 \times \square$ 이므로

$10 < 4 \times \square < 20$ 입니다.

따라서 $4 \times 3 = 12$, $4 \times 4 = 16$ 이므로 □ 안에 들어갈 수 있는 자연수는 3, 4입니다.

4 몫을 가장 작게 만들려면 가장 작은 자연수를 가장 큰 진분수로 나누어야 합니다.

➡ $2 \div \dfrac{8}{9} = \overset{1}{2} \times \dfrac{9}{\underset{4}{8}} = \dfrac{9}{4} = 2\dfrac{1}{4}$

4-1 몫을 가장 크게 만들려면 가장 큰 자연수를 가장 작은 진분수로 나누어야 합니다.

➡ $6 \div \dfrac{1}{5} = 6 \times 5 = 30$

4-2 몫을 가장 작게 만들려면 가장 작은 진분수를 가장 큰 진분수로 나누어야 합니다.

➡ $\dfrac{2}{13} \div \dfrac{9}{13} = 2 \div 9 = \dfrac{2}{9}$

단원 평가 1회　　　　　　　　34~36쪽

01 5	**02** 2, $\boxed{\dfrac{7}{2}}$, $3\dfrac{1}{2}$
03 (　)(◯)	**04** $\dfrac{1}{2}$
05 $\dfrac{2}{3} \div \dfrac{3}{4} = \dfrac{2}{3} \times \dfrac{4}{3} = \dfrac{8}{9}$	
06 $4\dfrac{1}{12}$	**07** 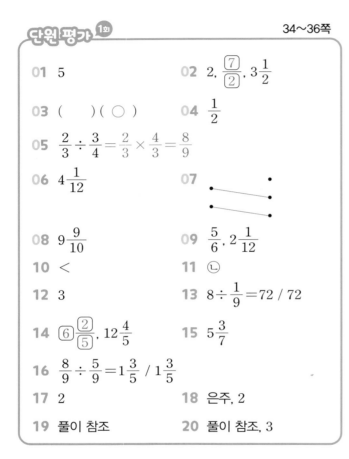
08 $9\dfrac{9}{10}$	**09** $\dfrac{5}{6}$, $2\dfrac{1}{12}$
10 <	**11** ㉡
12 3	**13** $8 \div \dfrac{1}{9} = 72$ / 72
14 $\boxed{6}\boxed{\dfrac{2}{5}}$, $12\dfrac{4}{5}$	**15** $5\dfrac{3}{7}$
16 $\dfrac{8}{9} \div \dfrac{5}{9} = 1\dfrac{3}{5}$ / $1\dfrac{3}{5}$	
17 2	**18** 은주, 2
19 풀이 참조	**20** 풀이 참조, 3

01 $\dfrac{5}{6}$는 $\dfrac{1}{6}$이 5개이므로 $\dfrac{5}{6}$에서 $\dfrac{1}{6}$을 5번 덜어 낼 수 있습니다. ➡ $\dfrac{5}{6} \div \dfrac{1}{6} = 5$

02 분모가 같은 (분수)÷(분수)는 분자끼리 나누고, 나누어떨어지지 않으면 몫을 분수로 나타냅니다.

03 ▲ ÷ $\dfrac{■}{●}$ = ▲ × $\dfrac{●}{■}$ 로 나타낼 수 있습니다.

04 $\dfrac{3}{4} \div 1\dfrac{1}{2} = \dfrac{3}{4} \div \dfrac{3}{2} = \dfrac{\overset{1}{\cancel{3}}}{\underset{2}{\cancel{4}}} \times \dfrac{\overset{1}{\cancel{2}}}{\underset{1}{\cancel{3}}} = \dfrac{1}{2}$

05 **보기**와 같이 나눗셈을 곱셈으로 나타내고 나누는 분수의 분모와 분자를 바꾸어 계산합니다.

06 대분수: $1\dfrac{3}{4}$, 진분수: $\dfrac{3}{7}$

➡ $1\dfrac{3}{4} \div \dfrac{3}{7} = \dfrac{7}{4} \div \dfrac{3}{7} = \dfrac{7}{4} \times \dfrac{7}{3} = \dfrac{49}{12} = 4\dfrac{1}{12}$

07 ・$\dfrac{12}{13} \div \dfrac{4}{13} = 12 \div 4 = 3$　　・$4 \div \dfrac{4}{5} = \overset{1}{\cancel{4}} \times \dfrac{5}{\underset{1}{\cancel{4}}} = 5$

08 $5\dfrac{1}{2} \div \dfrac{5}{9} = \dfrac{11}{2} \div \dfrac{5}{9} = \dfrac{11}{2} \times \dfrac{9}{5} = \dfrac{99}{10} = 9\dfrac{9}{10}$ (배)

09 $\dfrac{5}{11} \div \dfrac{6}{11} = 5 \div 6 = \dfrac{5}{6}$

$\dfrac{5}{6} \div \dfrac{2}{5} = \dfrac{5}{6} \times \dfrac{5}{2} = \dfrac{25}{12} = 2\dfrac{1}{12}$

10 $2\dfrac{1}{3} \div \dfrac{3}{5} = \dfrac{7}{3} \div \dfrac{3}{5} = \dfrac{7}{3} \times \dfrac{5}{3} = \dfrac{35}{9} = 3\dfrac{8}{9}$

$6 \div \dfrac{3}{4} = \overset{2}{\cancel{6}} \times \dfrac{4}{\underset{1}{\cancel{3}}} = 8$

➡ $3\dfrac{8}{9} < 8$

11 ㉠ $\dfrac{7}{8} \div \dfrac{5}{6} = \dfrac{7}{\underset{4}{\cancel{8}}} \times \dfrac{\overset{3}{\cancel{6}}}{5} = \dfrac{21}{20} = 1\dfrac{1}{20}$ ➡ $1\dfrac{1}{20} > 1$

㉡ $\dfrac{3}{7} \div \dfrac{4}{5} = \dfrac{3}{7} \times \dfrac{5}{4} = \dfrac{15}{28}$ ➡ $\dfrac{15}{28} < 1$

㉢ $\dfrac{3}{4} \div \dfrac{1}{5} = \dfrac{3}{4} \times 5 = \dfrac{15}{4} = 3\dfrac{3}{4}$ ➡ $3\dfrac{3}{4} > 1$

12 (전체 사과주스양)÷(하루에 마시는 사과주스양)

$= \dfrac{9}{10} \div \dfrac{3}{10} = 9 \div 3 = 3$ (일)

13 (전체 밀가루양)
÷(빵 한 개를 만드는 데 필요한 밀가루양)
$= 8 \div \dfrac{1}{9} = 8 \times 9 = 72$ (개)

14 만들 수 있는 가장 큰 대분수는 $6\dfrac{2}{5}$입니다.

➡ $6\dfrac{2}{5} \div \dfrac{1}{2} = \dfrac{32}{5} \div \dfrac{1}{2} = \dfrac{32}{5} \times 2 = \dfrac{64}{5} = 12\dfrac{4}{5}$

15 (갈 수 있는 거리)÷(휘발유양)

$= 6\dfrac{1}{3} \div 1\dfrac{1}{6} = \dfrac{19}{3} \div \dfrac{7}{6} = \dfrac{19}{\underset{1}{\cancel{3}}} \times \dfrac{\overset{2}{\cancel{6}}}{7}$

$= \dfrac{38}{7} = 5\dfrac{3}{7}$ (km)

16 두 분수의 분모가 같고, $8 \div 5$를 이용해서 계산할 수 있는 진분수의 나눗셈을 만들어야 하므로 분모는 8보다 커야 합니다. 또, 분모가 9 이하이므로 분모가 될 수 있는 수는 9입니다.

➡ $\dfrac{8}{9} \div \dfrac{5}{9} = 8 \div 5 = \dfrac{8}{5} = 1\dfrac{3}{5}$

17 (직사각형의 넓이)＝(가로)×(세로)이므로
(세로)＝(넓이)÷(가로)로 구할 수 있습니다.

➡ (세로)＝$6\dfrac{1}{2} \div 3\dfrac{1}{4} = \dfrac{13}{2} \div \dfrac{13}{4} = \dfrac{\overset{1}{\cancel{13}}}{\cancel{2}_{1}} \times \dfrac{\overset{2}{\cancel{4}}}{\cancel{13}_{1}}$
$= 2 \,(\text{m})$

18 은주: $10 \div \dfrac{5}{7} = \overset{2}{\cancel{10}} \times \dfrac{7}{\cancel{5}_{1}} = 14(개)$

준호: $9 \div \dfrac{3}{4} = \overset{3}{\cancel{9}} \times \dfrac{4}{\cancel{3}_{1}} = 12(개)$

따라서 $14 > 12$이므로 은주가 만든 리본이 $14 - 12 = 2(개)$ 더 많습니다.

19 예 ❶ $5\dfrac{3}{4} \div 1\dfrac{1}{2} = \dfrac{23}{4} \div \dfrac{3}{2} = \dfrac{23}{\cancel{4}_{2}} \times \dfrac{\cancel{2}^{1}}{3}$
$= \dfrac{23}{6} = 3\dfrac{5}{6}$

❷ (대분수)÷(대분수)는 먼저 대분수를 가분수로 나타낸 다음 계산한다는 것을 알게 되었다.

채점 기준	배점
❶ 알맞은 계산 과정을 쓴 경우	3점
❷ 알게 된 점을 쓴 경우	2점

20 예 ❶ $\dfrac{5}{6} \div \dfrac{2}{9} = \dfrac{5}{\cancel{6}_{2}} \times \dfrac{\cancel{9}^{3}}{2} = \dfrac{15}{4} = 3\dfrac{3}{4}$

❷ $3\dfrac{3}{4} > \square$이므로 $\square$ 안에 들어갈 수 있는 자연수는 1, 2, 3으로 모두 3개입니다.

❸ 3

채점 기준	배점
❶ $\dfrac{5}{6} \div \dfrac{2}{9}$의 몫을 구한 경우	2점
❷ $\square$ 안에 들어갈 수 있는 자연수의 개수를 구한 경우	1점
❸ 답을 바르게 쓴 경우	2점

단원 평가 2회

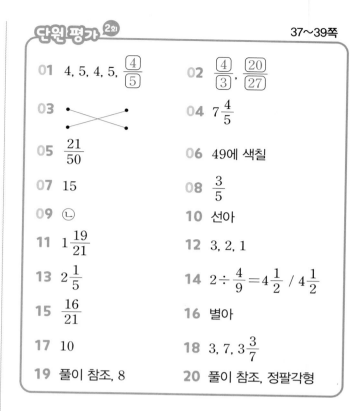

01 4, 5, 4, 5, $\boxed{\dfrac{4}{5}}$

02 $\boxed{\dfrac{4}{3}}$, $\boxed{\dfrac{20}{27}}$

03

04 $7\dfrac{4}{5}$

05 $\dfrac{21}{50}$

06 49에 색칠

07 15

08 $\dfrac{3}{5}$

09 ㉡

10 선아

11 $1\dfrac{19}{21}$

12 3, 2, 1

13 $2\dfrac{1}{5}$

14 $2 \div \dfrac{4}{9} = 4\dfrac{1}{2}$ / $4\dfrac{1}{2}$

15 $\dfrac{16}{21}$

16 별아

17 10

18 3, 7, $3\dfrac{3}{7}$

19 풀이 참조, 8

20 풀이 참조, 정팔각형

01 분모가 같은 (분수)÷(분수)를 나누어지는 수와 나누는 수가 각각 단위분수 몇 개인지 알아보고 그 수끼리 나누어 계산합니다.

02 (분수)÷(분수)는 나눗셈을 곱셈으로 나타내고 나누는 분수의 분모와 분자를 바꾸어 계산합니다.

03 ▲ $\div \dfrac{1}{\blacksquare}$은 ▲ $\times \blacksquare$로 나타낼 수 있습니다.

· $4 \div \dfrac{1}{3} = 4 \times 3$

· $2 \div \dfrac{1}{4} = 2 \times 4$

04 $5\dfrac{1}{5} \div \dfrac{2}{3} = \dfrac{26}{5} \div \dfrac{2}{3} = \dfrac{\overset{13}{\cancel{26}}}{5} \times \dfrac{3}{\cancel{2}_{1}} = \dfrac{39}{5} = 7\dfrac{4}{5}$

05 $\dfrac{3}{5} \div 1\dfrac{3}{7} = \dfrac{3}{5} \div \dfrac{10}{7} = \dfrac{3}{5} \times \dfrac{7}{10} = \dfrac{21}{50}$

06 $21 \div \dfrac{3}{7} = \overset{7}{\cancel{21}} \times \dfrac{7}{\cancel{3}_{1}} = 49$

07 $\dfrac{9}{13} \div \dfrac{3}{13} = 9 \div 3 = 3$이므로 ㉠$=9$, ㉡$=3$, ㉢$=3$입니다.

➡ ㉠＋㉡＋㉢$= 9 + 3 + 3 = 15$

08 $\dfrac{1}{6}$이 5개인 수는 $\dfrac{5}{6}$입니다.

➡ $\dfrac{1}{2} \div \dfrac{5}{6} = \dfrac{3}{6} \div \dfrac{5}{6} = 3 \div 5 = \dfrac{3}{5}$

09 ㉠ $\dfrac{9}{10} \div \dfrac{5}{10} = 9 \div 5 = \dfrac{9}{5} = 1\dfrac{4}{5}$

㉡ $1\dfrac{3}{4} \div \dfrac{7}{8} = \dfrac{7}{4} \div \dfrac{7}{8} = \dfrac{\overset{1}{\cancel{7}}}{\cancel{4}} \times \dfrac{\overset{2}{\cancel{8}}}{\cancel{7}} = 2$

따라서 나눗셈의 몫이 자연수인 것은 ㉡입니다.

10 수호: $\dfrac{3}{5} \div \dfrac{3}{10} = \dfrac{\cancel{3}}{\cancel{5}} \times \dfrac{\overset{2}{\cancel{10}}}{\cancel{3}} = 2$

11 가장 큰 수는 $3\dfrac{1}{3}$, 가장 작은 수는 $1\dfrac{3}{4}$입니다.

➡ $3\dfrac{1}{3} \div 1\dfrac{3}{4} = \dfrac{10}{3} \div \dfrac{7}{4} = \dfrac{10}{3} \times \dfrac{4}{7}$

$= \dfrac{40}{21} = 1\dfrac{19}{21}$

12 $\dfrac{10}{11} \div \dfrac{5}{11} = 10 \div 5 = 2$

$\dfrac{3}{10} \div \dfrac{1}{4} = \dfrac{3}{\cancel{10}} \times \overset{2}{\cancel{4}} = \dfrac{6}{5} = 1\dfrac{1}{5}$

$\dfrac{4}{9} \div 2\dfrac{2}{7} = \dfrac{4}{9} \div \dfrac{16}{7} = \dfrac{\overset{1}{\cancel{4}}}{9} \times \dfrac{7}{\underset{4}{\cancel{16}}} = \dfrac{7}{36}$

➡ $\dfrac{7}{36} < 1\dfrac{1}{5} < 2$

13 (노란색 털실의 길이)÷(초록색 털실의 길이)

$= \dfrac{11}{12} \div \dfrac{5}{12} = 11 \div 5 = \dfrac{11}{5} = 2\dfrac{1}{5}$(배)

14 $2 \div \dfrac{4}{9} = \overset{1}{\cancel{2}} \times \dfrac{9}{\underset{2}{\cancel{4}}} = \dfrac{9}{2} = 4\dfrac{1}{2}$ (kg)

15 ㉠ $\dfrac{10}{13} \div \dfrac{7}{13} = 10 \div 7 = \dfrac{10}{7} = 1\dfrac{3}{7}$

㉡ $\dfrac{3}{8} \div \dfrac{1}{5} = \dfrac{3}{8} \times 5 = \dfrac{15}{8} = 1\dfrac{7}{8}$

➡ ㉠ ÷ ㉡ $= 1\dfrac{3}{7} \div 1\dfrac{7}{8} = \dfrac{10}{7} \div \dfrac{15}{8}$

$= \dfrac{\overset{2}{\cancel{10}}}{7} \times \dfrac{8}{\underset{3}{\cancel{15}}} = \dfrac{16}{21}$(배)

16 지수: $\square \times \dfrac{1}{3} = 15$ ➡ $\square = 15 \div \dfrac{1}{3} = 15 \times 3 = 45$

별아: $\square \times \dfrac{1}{6} = 8$ ➡ $\square = 8 \div \dfrac{1}{6} = 8 \times 6 = 48$

따라서 □ 안에 알맞은 수가 더 큰 식을 쓴 친구는 별아입니다.

17 남은 물은 $5 - \dfrac{5}{6} = 4\dfrac{1}{6}$ (L)입니다.

$4\dfrac{1}{6} \div \dfrac{5}{12} = \dfrac{25}{6} \div \dfrac{5}{12} = \dfrac{\overset{5}{\cancel{25}}}{\cancel{6}} \times \dfrac{\overset{2}{\cancel{12}}}{\underset{1}{\cancel{5}}} = 10$이므로

10병에 나누어 담을 수 있습니다.

18 몫을 가장 작게 만들려면 가장 작은 자연수를 가장 큰 진분수로 나누어야 합니다.

➡ $3 \div \dfrac{7}{8} = 3 \times \dfrac{8}{7} = \dfrac{24}{7} = 3\dfrac{3}{7}$

주의 진분수를 만들어야 하므로 9는 분자에 써넣을 수 없습니다.

19 **예** ❶ 10분$= \dfrac{10}{60}$ 시간$= \dfrac{1}{6}$ 시간입니다.

❷ 뛸 수 있는 바퀴 수는 전체 시간을 공원을 한 바퀴 뛰는 데 걸리는 시간으로 나누면 되므로

$1\dfrac{1}{3} \div \dfrac{1}{6} = \dfrac{4}{3} \div \dfrac{1}{6} = \dfrac{4}{\cancel{3}} \times \overset{2}{\cancel{6}} = 8$(바퀴)입니다.

❸ 8

채점 기준	배점
❶ 10분은 몇 시간인지 분수로 나타낸 경우	1점
❷ 공원을 몇 바퀴 뛸 수 있는지 구한 경우	2점
❸ 답을 바르게 쓴 경우	2점

20 **예** ❶ 정다각형의 모든 변은 길이가 같으므로 이 정다각형의 변의 수는 $\dfrac{4}{9} \div \dfrac{1}{18} = \dfrac{4}{\cancel{9}} \times \overset{2}{\cancel{18}} = 8$(개)입니다.

❷ 변의 수가 8개인 정다각형은 정팔각형입니다.

❸ 정팔각형

채점 기준	배점
❶ 정다각형의 변의 수를 구한 경우	2점
❷ 정다각형의 이름을 구한 경우	1점
❸ 답을 바르게 쓴 경우	2점

교과서+익힘책 개념탄탄 43쪽

1 (1) 가 (2) 라 (3) 나
2 (1) 나 (2) 가
3
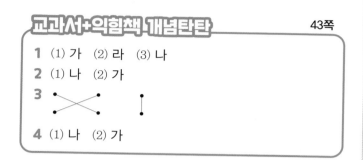
4 (1) 나 (2) 가

1 (1) 트럭의 윗부분이 보입니다. ➡ 가 방향
　 (2) 트럭의 뒷부분이 보입니다. ➡ 라 방향
　 (3) 트럭의 앞부분이 보입니다. ➡ 나 방향

2 풀과 화분이 보이는 방향을 생각해 봅니다.

3 첫 번째 컵은 뚜껑과 손잡이가 없습니다.
　 두 번째 컵은 뚜껑은 없고 손잡이가 있습니다.
　 세 번째 컵은 뚜껑과 손잡이가 모두 있습니다.

4 (1) 침대, 탁자, 책장이 나란히 보이므로 나 방향에서
　　 찍은 사진입니다.
　 (2) 탁자 뒤로 책장이 보이므로 가 방향에서 찍은 사
　　 진입니다.

교과서+익힘책 개념탄탄 45쪽

1 (1)
　 (2)
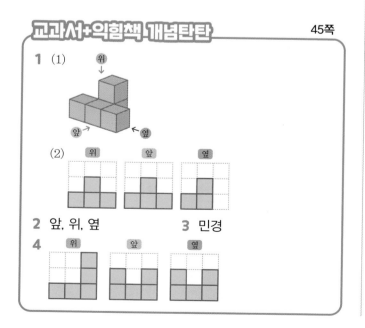
2 앞, 위, 옆
3 민경
4

1 (2) 각 방향에서 봤을 때 초록색, 하늘색, 보라색으로
　　 칠한 부분이 어떻게 보일지 생각하여 그립니다.

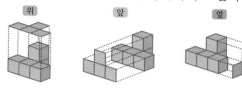

2 위에서 본 모양은 쌓기나무 3개가 가로로 놓여 있고,
　 왼쪽 쌓기나무 아래에 1개가 더 놓여 있는 모양입니다.
　 앞에서 본 모양은 쌓기나무 3개가 가로로 놓여 있고,
　 오른쪽 쌓기나무 위에 2개가 더 쌓여 있는 모양입니다.
　 옆에서 본 모양은 쌓기나무 2개가 가로로 놓여 있고,
　 오른쪽 쌓기나무 위에 2개가 더 쌓여 있는 모양입니다.

3 민경이와 같은 방향에서 보면 쌓기나무 3개가 가로
　 로 놓여 있고, 왼쪽 쌓기나무 위에 1개가 더 쌓여 있
　 는 모양으로 보입니다.

4 위에서 본 모양은 쌓기나무 3개가 가로로 놓여 있고,
　 오른쪽 쌓기나무 위에 2개가 더 놓여 있도록 그립니다.
　 앞에서 본 모양은 쌓기나무 3개가 가로로 놓여 있고,
　 왼쪽과 오른쪽 쌓기나무 위에 1개씩 더 쌓여 있도록
　 그립니다.
　 옆에서 본 모양은 쌓기나무 3개가 가로로 놓여 있고,
　 왼쪽과 오른쪽 쌓기나무 위에 1개씩 더 쌓여 있도록
　 그립니다.

교과서+익힘책 개념탄탄 47쪽

1 5
2 (1) 8 (2) 9
3 7
4 호진
5 나, 7

1 보이지 않는 자리에 쌓기나무가 있을 공간이 없으므
　 로 주어진 모양과 똑같이 쌓을 때 필요한 쌓기나무는
　 5개입니다.

2 (1) 위에서 본 모양을 보면 보이지 않는 자리에 쌓은
　　 쌓기나무는 없습니다. 따라서 똑같이 쌓을 때 필
　　 요한 쌓기나무는 8개입니다.
　 (2) 위에서 본 모양을 보면 보이지 않는 자
　　 리 ㉠에도 쌓기나무가 1개 있음을 알
　　 수 있습니다. 따라서 똑같이 쌓을 때
　　 필요한 쌓기나무는 9개입니다.

바른답·알찬풀이

3 위에서 본 모양을 보면 보이지 않는 자리에 쌓은 쌓기나무는 없습니다. 따라서 똑같이 쌓을 때 필요한 쌓기나무는 7개입니다.

4 위에서 본 모양을 보면 진영이와 호진이가 쌓은 모양 모두 보이지 않는 자리에 쌓은 쌓기나무는 없습니다. 진영이가 쌓은 모양은 쌓기나무 8개가 필요하고, 호진이가 쌓은 모양은 쌓기나무 9개가 필요합니다.

5 가는 보이지 않는 자리에 쌓은 쌓기나무가 있는지 없는지 확인할 수 없으므로 쌓기나무의 개수를 정확히 알 수 없습니다.
따라서 쌓기나무의 개수를 정확히 알 수 있는 모양은 나이고 7개로 쌓은 모양입니다.

교과서+익힘책 개념탄탄

49쪽

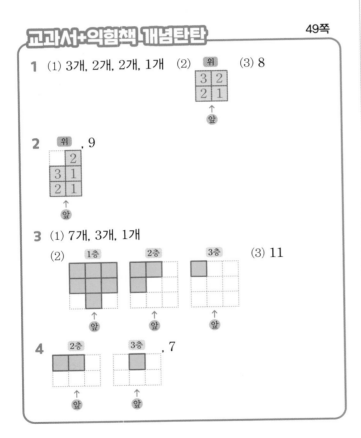

1 (1) 3개, 2개, 2개, 1개 (2) 위 (3) 8

2 위 , 9

3 (1) 7개, 3개, 1개 (3) 11
(2) 1층 2층 3층

4 2층 3층 , 7

1 (2) 자리에 맞춰 쌓기나무의 개수를 써넣습니다.

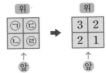

(3) 각 자리에 쌓여 있는 쌓기나무의 개수를 모두 더하면 $3+2+2+1=8$(개)입니다.

2 각 자리에 쌓여 있는 쌓기나무의 개수를 쓰고 모두 더하면 $2+3+1+2+1=9$(개)입니다.

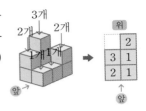
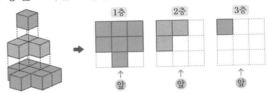

3 (2) 층별로 나눈 모양을 보고 각 층의 모양을 그립니다.

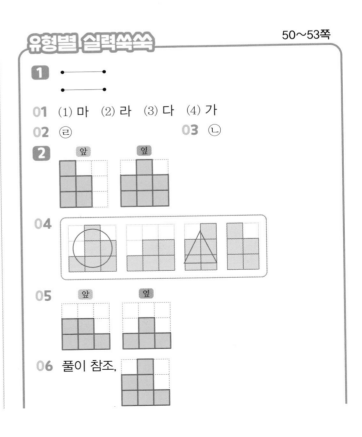

주의 층별로 나누어 그릴 때 같은 자리에 쌓여 있는 쌓기나무들은 각 층의 모양에서 같은 자리에 나타내야 합니다.

(3) 각 층의 모양을 만드는 데 필요한 쌓기나무의 개수를 모두 더하면 $7+3+1=11$(개)입니다.

4 각 층의 모양을 만드는 데 필요한 쌓기나무의 개수가 1층은 4개, 2층은 2개, 3층은 1개이므로 똑같이 쌓을 때 필요한 쌓기나무는 $4+2+1=7$(개)입니다.

유형별 실력쑥쑥

50~53쪽

1 • ──── •
• ──── •

01 (1) 마 (2) 라 (3) 다 (4) 가
02 ㉣   **03** ㉡
2 앞   옆

04

05 앞   옆

06 풀이 참조,

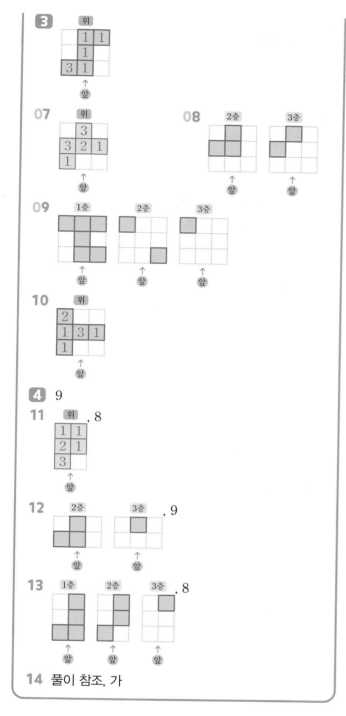

3
위
1	1
1	
3	1
↑
앞

07
위
	3	
3	2	1
1		
↑
앞

08
2층 3층
↑ ↑
앞 앞

09
1층 2층 3층
↑ ↑ ↑
앞 앞 앞

10
위
2		
1	3	1
1		
↑
앞

4 9

11 위 , 8
1	1	
2	1	
3		
↑
앞

12 2층 3층 , 9
↑ ↑
앞 앞

13 1층 2층 3층 , 8
↑ ↑ ↑
앞 앞 앞

14 풀이 참조, 가

1 손잡이가 1개인 그릇과 손잡이가 2개인 그릇을 각각 앞과 위에서 찍은 사진입니다.

01 (1) 미끄럼틀이 정면으로 보이는 방향에서 찍었습니다. ➡ 마 방향
(2) 왼쪽에 계단, 오른쪽에 미끄럼틀이 보이는 방향에서 찍었습니다. ➡ 라 방향
(3) 계단이 정면으로 보이는 방향에서 찍었습니다. ➡ 다 방향
(4) 놀이 기구의 위에서 찍었습니다. ➡ 가 방향

02 나 방향에서 보면 왼쪽에서부터 빨간색 유리병, 파란색 유리병, 초록색 유리병이 보입니다.

03 ㉠은 다 방향에서 찍은 사진, ㉢은 가 방향에서 찍은 사진, ㉣은 나 방향에서 찍은 사진입니다.
㉡은 어느 방향에서 찍어도 찍을 수 없습니다.

2 위에서 본 모양을 보면 보이지 않는 자리 ㉠에도 쌓기나무가 1개 있습니다.

앞에서 본 모양은 쌓기나무 2개가 가로로 놓여 있고, 왼쪽 쌓기나무 위에 2개, 오른쪽 쌓기나무 위에 1개가 더 쌓여 있도록 그립니다.

옆에서 본 모양은 쌓기나무 3개가 가로로 놓여 있고, 왼쪽과 오른쪽 쌓기나무 위에 1개씩, 가운데 쌓기나무 위에 2개가 더 쌓여 있도록 그립니다.

04 앞에서 본 모양은 쌓기나무 3개가 가로로 놓여 있고, 가운데 쌓기나무 위에 2개, 오른쪽 쌓기나무 위에 1개가 더 쌓여 있는 모양입니다.
옆에서 본 모양은 쌓기나무 2개가 가로로 놓여 있고, 왼쪽 쌓기나무 위에 1개, 오른쪽 쌓기나무 위에 2개가 더 쌓여 있는 모양입니다.

05 위에서 본 모양을 보면 보이지 않는 자리 ㉠에도 쌓기나무가 1개 있습니다.

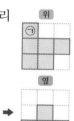

주의 옆에서 본 모양을 그릴 때 ㉠ 자리에 있는 쌓기나무도 빠뜨리지 않고 그려야 합니다.

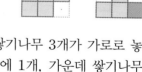

06 예 ❶ 옆에서 본 모양은 쌓기나무 3개가 가로로 놓여 있고, 왼쪽 쌓기나무 위에 1개, 가운데 쌓기나무 위에 2개가 더 쌓여 있는 모양입니다.
따라서 잘못 그린 모양은 옆에서 본 모양입니다.

❷

채점 기준
❶ 잘못 그린 모양을 찾아 이유를 쓴 경우
❷ 바르게 그린 경우

바른답·알찬풀이

3 위에서 본 모양을 그리고, 각 자리에 쌓여 있는 쌓기 나무의 개수를 씁니다.

08 각 층의 모양을 자리에 맞추어 그립니다.

10 위에서 본 모양을 그리고, 각 자리에 쌓여 있는 쌓기 나무의 개수를 씁니다.

4 위에서 본 모양을 보면 보이지 않는 자리에 쌓은 쌓기나무는 없습니다.
따라서 똑같이 쌓을 때 필요한 쌓기나무는 9개입니다.

11 각 자리에 쌓여 있는 쌓기나무의 개수를 쓰고 모두 더하면 $1+1+2+1+3=8$(개)입니다.

12 각 층의 모양을 만드는 데 필요한 쌓기나무의 개수가 1층은 5개, 2층은 3개, 3층은 1개이므로 똑같이 쌓을 때 필요한 쌓기나무는 $5+3+1=9$(개)입니다.

13 1층의 모양은 위에서 본 모양과 같습니다.
2층의 모양은 2 이상의 수가 쓰인 자리, 3층의 모양은 3 이상의 수가 쓰인 자리를 찾아 그립니다.

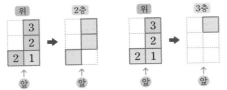

똑같이 쌓을 때 필요한 쌓기나무는 $4+3+1=8$(개)입니다.

14 **예** ❶ 똑같이 쌓을 때 필요한 쌓기나무의 개수가 가는 8개이고, 나는 7개입니다.
❷ 따라서 쌓기나무가 더 많이 필요한 것은 가입니다.
❸ 가

채점 기준
❶ 필요한 쌓기나무의 개수를 각각 구한 경우
❷ 쌓기나무가 더 많이 필요한 것을 구한 경우
❸ 답을 바르게 쓴 경우

참고 위에서 본 모양에 수를 써서 나타내고 각 자리에 쓴 수를 더하여 똑같이 쌓을 때 필요한 쌓기나무의 개수를 구할 수 있습니다.

가
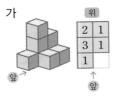
➡ $2+1+3+1+1=8$(개)

나
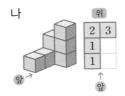
➡ $2+3+1+1=7$(개)

교과서+익힘책 개념탄탄 — 55쪽

1 (1) ㉡, ㉣   (2) (   )(◯)(   )
2 나
3 (1) (◯)(   )(   )   (2) (   )(◯)
4 (   )(   )(◯)

1 (1) 옆에서 본 모양을 보면 ㉡, ㉣ 자리에는 쌓기나무를 더 쌓지 않아도 됩니다.
(2) 앞에서 본 모양을 보면 ㉠ 자리에 2개, ㉢ 자리에 1개를 더 쌓아야 합니다.

2 위에서 본 모양과 각 자리에 쌓여 있는 쌓기나무의 개수를 확인하여 쌓은 모양을 찾습니다.

3 위에서 본 모양을 보고 1층을 예상한 후 앞에서 본 모양과 옆에서 본 모양을 확인합니다.

4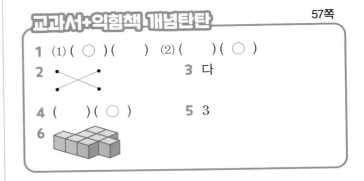

교과서+익힘책 개념탄탄 — 57쪽

1 (1) (◯)(   )   (2) (   )(◯)
2    **3** 다
4 (   )(◯)   **5** 3
6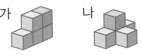

1 다음과 같이 쌓기나무 1개를 더 붙여 만들 수 있습니다.
(1)   (2)

3 다음과 같이 쌓기나무 1개를 더 붙여 만들 수 있습니다.
가   나

4 다음과 같이 합쳐 오른쪽 모양을 만들 수 있습니다.
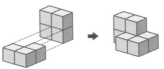

16 수학 6-2

5  ➡ 3가지

6 다음과 같이 합쳐 새로운 모양을 만들 수 있습니다.

유형별 실력쑥쑥

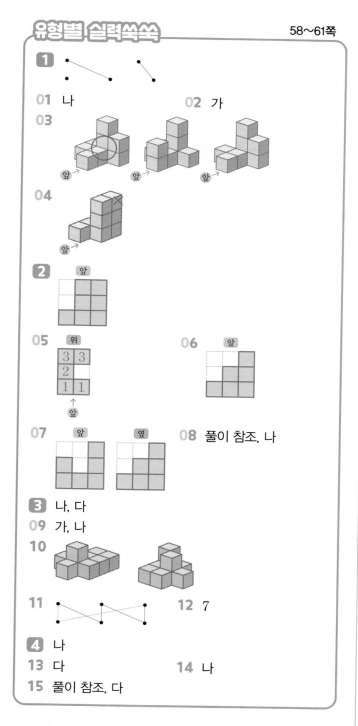

1
01 나   02 가
03
04

2
05
06
07   08 풀이 참조, 나

3 나, 다
09 가, 나
10

11   12 7

4 나
13 다   14 나
15 풀이 참조, 다

01 위에서 본 모양과 각 자리에 쌓여 있는 쌓기나무의 개수를 확인하여 쌓은 모양을 찾습니다.

02 1층의 모양이 나는 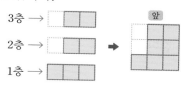이고 다는 입니다.

03 가운데 모양은 앞과 옆에서 본 모양, 오른쪽 모양은 위에서 본 모양이 주어진 모양과 다릅니다.

04 옆에서 본 모양에서 가장 오른쪽은 쌓기나무가 2개 보입니다.

2 앞에서 본 모양을 층별로 나누어 생각해 보면 1층은 모양, 2층은 모양, 3층은 모양으로 보입니다.

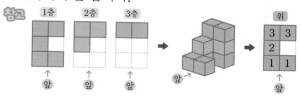

05 1층의 모양과 같게 위에서 본 모양을 그립니다. 층별로 나타낸 그림에서 각 자리가 몇 층까지 있는지 확인하여 수를 씁니다.

참고

06 앞에서 본 모양을 층별로 나누어 생각해 보면 1층은 모양, 2층은 모양, 3층은 모양으로 보입니다.

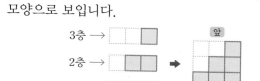

08 예 ❶ 앞에서 본 모양은 다음과 같습니다.

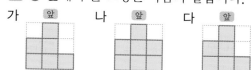

가 앞   나 앞   다 앞

❷ 앞에서 본 모양이 다른 것은 나입니다.
❸ 나

채점 기준
❶ 앞에서 본 모양을 각각 나타낸 경우
❷ 앞에서 본 모양이 다른 하나를 찾은 경우
❸ 답을 바르게 쓴 경우

3 다음과 같이 나와 다를 합쳐 만들 수 있습니다.

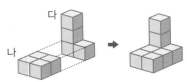

09 다음과 같이 합쳐 가와 나를 만들 수 있습니다.

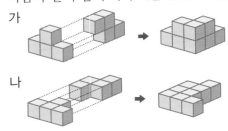

11 다음과 같이 합쳐 만들 수 있습니다.

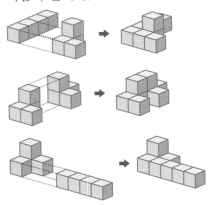

12 다음과 같이 7가지 모양을 만들 수 있습니다.

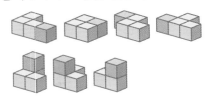

4 가는 1층의 쌓기나무가 5개입니다.
다를 쌓기나무 8개로 쌓았으면 1층에는 쌓기나무가 5개 있습니다.

13 가: 쌓기나무 8개로 쌓았고 1층에 쌓기나무가 6개입니다.
나: 쌓기나무 8개로 쌓았고 1층에 쌓기나무가 5개입니다.
다: 쌓기나무 10개로 쌓았고 1층에 쌓기나무가 6개입니다.

14 쌓기나무 8개로 쌓은 가와 나 중에서 2층에 쌓기나무가 2개인 것은 나입니다.

15 예 ❶ 쌓기나무 1개를 더 붙여서 만들 수 있는 모양은 가와 다입니다.

❷ 옆에서 보면 가는 모양으로 보이고 다는

모양으로 보입니다.

❸ 따라서 조건에 맞게 쌓은 모양은 다입니다.

❹ 다

채점 기준
❶ 쌓기나무 1개를 더 붙인 모양을 찾은 경우
❷ 옆에서 본 모양을 알아본 경우
❸ 조건에 맞게 쌓은 모양을 찾은 경우
❹ 답을 바르게 쓴 경우

참고 나는 주어진 모양에 쌓기나무 2개를 더 붙여서 만든 모양입니다.

응용 + 수학역량 UP UP　　　62~65쪽

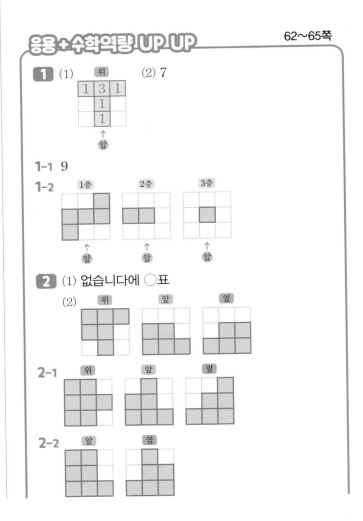

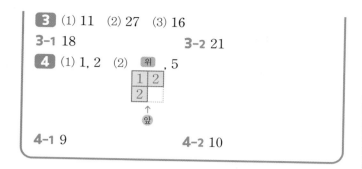

3 (1) 11　(2) 27　(3) 16

3-1 18　　　　　　　**3-2** 21

4 (1) 1, 2　(2) , 5

4-1 9　　　　　　　**4-2** 10

---

1 (1) 위에서 본 모양을 보고 1층을 떠올리고 앞과 옆에서 본 모양을 보고 쌓기나무를 더 쌓지 않아도 되는 자리와 더 쌓아야 하는 자리를 생각해 봅니다.

(2) 똑같이 쌓을 때 필요한 쌓기나무는
$1+3+1+1+1=7$(개)입니다.

1-1 위에서 본 모양의 각 자리에 쌓여 있는 쌓기나무의 개수를 쓰고 모두 더하면
$2+1+2+3+1=9$(개)입니다.
따라서 똑같이 쌓을 때 필요한 쌓기나무는 9개입니다.

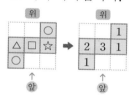

1-2 • 위, 앞, 옆에서 본 모양을 보고 위에서 본 모양에 수를 써서 나타냅니다.

옆에서 본 모양을 보면 ○에는 1개씩 쌓아야 하고, 앞에서 본 모양을 보면 △에는 2개, □에는 3개, ☆에는 1개를 쌓아야 합니다.

• 위에서 본 모양에 수를 써서 나타낸 것을 보고 층별로 나누어 그립니다.
1층의 모양은 위에서 본 모양과 같습니다. 2층의 모양은 2 이상의 수가 쓰인 자리, 3층의 모양은 3 이상의 수가 쓰인 자리를 찾아 그립니다.

2-1 쌓기나무 10개로 쌓은 모양이므로 보이지 않는 자리에 쌓기나무가 1개 있습니다.

2-2 쌓기나무 11개로 쌓은 모양이므로 보이지 않는 자리 ㉠에 쌓기나무가 2개 있습니다.

주의 옆에서 본 모양을 그릴 때 ㉠ 자리에 있는 쌓기나무도 빠뜨리지 않고 그려야 합니다.

---

3 (1) 똑같이 쌓을 때 필요한 쌓기나무는
$3+2+3+2+1=11$(개)입니다.

(2) 더 쌓아 만들 수 있는 가장 작은 정육면체는 한 모서리에 쌓기나무가 3개씩 있는 모양이므로 쌓기나무가 $3×3×3=27$(개)입니다.

(3) 더 필요한 쌓기나무는 $27-11=16$(개)입니다.

3-1 주어진 모양과 똑같이 쌓을 때 필요한 쌓기나무는 $3+1+2+1+1+1=9$(개)입니다.
더 쌓아 만들 수 있는 가장 작은 정육면체는 한 모서리에 쌓기나무가 3개씩 있는 모양이므로 쌓기나무가 $3×3×3=27$(개)입니다.
따라서 더 필요한 쌓기나무는 $27-9=18$(개)입니다.

3-2 주어진 모양과 똑같이 쌓을 때 필요한 쌓기나무는 $3+1+2=6$(개)입니다.
더 쌓아 만들 수 있는 가장 작은 정육면체는 한 모서리에 쌓기나무가 3개씩 있는 모양이므로 쌓기나무가 $3×3×3=27$(개)입니다.
따라서 더 필요한 쌓기나무는 $27-6=21$(개)입니다.

4 (2) 앞에서 본 모양을 보면 ㉡ 자리에는 2개 쌓아야 하고, 옆에서 본 모양을 보면 ㉢ 자리에는 2개 쌓아야 합니다.
㉠ 자리에는 1개 또는 2개를 쌓을 수 있으므로 가장 적게 사용한 경우에는 1개만 쌓습니다.
➡ $1+2+2=5$(개)

4-1 옆에서 본 모양을 보면 △에는 1개씩, ○에는 3개를 쌓아야 하고, 앞에서 본 모양을 보면 □에는 2개를 쌓아야 합니다.
㉠에는 1개 또는 2개를 쌓을 수 있으므로 쌓기나무를 가장 적게 사용하여 쌓았을 때 사용한 쌓기나무는 $1+1+1+2+1+3=9$(개)입니다.

4-2 앞에서 본 모양을 보면 ○에는 2개씩 쌓아야 하고, 옆에서 본 모양을 보면 △에는 3개, □에는 1개를 쌓아야 합니다.
㉠에는 1개 또는 2개를 쌓을 수 있으므로 쌓기나무를 가장 많이 사용하여 쌓았을 때 사용한 쌓기나무는 $3+2+2+2+1=10$(개)입니다.

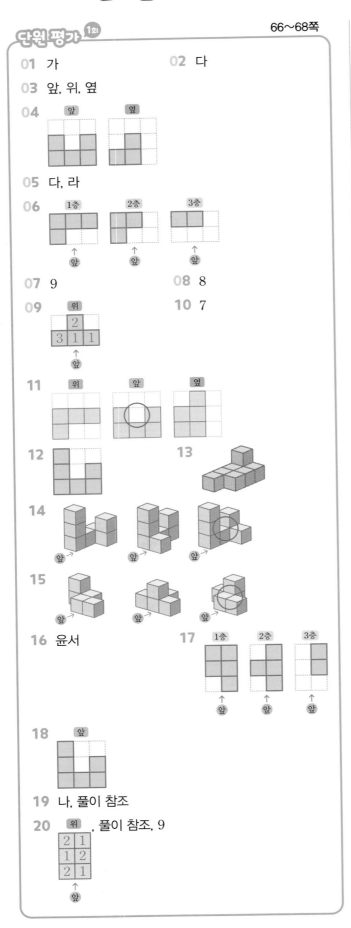

01 가

02 다

03 앞, 위, 옆

04 [앞] [옆]

05 다, 라

06 [1층] [2층] [3층]
   ↑앞   ↑앞   ↑앞

07 9

08 8

09 [위]
   2
   3 1 1
   ↑앞

10 7

11 [위] [앞] [옆]

12 13

14

15

16 윤서

17 [1층] [2층] [3층]
   ↑앞   ↑앞   ↑앞

18 [앞]

19 나, 풀이 참조

20 [위], 풀이 참조, 9
   2 1
   1 2
   2 1
   ↑앞

01 케이크를 위에서 본 방향은 가 방향입니다.

02 인형의 얼굴 옆면이 보이는 방향은 다 방향입니다.

04 위에서 본 모양을 보면 보이지 않는 자리에 쌓은 쌓기나무는 없습니다.

05 다와 라는 돌리면 서로 모양이 같습니다.

06 각 층의 모양을 자리에 맞추어 그립니다.

07 각 층의 모양을 만드는 데 필요한 쌓기나무의 개수가 1층은 4개, 2층은 3개, 3층은 2개입니다.
따라서 똑같이 쌓을 때 필요한 쌓기나무는
4＋3＋2＝9(개)입니다.

08 보이지 않는 자리에 쌓기나무가 있을 공간이 없습니다.
따라서 똑같이 쌓을 때 필요한 쌓기나무는 8개입니다.

09 위에서 본 모양을 그리고, 각 자리에 쌓여 있는 쌓기나무의 개수를 씁니다.

10 각 자리에 쌓여 있는 쌓기나무의 개수를 모두 더하여 똑같이 쌓을 때 필요한 쌓기나무의 개수를 구하면
2＋3＋1＋1＝7(개)입니다.

11 앞에서 보면 가장 아래에 있는 3개의 쌓기나무 중에서 가장 왼쪽에 있는 쌓기나무 위에 2개가 더 보입니다.

12 앞에서 본 모양은 쌓기나무 3개가 가로로 놓여 있고, 왼쪽 쌓기나무 위에 2개, 오른쪽 쌓기나무 위에 1개가 더 쌓여 있도록 그립니다.

13 다음과 같이 합쳐 새로운 모양을 만들 수 있습니다.

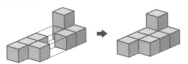

14 왼쪽 모양은 앞에서 보면 [ ] 모양으로 보이고, 가운데 모양은 위에서 보면 [ ] 모양으로 보입니다.

15 왼쪽 모양은 앞에서 보면  모양으로 보이고, 가운데 모양은 모양에 쌓기나무 1개를 더 붙여서 만든 모양이 아닙니다.

16 보이지 않는 자리 ㉠에 쌓기나무를 1개 또는 2개 쌓을 수 있으므로 똑같이 쌓을 때 필요한 쌓기나무는 11개 또는 12개입니다.

17 1층의 모양은 위에서 본 모양과 같습니다. 2층의 모양은 2 이상의 수가 쓰인 자리, 3층의 모양은 3 이상의 수가 쓰인 자리를 찾아 그립니다.

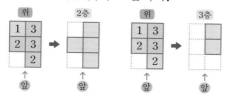

18 앞에서 본 모양을 층별로 나누어 생각해 보면 1층은 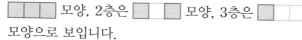 모양, 2층은 ▢ ▢ 모양, 3층은 ▢ 모양으로 보입니다.

19 ❶ 나

예 ❷ 나 방향에서 보면 왼쪽에서부터 사과, 감, 배가 보입니다.

채점 기준	배점
❶ 답을 바르게 쓴 경우	3점
❷ 이유를 바르게 쓴 경우	2점

20 ❶

예 ❷ 각 자리에 쌓여 있는 쌓기나무의 개수를 모두 더하면 $2+1+1+2+2+1=9$(개)이므로 똑같이 쌓을 때 필요한 쌓기나무는 9개입니다.
❸ 9

채점 기준	배점
❶ 위에서 본 모양에 수를 써서 나타낸 경우	2점
❷ 필요한 쌓기나무의 개수를 구한 경우	1점
❸ 답을 바르게 쓴 경우	2점

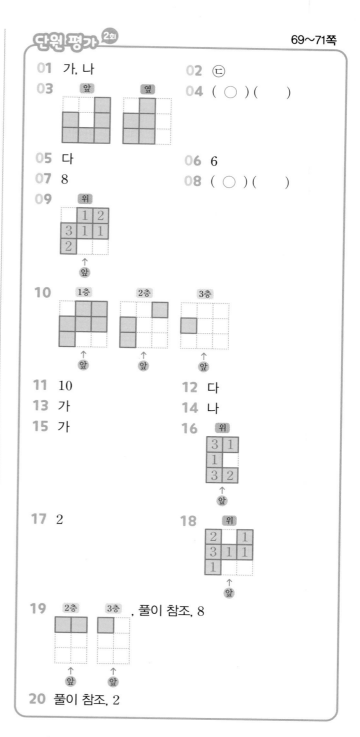

01 가, 나
02 ㉢
03
04 (○) ( )
05 다
06 6
07 8
08 (○) ( )
09
10
11 10
12 다
13 가
14 나
15 가
16
17 2
18
19 , 풀이 참조, 8
20 풀이 참조, 2

01 각 방향에서 봤을 때 우유갑, 콜라병, 주스병이 어떻게 보일지 생각해 봅니다.

03 위에서 본 모양을 보면 보이지 않는 자리에 쌓은 쌓기나무는 없습니다.

04 다음과 같이 합쳐 만들 수 있습니다.

바른답·알찬풀이

05 가와 나는 보이지 않는 자리에 쌓은 쌓기나무가 있는지 없는지 확인할 수 없으므로 쌓기나무의 개수를 정확히 알 수 없습니다.

06 보이지 않는 자리에 쌓기나무가 없으므로 주어진 모양과 똑같이 쌓을 때 필요한 쌓기나무는 6개입니다.

07 위에서 본 모양을 보면 보이지 않는 자리에 쌓은 쌓기나무는 없습니다. 따라서 똑같이 쌓을 때 필요한 쌓기나무는 8개입니다.

08 쌓기나무 6개로 쌓은 모양이므로 보이지 않는 자리에 쌓은 쌓기나무는 없습니다.

09 위에서 본 모양을 그리고, 각 자리에 쌓여 있는 쌓기나무의 개수를 씁니다.

10 각 층의 모양을 자리에 맞추어 그립니다. 이때 1층의 모양은 위에서 본 모양과 같습니다.

11 위에서 본 모양에 수를 써서 나타낸 그림을 보고 각 자리의 쌓기나무의 개수를 모두 더하면
$1+2+3+1+1+2=10$(개)입니다.
다른 풀이 각 층의 모양을 만드는 데 필요한 쌓기나무의 개수를 모두 더하면 $6+3+1=10$(개)입니다.

12 위에서 본 모양과 각 자리에 쌓여 있는 쌓기나무의 개수를 확인하여 쌓은 모양을 찾습니다.

13 층별로 나타낸 그림을 보고 쌓은 모양은 다음과 같습니다.

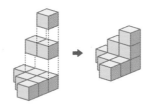

참고 나와 다는 층별로 나누어 그리면 다음과 같습니다.

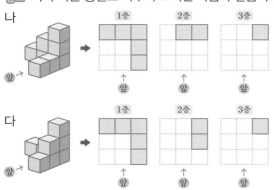

14 가는 위에서 보면 모양으로 보이고, 다는 앞에서 보면 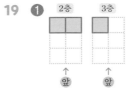 모양, 옆에서 보면 모양으로 보입니다.

15 나는 쌓기나무의 개수가 7개보다 많고, 다는 1층에 쌓기나무가 5개 있습니다.

16 위에서 본 모양은 1층의 모양과 같습니다.

17 3 이상의 수가 쓰인 칸은 3층에 쌓기나무가 있습니다. 3 이상의 수가 쓰인 칸은 2개이므로 3층에 있는 쌓기나무는 2개입니다.

18 앞에서 본 모양을 보면 ○에는 1개씩 쌓아야 하고, 옆에서 본 모양을 보면 △에는 2개, □에는 3개, ☆에는 1개를 쌓아야 합니다.

19 ❶

위 2층 3층

예 ❷ 각 층의 모양을 만드는 데 필요한 쌓기나무의 개수를 모두 더하면 $5+2+1=8$(개)입니다.
❸ 8

채점 기준	배점
❶ 층별로 나누어 그린 경우	2점
❷ 필요한 쌓기나무의 개수를 구한 경우	1점
❸ 답을 바르게 쓴 경우	2점

20 **예** ❶ 쌓기나무 1개를 더 붙여서 만들 수 있는 모양은

, 입니다.

❷ 따라서 만들 수 있는 모양은 2가지입니다.
❸ 2

채점 기준	배점
❶ 만들 수 있는 모양을 모두 찾은 경우	2점
❷ 만들 수 있는 모양이 몇 가지인지 구한 경우	1점
❸ 답을 바르게 쓴 경우	2점

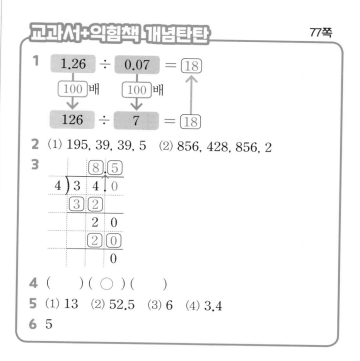

교과서+익힘책 개념탄탄 75쪽

1

$$2.4 \div 0.4 = 6$$

10배   10배

$$24 \div 4 = 6$$

2 (1) 51, 17, 17, 3   (2) 126, 3, 126, 42

3
```
      3.5
  8)2 8.0
    2 4
      4 0
      4 0
        0
```

4 (1) 23, 4   (2) 105, 7

5 (1) 6   (2) 4.5   (3) 11   (4) 2.5

6 1.5, 36

---

1 2.4와 0.4에 똑같이 10배 합니다.
24÷4=6이고 2.4÷0.4의 몫은 24÷4의 몫과 같으므로 6입니다.

2 소수를 분모가 10인 분수로 나타내어 분수의 나눗셈으로 계산합니다.

3 나누는 수와 나누어지는 수의 소수점을 똑같이 한 자리씩 오른쪽으로 옮겨서 자연수의 나눗셈을 이용하여 계산합니다. 몫이 자연수로 나누어떨어지지 않으면 0을 내려 계산하고, 옮긴 소수점의 위치에 맞추어 몫의 소수점을 찍습니다.

4 나누는 수와 나누어지는 수에 똑같이 10배 하여 자연수의 나눗셈을 이용하여 계산합니다.

5
(1)
```
       6
 0.7)4.2
     4 2
       0
```
(2)
```
      4.5
 0.4)1.8
     1 6
       2 0
       2 0
         0
```
(3)
```
      1 1
 3.2)3 5.2
     3 2
       3 2
       3 2
         0
```
(4)
```
      2.5
 0.6)1.5
     1 2
       3 0
       3 0
         0
```

6
```
      1.5
 1.4)2.1
     1 4
       7 0
       7 0
         0
```
```
      3 6
 1.4)5 0.4
     4 2
       8 4
       8 4
         0
```

교과서+익힘책 개념탄탄 77쪽

1

$$1.26 \div 0.07 = 18$$

100배   100배

$$126 \div 7 = 18$$

2 (1) 195, 39, 39, 5   (2) 856, 428, 856, 2

3
```
      8.5
  4)3 4.0
    3 2
      2 0
      2 0
        0
```

4 (   ) (○) (   )

5 (1) 13   (2) 52.5   (3) 6   (4) 3.4

6 5

---

1 1.26과 0.07에 똑같이 100배 합니다.
126÷7=18이고 1.26÷0.07의 몫은 126÷7의 몫과 같으므로 18입니다.

2 소수를 분모가 100인 분수로 나타내어 분수의 나눗셈으로 계산합니다.

3 나누는 수와 나누어지는 수의 소수점을 똑같이 두 자리씩 오른쪽으로 옮겨서 자연수의 나눗셈을 이용하여 계산합니다. 몫이 자연수로 나누어떨어지지 않으면 0을 내려 계산하고, 옮긴 소수점의 위치에 맞추어 몫의 소수점을 찍습니다.

4
```
        8
 0.54)4.32
      4 3 2
          0
```

5
(1)
$$0.31\overline{)4.03} = 13$$
$$3\,1$$
$$\overline{\quad9\,3}$$
$$9\,3$$
$$\overline{\quad\quad0}$$

(2)
$$0.02\overline{)1.05} = 52.5$$
$$1\,0$$
$$\overline{\quad\;5}$$
$$4$$
$$\overline{\quad1\,0}$$
$$1\,0$$
$$\overline{\quad\;0}$$

(3)
$$0.27\overline{)1.62} = 6$$
$$1\,6\,2$$
$$\overline{\quad\;0}$$

(4)
$$0.25\overline{)0.85} = 3.4$$
$$7\,5$$
$$\overline{\quad1\,0\,0}$$
$$1\,0\,0$$
$$\overline{\quad\;0}$$

6 $0.95 > 0.19$ ➡
$$0.19\overline{)0.95} = 5$$
$$9\,5$$
$$\overline{\quad0}$$

2 나누는 수와 나누어지는 수의 소수점을 똑같이 오른쪽으로 옮겨서 계산합니다.

3
(1)
$$0.04\overline{)7.20} = 180$$
$$4$$
$$\overline{\;3\,2}$$
$$3\,2$$
$$\overline{\quad0}$$

(2)
$$1.8\overline{)3.06} = 1.7$$
$$1\,8$$
$$\overline{\;1\,2\,6}$$
$$1\,2\,6$$
$$\overline{\quad0}$$

(3)
$$0.19\overline{)7.60} = 40$$
$$7\,6$$
$$\overline{\quad0}$$

(4)
$$0.9\overline{)6.84} = 7.6$$
$$6\,3$$
$$\overline{\;5\,4}$$
$$5\,4$$
$$\overline{\quad0}$$

4
$$1.3\overline{)3.64} = 2.8$$
$$2\,6$$
$$\overline{\;1\,0\,4}$$
$$1\,0\,4$$
$$\overline{\quad0}$$

5
$$0.32\overline{)6.40} = 20$$
$$6\,4$$
$$\overline{\quad0}$$

$$0.19\overline{)5.70} = 30$$
$$5\,7$$
$$\overline{\quad0}$$

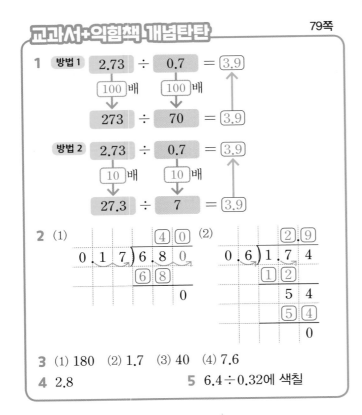

교과서+익힘책 개념탄탄　　79쪽

1 방법 1
$$2.73 \div 0.7 = 3.9$$
$$↓ 100배 \quad ↓ 100배$$
$$273 \div 70 = 3.9$$

방법 2
$$2.73 \div 0.7 = 3.9$$
$$↓ 10배 \quad ↓ 10배$$
$$27.3 \div 7 = 3.9$$

2
(1)
$$0.17\overline{)6.80} = 40$$
$$\boxed{6}\,\boxed{8}$$
$$\overline{\quad0}$$

(2)
$$0.6\overline{)1.74} = 2.9$$
$$\boxed{1}\,\boxed{2}$$
$$\overline{\;5\,4}$$
$$\boxed{5}\,\boxed{4}$$
$$\overline{\quad0}$$

3 (1) 180　(2) 1.7　(3) 40　(4) 7.6

4 2.8　　　　　　**5** 6.4÷0.32에 색칠

1 나누는 수와 나누어지는 수에 똑같이 100배 또는 10배 해도 몫은 같으므로 2.73÷0.7은 273÷70 또는 27.3÷7을 이용하여 계산할 수 있습니다.

유형별 실력쑥쑥　　80~83쪽

1　19 / (○)(○)( )

01 (1) $22.8 \div 0.6 = \dfrac{228}{10} \div \dfrac{6}{10} = 228 \div 6 = 38$

(2) $3.63 \div 1.21 = \dfrac{363}{100} \div \dfrac{121}{100} = 363 \div 121 = 3$

02 (위에서부터) 7, 8.4, 4, 4.8

03 >　　　　　　**04** 유미

2　8.4, 30

05　(선 잇기)　　　　**06**　30

07 ( )(○)( )

08 풀이 참조, ㉢

3　29.1÷4.85=6 / 6

09 1.26÷0.84=1.5 / 1.5

10 1.7　　　　　　**11** 4

12 현지, 3

4 예

$$0.8\,\overline{)\,9.2}$$ 몫 $1.1\,5$

```
0.8 ) 9 . 2
      8
      1 2
        8
        4 0
        4 0
          0
```

,

```
0.8 ) 9 . 2   몫 11.5
      8
      1 2
        8
        4 0
        4 0
          0
```

13 지희

14 ㉡

15 $7.8 \div 0.13 = 60$에 ◯표

16 세준, 풀이 참조

---

1 $8.93 \div 0.47 = 19$

8.93과 0.47에 똑같이 100배 한 $893 \div 47$, 똑같이 10배 한 $89.3 \div 4.7$은 $8.93 \div 0.47$과 몫이 19로 같습니다.

01 보기와 같이 소수를 분수로 나타내어 분수의 나눗셈으로 계산합니다.

02 $1.68 \div 0.24 = 7$, $0.42 \div 0.05 = 8.4$
$1.68 \div 0.42 = 4$, $0.24 \div 0.05 = 4.8$

03 $10.2 \div 1.2 = 8.5$, $1.04 \div 0.16 = 6.5$
➡ $8.5 > 6.5$

04 명호: $14.4 \div 3.6 = 4$ ➡ $4 - 3 = 1$
민경: $0.45 \div 0.18 = 2.5$ ➡ $3 - 2.5 = 0.5$
유미: $8.5 \div 2.5 = 3.4$ ➡ $3.4 - 3 = 0.4$
따라서 몫이 3에 가장 가까운 나눗셈을 말한 친구는 유미입니다.

2 $3.36 \div 0.4 = 8.4$
$8.4 \div 0.28 = 30$

05 $3.01 \div 0.7 = 4.3$
$7.8 \div 0.39 = 20$
$6.24 \div 1.6 = 3.9$

06 $28.2 > 2.9 > 0.94$
➡ $28.2 \div 0.94 = 30$

07 $2.25 \div 0.9 = 2.5$
$3.5 \div 0.14 = 25$
$8.25 \div 3.3 = 2.5$
따라서 몫이 다른 하나는 $3.5 \div 0.14$입니다.

08 예 ❶ ㉠ $2.07 \div 0.3 = 6.9$ ㉡ $7.4 \div 0.37 = 20$
㉢ $8.93 \div 1.9 = 4.7$
❷ 따라서 $4.7 < 6.9 < 20$이므로 몫이 가장 작은 것은 ㉢입니다.
❸ ㉢

채점 기준
❶ ㉠, ㉡, ㉢의 몫을 각각 구한 경우
❷ 몫이 가장 작은 것을 찾은 경우
❸ 답을 바르게 쓴 경우

3 (전체 효모균량)
÷(식빵 1개를 만드는 데 필요한 효모균량)
$= 29.1 \div 4.85 = 6$(개)

09 (어제 마신 물의 양)÷(오늘 마신 물의 양)
$= 1.26 \div 0.84 = 1.5$(배)

10 (사과의 무게)÷(복숭아의 무게)
$= 0.34 \div 0.2 = 1.7$(배)

11 (직육면체의 부피)=(가로)×(세로)×(높이)이므로
$3.18 \times 1 \times \square = 12.72$입니다.
따라서 $\square = 12.72 \div 3.18 = 4$입니다.

12 현지는 $12.6 \div 0.6 = 21$(조각),
경태는 $12.6 \div 0.7 = 18$(조각)으로 잘랐습니다.
따라서 현지가 자른 철사가 $21 - 18 = 3$(조각) 더 많습니다.

4 소수점을 옮겨서 계산하고, 옮긴 소수점의 위치에 맞추어 몫의 소수점을 찍어야 합니다.

13 지희: $1.28 \div 0.08 = \dfrac{128}{100} \div \dfrac{8}{100} = 128 \div 8 = 16$

14 ㉡ $4.8 \div 0.06 = 80$

15 $0.56 \div 0.16 = 3.5$

16 ❶ 세준
예 ❷ 나누는 수와 나누어지는 수에 같은 수를 곱해야 몫이 같으므로 $19.08 \div 5.3$의 몫은 $190.8 \div 53$, $1908 \div 530$의 몫과 같습니다.

채점 기준
❶ 잘못 말한 친구의 이름을 쓴 경우
❷ 이유를 바르게 쓴 경우

1
$$7 \div 0.5 = \boxed{14}$$
$$\downarrow \boxed{10}\text{배} \quad \downarrow \boxed{10}\text{배} \quad \uparrow$$
$$70 \div 5 = \boxed{14}$$

2
```
              8
    0.2 5)2.0 0
          2 0 0
              0
```

3 (1) 65 (2) 4 (3) 1.6 (4) 50

4 (○) (   )

5

6 (1) 4, 40, 400 (2) 62, 620, 6200

6 (1) 나누어지는 수가 같을 때 나누는 수가 $\frac{1}{10}$배,

$\frac{1}{100}$배가 되면 몫은 10배, 100배가 됩니다.

(2) 나누는 수가 같을 때 나누어지는 수가 10배, 100배
가 되면 몫도 10배, 100배가 됩니다.

1 1

2 3.285⋯ (1) 3 (2) 3.3 (3) 3.29

3 (1) 0.68⋯ / 0.7 (2) 4.33⋯ / 4.3

4 (   ) (   ) (○) **5** 3, 3.077

1 7과 0.5에 똑같이 10배 합니다.
70÷5=14이고 7÷0.5의 몫은 70÷5의 몫과 같
으므로 14입니다.

2 나누는 수가 자연수가 되도록 나누는 수와 나누어지
는 수에 똑같이 100배 하여 계산합니다.

3 (1)
```
         6 5
    0.6)3 9.0
        3 6
          3 0
          3 0
             0
```
(2)
```
            4
    1.75)7.0 0
         7 0 0
             0
```
(3)
```
          1.6
    2.5)4.0
        2 5
        1 5 0
        1 5 0
            0
```
(4)
```
            5 0
    0.24)1 2.0 0
         1 2 0
             0
```

4 10과 1.25에 똑같이 100배 한 1000÷125는
10÷1.25와 몫이 같습니다.

5
```
         1 2
    3.5)4 2.0
        3 5
          7 0
          7 0
             0
```
```
          5 0
    0.16)8.0 0
         8 0
           0
```
```
         2.5
    0.4)1.0
        8
        2 0
        2 0
           0
```

2
```
          3.2 8 5
    0.7)2.3
        2 1
          2 0
          1 4
            6 0
            5 6
              4 0
              3 5
                5
```

(1) 몫의 소수 첫째 자리 숫자가 2이므로 몫을 반올
림하여 일의 자리까지 나타내면 3입니다.

(2) 몫의 소수 둘째 자리 숫자가 8이므로 몫을 반올림
하여 소수 첫째 자리까지 나타내면 3.3입니다.

(3) 몫의 소수 셋째 자리 숫자가 5이므로 몫을 반올림
하여 소수 둘째 자리까지 나타내면 3.29입니다.

3 (1)
```
        0.6 8
    6)4.1
      3 6
        5 0
        4 8
          2
```
몫의 소수 둘째 자리 숫자가 8이므
로 몫을 반올림하여 소수 첫째 자리
까지 나타내면 0.7입니다.

(2)
```
        4.3 3
    3)1 3
      1 2
        1 0
          9
          1 0
           9
           1
```
몫의 소수 둘째 자리 숫자가 3이
므로 몫을 반올림하여 소수 첫째
자리까지 나타내면 4.3입니다.

4 $3.4 \div 1.2 = 2.833\cdots$
몫의 소수 셋째 자리 숫자가 3이므로 몫을 반올림하여 소수 둘째 자리까지 나타내면 2.83입니다.

5 $4 \div 1.3 = 3.0769\cdots$
몫의 소수 첫째 자리 숫자가 0이므로 몫을 반올림하여 일의 자리까지 나타내면 3입니다.
몫의 소수 넷째 자리 숫자가 9이므로 몫을 반올림하여 소수 셋째 자리까지 나타내면 3.077입니다.

유형별 실력쑥쑥　88~91쪽

1 진호
01 $<$
02 예

$$0.6\overline{)2\,1}\,\,\begin{array}{r}3.5\\\hline\end{array}\quad,\quad 0.6\overline{)2\,1}\,\,\begin{array}{r}3\,5\\\hline\end{array}$$

$$\begin{array}{r}1\,8\\\hline 3\,0\\3\,0\\\hline 0\end{array}\qquad\qquad\begin{array}{r}1\,8\\\hline 3\,0\\3\,0\\\hline 0\end{array}$$

03 3, 2, 1　　**04** 1, 2, 3
2 $35 \div 2.5 = 14$ / 14
05 $6000 \div 0.4 = 15000$ / 15000
06 7.2　　**07** 40
08 풀이 참조, 달콤
3 ㉡, ㉢, ㉠
09 2, 2.308　　**10** 혜린
11 풀이 참조, 0.04　　**12** ㉡
4 $60 \div 38 = 1.57\cdots$ / 1.6
13 $2.9 \div 6 = 0.483\cdots$ / 0.48
14 2　　**15** 0.8
16 6.67

1 경민: $6 \div 0.25 = 24$
혜윤: $20 \div 0.8 = 25$
진호: $48 \div 3.2 = 15$
따라서 몫이 15인 나눗셈을 들고 있는 친구는 진호입니다.

01 $18 \div 1.2 = 15$, $28 \div 1.12 = 25$
➡ $15 < 25$

02 0.6은 1보다 작으므로 0.6으로 나누면 몫은 나누어지는 수인 21보다 커야 합니다.

03

$$0.8\overline{)2.0}\,\,\begin{array}{r}2.5\\\hline\end{array}\quad 3.25\overline{)13.00}\,\,\begin{array}{r}4\\\hline\end{array}\quad 2.5\overline{)20.0}\,\,\begin{array}{r}8\\\hline\end{array}$$

$$\begin{array}{r}1\,6\\\hline 4\,0\\4\,0\\\hline 0\end{array}\qquad\begin{array}{r}1\,3\,0\,0\\\hline 0\end{array}\qquad\begin{array}{r}2\,0\,0\\\hline 0\end{array}$$

➡ $8 > 4 > 2.5$

04 $18 \div 4.5 = 4$
따라서 $4 > \square$이므로 $\square$ 안에 들어갈 수 있는 자연수는 1, 2, 3입니다.

2 (전체 색 테이프의 길이)$\div$(자르는 길이)
$= 35 \div 2.5 = 14$(명)

05 (사탕의 가격)$\div$(사탕의 무게)
$= 6000 \div 0.4 = 15000$(원)

06 (직사각형의 넓이)$=$(가로)$\times$(세로)이므로
(세로)$=$(직사각형의 넓이)$\div$(가로)입니다.
따라서 (세로)$= 45 \div 6.25 = 7.2$ (cm)입니다.

07 (전체 고구마양)$= 17 \times 2 = 34$ (kg)
➡ (담을 수 있는 봉지 수)$= 34 \div 0.85 = 40$(봉지)

08 예 ❶ 달콤 가게에서 파는 오렌지주스 1 L의 가격은 $4500 \div 0.6 = 7500$(원)이고, 새콤 가게에서 파는 오렌지주스 1 L의 가격은 $11200 \div 1.4 = 8000$(원)입니다.
❷ 따라서 같은 양의 오렌지주스를 산다면 달콤 가게가 더 저렴합니다.
❸ 달콤

채점 기준
❶ 두 가게에서 파는 오렌지주스 1 L의 가격을 각각 구한 경우
❷ 어느 가게가 더 저렴한지 구한 경우
❸ 답을 바르게 쓴 경우

3 ㉠ $35.2 \div 9 = 3.9\cdots$ ➡ 4
㉡ $30 \div 7 = 4.28\cdots$ ➡ 4.3
㉢ $5.9 \div 1.4 = 4.214\cdots$ ➡ 4.21
따라서 몫을 반올림하여 나타낸 수가 큰 것부터 차례로 기호를 쓰면 ㉡, ㉢, ㉠입니다.

09 $6 \div 2.6 = 2.3076\cdots$

몫을 반올림하여 일의 자리까지 나타내면 2이고, 몫을 반올림하여 소수 셋째 자리까지 나타내면 2.308입니다.

10 혜린: $2.2 \div 3 = 0.73\cdots \Rightarrow 0.7$
명수: $6 \div 1.4 = 4.285\cdots \Rightarrow 4.29$

11 예 ❶ $4 \div 11 = 0.363\cdots$이므로 몫을 반올림하여 소수 첫째 자리까지 나타내면 0.4이고, 몫을 반올림하여 소수 둘째 자리까지 나타내면 0.36입니다.
❷ 따라서 진호와 솔지가 말하는 수의 차는
$0.4 - 0.36 = 0.04$입니다.
❸ 0.04

채점 기준
❶ 진호와 솔지가 말하는 수를 각각 구한 경우
❷ 진호와 솔지가 말하는 수의 차를 구한 경우
❸ 답을 바르게 쓴 경우

12 ㉠ $5.8 \div 2.3 = 2.5\cdots \Rightarrow 3$
㉡ $4 \div 1.7 = 2.3\cdots \Rightarrow 2$
㉢ $10 \div 3 = 3.3\cdots \Rightarrow 3$
따라서 몫을 반올림하여 일의 자리까지 나타낸 수가 다른 것은 ㉡입니다.

4 (수확한 시금치의 양) ÷ (수확한 파의 양)
$= 60 \div 38 = 1.57\cdots$
몫을 반올림하여 소수 첫째 자리까지 나타내면 수확한 시금치의 양은 수확한 파의 양의 1.6배입니다.

13 (전체 우유의 양) ÷ (나누어 마실 사람 수)
$= 2.9 \div 6 = 0.483\cdots$
몫을 반올림하여 소수 둘째 자리까지 나타내면 한 명이 마실 수 있는 우유는 0.48 L입니다.

14 (집에서 병원까지의 거리)
÷ (집에서 경찰서까지의 거리)
$= 7.6 \div 4.5 = 1.6\cdots$
몫을 반올림하여 일의 자리까지 나타내면 집에서 병원까지의 거리는 집에서 경찰서까지의 거리의 2배입니다.

15 일주일은 7일입니다.
$5.8 \div 7 = 0.82\cdots$
몫을 반올림하여 소수 첫째 자리까지 나타내면 혜수네 집에서 하루에 먹은 쌀은 0.8 kg입니다.

16 1 m 80 cm = 1.8 m
(나무 막대의 무게) ÷ (나무 막대의 길이)
$= 12 \div 1.8 = 6.666\cdots$
몫을 반올림하여 소수 둘째 자리까지 나타내면 이 나무 막대 1 m의 무게는 6.67 kg입니다.

응용 + 수학역량 UP UP 　92~95쪽

1 (1) 큰에 ○표, 작은에 ○표
(2) $0.\boxed{3}) \overline{\boxed{8}\,\boxed{4}}$　(3) 280
1-1 $0.\boxed{9}) \overline{\boxed{2}.\boxed{7}}$ / 3
1-2 $\boxed{9}.\boxed{7}\boxed{6} \div \boxed{0}.\boxed{4}$ / 24.4
2 (1) $4.6 \div 0.6 = 7.666\cdots$　(2) 7　(3) 4.2　(4) 0.4
2-1 14, 2　　　　**2-2** 0.85
3 (1) $\square \times 1.7 = 17.34$　(2) 10.2　(3) 6
3-1 4　　　　**3-2** 6.5
4 (1) 2.272727
(2) 예 몫의 소수 ▨째 자리 숫자는 ▨가 홀수이면 2이고 ▨가 짝수이면 7인 규칙이 있습니다.
(3) 7
4-1 8　　　　**4-2** 12

1 (2) 몫을 가장 크게 만들려면 가장 큰 수를 가장 작은 수로 나누어야 합니다.
(3) $84 \div 0.3 = 280$

1-1 몫을 가장 작게 만들려면 가장 작은 수를 가장 큰 수로 나누어야 합니다.
$\Rightarrow 2.7 \div 0.9 = 3$

1-2 몫을 가장 크게 만들려면 가장 큰 수를 가장 작은 수로 나누어야 합니다.
$\Rightarrow 9.76 \div 0.4 = 24.4$

2 (2) $4.6 \div 0.6 = 7.666\cdots$이므로 나누어 줄 수 있는 사람은 7명입니다.
(3) 나누어 줄 수 있는 사람이 7명이므로 나누어 주는 땅콩은 $0.6 \times 7 = 4.2$ (kg)입니다.
(4) 나누어 주는 땅콩이 4.2 kg이므로 남는 땅콩은 $4.6 - 4.2 = 0.4$ (kg)입니다.

2-1 $44 \div 3 = 14.666 \cdots$이므로 묶을 수 있는 상자는 14개입니다.

상자를 묶는 데 사용하는 끈은 $3 \times 14 = 42$ (m)이므로 남는 끈은 $44 - 42 = 2$ (m)입니다.

2-2 $15.4 \div 1.25 = 12.32$이므로 나누어 담을 수 있는 병은 12개입니다.

나누어 담는 주스는 $1.25 \times 12 = 15$ (L)이므로 병에 담고 남는 주스는 $15.4 - 15 = 0.4$ (L)입니다.

따라서 주스를 남김없이 모두 담아 판매하려면 주스는 적어도 $1.25 - 0.4 = 0.85$ (L)가 더 필요합니다.

3 (1) 어떤 수를 □라 하면 잘못 계산한 식은
$\square \times 1.7 = 17.34$입니다.

(2) $\square \times 1.7 = 17.34$, $\square = 17.34 \div 1.7 = 10.2$이므로 어떤 수는 10.2입니다.

(3) $10.2 \div 1.7 = 6$

3-1 어떤 수를 □라 하면 잘못 계산한 식은
$\square \times 2.25 = 20.25$입니다.
$\square = 20.25 \div 2.25 = 9$이므로 어떤 수는 9입니다.
따라서 바르게 계산하면 $9 \div 2.25 = 4$입니다.

3-2 어떤 수를 □라 하면 잘못 계산한 식은
$7.8 \times \square = 9.36$입니다.
$\square = 9.36 \div 7.8 = 1.2$이므로 어떤 수는 1.2입니다.
따라서 바르게 계산하면 $7.8 \div 1.2 = 6.5$입니다.

4 (1) $50 \div 22 = 2.272727 \cdots$

(3) 8은 짝수이므로 몫의 소수 8째 자리 숫자는 7입니다.

4-1 $6 \div 3.3 = 1.818181 \cdots$
몫의 소수 ■째 자리 숫자는 ■가 홀수이면 8이고 ■가 짝수이면 1인 규칙이 있습니다.
따라서 11은 홀수이므로 몫의 소수 11째 자리 숫자는 8입니다.

4-2 $1.6 \div 1.5 = 1.066666 \cdots$
몫의 소수 둘째 자리부터 6이 반복되는 규칙이 있습니다.
따라서 몫의 소수 20째 자리 숫자와 35째 자리 숫자는 6이므로 합은 $6 + 6 = 12$입니다.

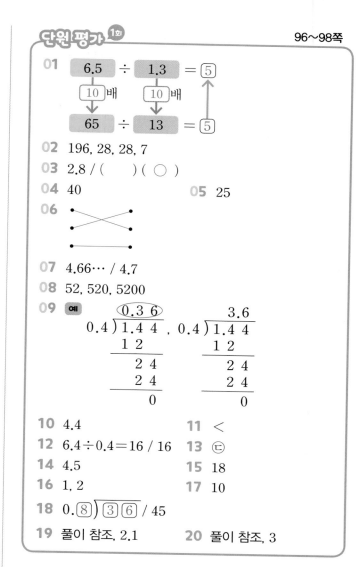

01
| 6.5 | $\div$ | 1.3 | $=$ | $\boxed{5}$ |

$\boxed{10}$배 $\boxed{10}$배

| 65 | $\div$ | 13 | $=$ | $\boxed{5}$ |

02 196, 28, 28, 7

03 2.8 / (   ) (○)

04 40   **05** 25

06

07 $4.66 \cdots$ / 4.7

08 52, 520, 5200

09 예

$$0.4) \overline{1.4\,4} \quad (0.3\,6)$$
$$1\,2$$
$$2\,4$$
$$2\,4$$
$$0$$

$$0.4) \overline{1.4\,4} \quad 3.6$$
$$1\,2$$
$$2\,4$$
$$2\,4$$
$$0$$

10 4.4   **11** $<$

12 $6.4 \div 0.4 = 16$ / 16   **13** ㉢

14 4.5   **15** 18

16 1, 2   **17** 10

18 $0.\boxed{8}) \overline{3\boxed{6}}$ / 45

19 풀이 참조, 2.1   **20** 풀이 참조, 3

01 6.5와 1.3에 똑같이 10배 합니다.
$65 \div 13 = 5$이고 $6.5 \div 1.3$의 몫은 $65 \div 13$의 몫과 같으므로 5입니다.

02 소수를 분모가 100인 분수로 나타내어 분수의 나눗셈으로 계산합니다.

03 $3.92 \div 1.4 = 2.8$
나누는 수와 나누어지는 수에 똑같이 10배 한 $39.2 \div 14$는 $3.92 \div 1.4$와 몫이 같습니다.
참고 $392 \div 14 = 28$, $39.2 \div 14 = 2.8$

04
$$0.1\,8) \overline{7.2\,0} \quad 4\,0$$
$$7\,2$$
$$0$$

05 $12 \div 0.48 = 25$

06 $36.4 \div 5.2 = 7$
$17.36 \div 2.17 = 8$
$15 \div 2.5 = 6$

07
$$0.9 \overline{)4.2} \quad 4.66$$

$$\begin{array}{r} 4.6\,6 \\ 0.9\,)\overline{4.2} \\ 3\,6 \\ \hline 6\,0 \\ 5\,4 \\ \hline 6\,0 \\ 5\,4 \\ \hline 6 \end{array}$$

몫의 소수 둘째 자리 숫자가 6이므로 몫을 반올림하여 소수 첫째 자리까지 나타내면 4.7입니다.

08 나누는 수가 같을 때 나누어지는 수가 10배, 100배가 되면 몫도 10배, 100배가 됩니다.

09 소수점을 옮겨서 계산하고, 옮긴 소수점의 위치에 맞추어 몫의 소수점을 찍어야 합니다.

10 $6.6 > 1.5$
➡ $6.6 \div 1.5 = 4.4$

11 $0.98 \div 0.28 = 3.5$, $2.59 \div 0.7 = 3.7$
➡ $3.5 < 3.7$

12 (전체 포도주스의 양)÷(한 명에게 주는 포도주스의 양)
$= 6.4 \div 0.4 = 16$(명)

13 ㉠ $19 \div 9 = 2.111\cdots$ ➡ 2.11
㉡ $11 \div 5.2 = 2.115\cdots$ ➡ 2.12
㉢ $14.9 \div 7 = 2.128\cdots$ ➡ 2.13
따라서 몫을 반올림하여 소수 둘째 자리까지 나타낸 수가 가장 큰 것은 ㉢입니다.

14 (평행사변형의 넓이)=(밑변)×(높이)이므로
(높이)=(평행사변형의 넓이)÷(밑변)입니다.
따라서 (높이)=$15.84 \div 3.52 = 4.5$ (cm)입니다.

15 (벽의 넓이)÷(칠한 시간)=$9 \div 0.5 = 18$ (m²)

16 $2.04 \div 0.68 = 3$
따라서 $3 > \square$이므로 $\square$ 안에 들어갈 수 있는 자연수는 1, 2입니다.

17 3 m 40 cm=3.4 m
$33 \div 3.4 = 9.7\cdots$이므로 몫을 반올림하여 일의 자리까지 나타내면 이 철근 1 m의 무게는 10 kg입니다.

18 몫을 가장 작게 만들려면 가장 작은 수를 가장 큰 수로 나누어야 합니다.
➡ $36 \div 0.8 = 45$

19 예 ❶ 캔 고구마의 양을 캔 감자의 양으로 나누면 되므로 $9.8 \div 4.7 = 2.08\cdots$입니다.
❷ 따라서 몫을 반올림하여 소수 첫째 자리까지 나타내면 캔 고구마의 양은 캔 감자의 양의 2.1배입니다.
❸ 2.1

채점 기준	배점
❶ $9.8 \div 4.7$을 계산한 경우	2점
❷ 캔 고구마의 양은 캔 감자의 양의 몇 배인지 반올림하여 소수 첫째 자리까지 나타낸 경우	1점
❸ 답을 바르게 쓴 경우	2점

20 예 ❶ 어떤 수를 $\square$라 하면 잘못 계산한 식은 $\square \times 1.6 = 7.68$입니다.
$\square = 7.68 \div 1.6 = 4.8$이므로 어떤 수는 4.8입니다.
❷ 따라서 바르게 계산하면 $4.8 \div 1.6 = 3$입니다.
❸ 3

채점 기준	배점
❶ 어떤 수를 구한 경우	2점
❷ 바르게 계산한 값을 구한 경우	1점
❸ 답을 바르게 쓴 경우	2점

단원평가 2회 99~101쪽

01 3.2

02 $6.3 \div 0.9 = \dfrac{63}{10} \div \dfrac{9}{10} = 63 \div 9 = 7$

03 2.5 **04** $0.9 \div 0.02$에 색칠

05 16 **06** 3, 2.636

07 3.9, 19.5 **08** ②, ④

09 슬비 **10** ㉡, ㉢, ㉠

11 $4.9 \div 0.07 = 70$ / 70 **12** 0.02

13 25 **14** 2.9

15 3.5 **16**
○

17 14 **18** 35, 0.5

19 풀이 참조, 세훈, 2 **20** 풀이 참조, 3

01 나누는 수와 나누어지는 수에 똑같이 100배 하면 몫은 같습니다.

02 보기 와 같이 소수를 분모가 10인 분수로 나타내어 분수의 나눗셈으로 계산합니다.

03

$$\begin{array}{r} 2.5 \\ 0.7\,\overline{)\,1.7\,5} \\ \underline{1\,4} \\ 3\,5 \\ \underline{3\,5} \\ 0 \end{array}$$

04 $2.7 \div 0.6 = 4.5$
$0.9 \div 0.02 = 45$
$0.84 \div 0.14 = 6$

05 $20 \div 1.25 = 16$

06 $2.9 \div 1.1 = 2.6363\cdots$
몫의 소수 첫째 자리 숫자가 6이므로 몫을 반올림하여 일의 자리까지 나타내면 3이고, 몫의 소수 넷째 자리 숫자가 3이므로 몫을 반올림하여 소수 셋째 자리까지 나타내면 2.636입니다.

07 $1.17 \div 0.3 = 3.9$, $3.9 \div 0.2 = 19.5$

08 나누는 수와 나누어지는 수에 똑같이 10배 또는 100배 해도 몫은 같으므로 $1.95 \div 0.5$의 몫은 $19.5 \div 5$, $195 \div 50$의 몫과 같습니다.

09 종오: $9.12 \div 0.38 = 24$　　슬비: $14 \div 3.5 = 4$
따라서 바르게 계산한 친구는 슬비입니다.

10 ㉠ $6.9 \div 0.23 = 30$　　㉡ $20.4 \div 0.6 = 34$
㉢ $2.48 \div 0.08 = 31$
따라서 $34 > 31 > 30$이므로 몫이 큰 것부터 차례로 기호를 쓰면 ㉡, ㉢, ㉠입니다.

11 (넣은 휘발유의 양)÷(1 km를 갈 수 있는 휘발유의 양)
$= 4.9 \div 0.07 = 70$ (km)

12 $7 \div 12 = 0.583\cdots$
몫을 반올림하여 소수 첫째 자리까지 나타낸 수는 0.6이고, 몫을 반올림하여 소수 둘째 자리까지 나타낸 수는 0.58입니다.
따라서 두 수의 차는 $0.6 - 0.58 = 0.02$입니다.

13 (음료수 한 묶음의 무게)÷(음료수 한 개의 무게)
$= 9 \div 0.36 = 25$(개)

14 $13 \div 4.5 = 2.88\cdots$
몫을 반올림하여 소수 첫째 자리까지 나타내면 색연필 길이는 크레파스 길이의 2.9배입니다.

15 $\square \times 1.8 = 6.3$ ➡ $\square = 6.3 \div 1.8 = 3.5$

16 $1.7 \div 3 = 0.5\cdots$ ➡ 1
$37 \div 0.9 = 41.11\cdots$ ➡ 41.1
$14 \div 9 = 1.555\cdots$ ➡ 1.56

17 털실은 모두 $7.2 + 9.6 = 16.8$ (m)입니다.
(전체 털실 길이)÷(한 명에게 주는 털실 길이)
$= 16.8 \div 1.2 = 14$(명)
다른 풀이 빨간색 털실은 $7.2 \div 1.2 = 6$(명), 파란색 털실은 $9.6 \div 1.2 = 8$(명)에게 나누어 줄 수 있습니다.
따라서 모두 $6 + 8 = 14$(명)에게 나누어 줄 수 있습니다.

18 $25 \div 0.7 = 35.714\cdots$이므로 담을 수 있는 소금은 35봉지입니다.
봉지에 담는 소금은 $0.7 \times 35 = 24.5$ (kg)이므로 남는 소금은 $25 - 24.5 = 0.5$ (kg)입니다.

19 예 ❶ 민서는 $1.5 \div 0.3 = 5$(일),
세훈이는 $2.45 \div 0.35 = 7$(일) 동안 우유를 마셨습니다.
❷ 따라서 세훈이가 우유를 $7 - 5 = 2$(일) 더 오래 마셨습니다.
❸ 세훈, 2

채점 기준	배점
❶ 민서와 세훈이가 각각 며칠 동안 우유를 마셨는지 구한 경우	2점
❷ 누가 우유를 며칠 더 오래 마셨는지 구한 경우	1점
❸ 답을 바르게 쓴 경우	2점

20 예 ❶ $1.8 \div 1.1 = 1.636363\cdots$이므로
몫의 소수 ■째 자리 숫자는 ■가 홀수이면 6이고 ■가 짝수이면 3인 규칙이 있습니다.
❷ 따라서 14는 짝수이므로 몫의 소수 14째 자리 숫자는 3입니다.
❸ 3

채점 기준	배점
❶ 몫의 소수점 아래 숫자의 규칙을 쓴 경우	2점
❷ 몫의 소수 14째 자리 숫자를 구한 경우	1점
❸ 답을 바르게 쓴 경우	2점

바른답·알찬풀이

교과서+익힘책 개념탄탄
107쪽

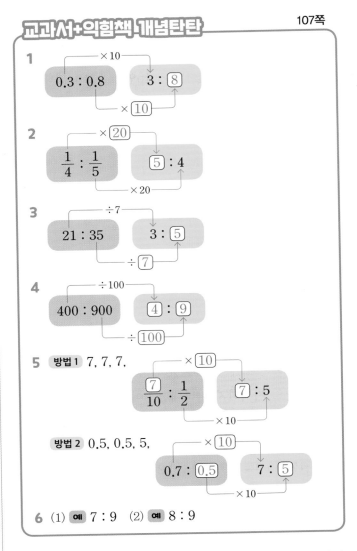

1 0.3 : 0.8 ☐×10☐ → 3 : ☐8☐

2 ☐×20☐ $\frac{1}{4}$: $\frac{1}{5}$ → ☐5☐ : 4

3 21 : 35 ☐÷7☐ → 3 : ☐5☐

4 400 : 900 ☐÷100☐ → ☐4☐ : ☐9☐

5 **방법1** 7, 7, 7, $\frac{☐7☐}{10}$: $\frac{1}{2}$ ☐×10☐ → ☐7☐ : 5

    방법2 0.5, 0.5, 5, 0.7 : ☐0.5☐ ☐×10☐ → 7 : ☐5☐

6 (1) **예** 7 : 9　(2) **예** 8 : 9

---

1 0.3 : 0.8의 전항과 후항에 10을 곱하면 3 : 8로 나타낼 수 있습니다.

2 $\frac{1}{4}$: $\frac{1}{5}$의 전항과 후항에 20을 곱하면 5 : 4로 나타낼 수 있습니다.

3 21 : 35의 전항과 후항을 7로 나누면 3 : 5로 나타낼 수 있습니다.

4 400 : 900의 전항과 후항을 100으로 나누면 4 : 9로 나타낼 수 있습니다.

6 (1) 4.2 : 5.4의 전항과 후항에 10을 곱하면 42 : 54 이고 42 : 54의 전항과 후항을 6으로 나누면 간단한 자연수의 비인 7 : 9로 나타낼 수 있습니다.

  (2) $\frac{4}{5}$: $\frac{9}{10}$의 전항과 후항에 10을 곱하면 간단한 자연수의 비인 8 : 9로 나타낼 수 있습니다.

참고 가장 간단한 자연수의 비로 나타내지 않아도 정답으로 인정합니다.

교과서+익힘책 개념탄탄
105쪽

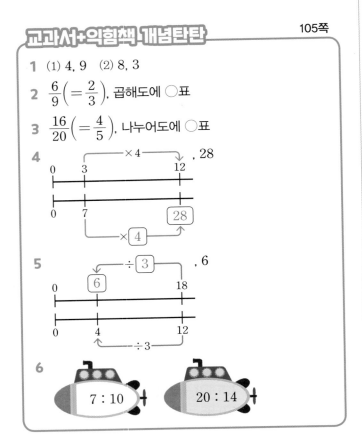

1 (1) 4, 9　(2) 8, 3

2 $\frac{6}{9}\left(=\frac{2}{3}\right)$, 곱해도에 ◯표

3 $\frac{16}{20}\left(=\frac{4}{5}\right)$, 나누어도에 ◯표

4 0 — 3 — 12 ☐×4☐ , 28
    0 — 7 — ☐28☐ ☐×4☐

5 0 — ☐6☐ — 18 ☐÷3☐ , 6
    0 — 4 — 12 ☐÷3☐

6 7 : 10 / 20 : 14

---

1 비에서 기호 ' : ' 앞에 있는 수를 전항, 뒤에 있는 수를 후항이라고 합니다.
  (1) 4 : 9
     전항　후항
  (2) 8 : 3
     전항　후항

2 2 : 3의 전항과 후항에 3을 곱하면 6 : 9이고 비율로 나타내면 $\frac{6}{9}\left(=\frac{2}{3}\right)$이므로 비율은 같습니다.

3 16 : 20의 전항과 후항을 4로 나누면 4 : 5이고 비율로 나타내면 $\frac{4}{5}$이므로 비율은 같습니다.

4 3 : 7은 전항과 후항에 4를 곱한 12 : 28과 비율이 같습니다.

5 18 : 12는 전항과 후항을 3으로 나눈 6 : 4와 비율이 같습니다.

6 10 : 7은 전항과 후항에 2를 곱한 20 : 14와 비율이 같습니다.

1 효민, 준기
01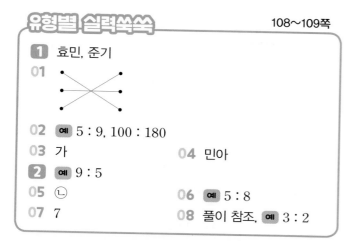
02 예 5 : 9, 100 : 180
03 가 **04** 민아
2 예 9 : 5
05 ㉡ **06** 예 5 : 8
07 7 **08** 풀이 참조, 예 3 : 2

1 • 15 : 18은 전항과 후항에 3을 곱한 45 : 54와 비율이 같습니다.
　• 15 : 18은 전항과 후항을 3으로 나눈 5 : 6과 비율이 같습니다.
　따라서 15 : 18과 비율이 같은 비를 말한 친구는 효민, 준기입니다.

01 • 4 : 7은 전항과 후항에 5를 곱한 20 : 35와 비율이 같습니다.
　• 11 : 5는 전항과 후항에 6을 곱한 66 : 30과 비율이 같습니다.
　• 80 : 75는 전항과 후항을 5로 나눈 16 : 15와 비율이 같습니다.

02 비의 전항과 후항에 0이 아닌 같은 수를 곱하거나 비의 전항과 후항을 0이 아닌 같은 수로 나누어도 비율은 같습니다.

03 오른쪽 직사각형의 가로와 세로의 비 4 : 3의 전항과 후항에 2를 곱하면 8 : 6이므로 가와 비율이 같습니다.

04 빨간색 구슬 수와 파란색 구슬 수의 비는 6 : 4이고 6 : 4의 전항과 후항을 2로 나누면 3 : 2입니다.
　따라서 잘못 말한 친구는 민아입니다.

2 은행나무 키와 단풍나무 키의 비는 4.5 : 2.5입니다.
　4.5 : 2.5의 전항과 후항에 10을 곱하면 45 : 25이고 45 : 25의 전항과 후항을 5로 나누면 간단한 자연수의 비인 9 : 5로 나타낼 수 있습니다.

05 ㉠ $\frac{2}{3} : \frac{2}{9}$의 전항과 후항에 9를 곱하면 6 : 2이고 6 : 2의 전항과 후항을 2로 나누면 간단한 자연수의 비인 3 : 1로 나타낼 수 있습니다.

㉡ 52 : 13의 전항과 후항을 13으로 나누면 간단한 자연수의 비인 4 : 1로 나타낼 수 있습니다.

06 흰색 페인트양과 빨간색 페인트양의 비는 $\frac{1}{8} : 0.2$입니다.
　후항 0.2를 $\frac{2}{10}$로 바꾼 후 전항과 후항에 40을 곱하면 간단한 자연수의 비인 5 : 8로 나타낼 수 있습니다.

07 $\frac{3}{4} : \frac{6}{7}$의 전항과 후항에 28을 곱하면 21 : 24이고 21 : 24의 전항과 후항을 3으로 나누면 간단한 자연수의 비인 7 : 8로 나타낼 수 있습니다.
　따라서 후항이 8일 때 전항은 7입니다.

08 예 ❶ 직사각형의 세로는 384÷24＝16 (cm)입니다.
❷ 직사각형의 가로와 세로의 비는 24 : 16입니다.
　24 : 16의 전항과 후항을 8로 나누면 간단한 자연수의 비인 3 : 2로 나타낼 수 있습니다.
❸ 예 3 : 2

채점 기준
❶ 직사각형의 세로를 구한 경우
❷ 가로와 세로의 비를 간단한 자연수의 비로 나타낸 경우
❸ 답을 바르게 쓴 경우

1 비례식, 12, 6 **2** 3 / 6, 3 / 5, 10
3 (○) **4** 32, 20
　(　)
5 7, 9
6 4, 9 / 12, 9 / 27, 4

1
외항
비례식 1 : 6 ＝ 2 : 12
내항

2 비율이 같은 두 비를 기호 '＝'를 사용하여 나타낸 식을 비례식이라고 합니다.

3 $7:4=14:8$에서 $7:4$를 비율로 나타내면 $\dfrac{7}{4}$,

$14:8$을 비율로 나타내면 $\dfrac{14}{8}\left(=\dfrac{7}{4}\right)$이므로 두 비는 비율이 같습니다.

4 $8:5$의 전항과 후항에 4를 곱하면 $32:20$입니다. 두 비는 비율이 같으므로 비례식으로 나타내면 $8:5=32:20$입니다.

5 $35:45$의 전항과 후항을 5로 나누면 $7:9$입니다. 두 비는 비율이 같으므로 비례식으로 나타내면 $35:45=7:9$입니다.

6 각 비를 비율로 나타내면 $12:27 \Rightarrow \dfrac{12}{27}\left(=\dfrac{4}{9}\right)$,

$6:7 \Rightarrow \dfrac{6}{7}$, $4:9 \Rightarrow \dfrac{4}{9}$입니다.

$12:27$과 비율이 같은 비를 찾으면 $4:9$이므로 비례식을 세우면 $12:27=4:9$입니다.

$12:27=4:9$에서 외항은 12, 9이고 내항은 27, 4입니다.

교과서+익힘책 개념탄탄 113쪽

1 6, 42 / 3, 42 / 같습니다에 ○표
2 4, 60 / 5, 60 / 됩니다에 ○표
3 3, 24, 12　**4** 240
5 (1) 8　(2) 56　**6** 12

1 외항의 곱은 바깥쪽에 있는 두 수의 곱이므로 $7\times6=42$, 내항의 곱은 안쪽에 있는 두 수의 곱이므로 $3\times14=42$입니다.
비례식에서 외항의 곱과 내항의 곱은 같습니다.

2 $15\times4=60$
$15:12=5:4 \Rightarrow$ 비례식이 됩니다.
$12\times5=60$

3 $2:8=3:$■에서 외항의 곱과 내항의 곱은 같으므로 $2\times$■$=8\times3$입니다. $2\times$■$=24$이므로 ■$=12$입니다.

4 비례식에서 외항의 곱과 내항의 곱은 같으므로 $6\times40=5\times$□입니다.
$\Rightarrow 5\times$□$=240$

5 (1) $2:11=$□$:44$에서 외항의 곱과 내항의 곱은 같으므로 $2\times44=11\times$□입니다. $11\times$□$=88$이므로 □$=8$입니다.
(2) $8:$□$=3:21$에서 외항의 곱과 내항의 곱은 같으므로 $8\times21=$□$\times3$입니다. □$\times3=168$이므로 □$=56$입니다.

6 $9:2=54:$▲에서 외항의 곱과 내항의 곱은 같으므로 $9\times$▲$=2\times54$입니다. $9\times$▲$=108$이므로 ▲$=12$입니다.
따라서 튤립은 12송이가 있습니다.

교과서+익힘책 개념탄탄 115쪽

1 60　**2** 180, 15
3 5, 15　**4** 15
5 70, 70, 490, 245, 245
6 15, 25　**7** 1350, 9

1 달걀 수와 케이크 수의 비는 $12:3$이므로 달걀 60개로 만들 수 있는 케이크 수를 ■개라 하고 비례식을 세우면 $12:3=60:$■입니다.

2 $12\times$■$=3\times60$, $12\times$■$=180$, ■$=15$

3 $12:3$의 전항과 후항에 5를 곱하면 $60:$■이므로 $3\times5=$■, ■$=15$입니다.

4 ■의 값이 15이므로 달걀 60개로 만들 수 있는 케이크는 15개입니다.

5 $7:2=★:70$에서 $7\times70=2\times★$, $2\times★=490$, ★$=245$입니다.
따라서 쌀은 245 g 넣어야 합니다.

6 필요한 색종이의 수를 ●장이라 하고 비례식을 세우면 $3:5=15:$●입니다.
$\Rightarrow 3\times$●$=5\times15$, $3\times$●$=75$, ●$=25$
따라서 색종이는 25장 필요합니다.

7 만들 수 있는 매실주스를 ▲잔이라 하고 비례식을 세우면 4 : 600=▲ : 1350입니다.

➡ $4 \times 1350 = 600 \times$ ▲, $600 \times$ ▲$=5400$, ▲$=9$

따라서 매실주스를 9잔 만들 수 있습니다.

교과서+익힘책 개념탄탄

117쪽

1 4, 3 / 4, 8 / 3, 6

2 (1) 5, 5 / 6, 6　(2) 5, 20 / 6, 24

3 5, 2, $\boxed{\dfrac{5}{7}}$, 25 / 5, 2, $\boxed{\dfrac{2}{7}}$, 10

4 (1) 27, 45　(2) 350, 150

5 $\dfrac{\boxed{9}}{9+\boxed{5}}$, $\dfrac{\boxed{9}}{\boxed{14}}$, 180

1 은서: $14 \times \dfrac{4}{4+3} = 14 \times \dfrac{4}{7} = 8$ (m)

준우: $14 \times \dfrac{3}{4+3} = 14 \times \dfrac{3}{7} = 6$ (m)

2 (2) 가 상자: $44 \times \dfrac{5}{5+6} = 44 \times \dfrac{5}{11} = 20$(자루)

나 상자: $44 \times \dfrac{6}{5+6} = 44 \times \dfrac{6}{11} = 24$(자루)

3 $35 \times \dfrac{5}{5+2} = 35 \times \dfrac{5}{7} = 25$

$35 \times \dfrac{2}{5+2} = 35 \times \dfrac{2}{7} = 10$

4 (1) $72 \times \dfrac{3}{3+5} = 72 \times \dfrac{3}{8} = 27$

$72 \times \dfrac{5}{3+5} = 72 \times \dfrac{5}{8} = 45$

(2) $500 \times \dfrac{7}{7+3} = 500 \times \dfrac{7}{10} = 350$

$500 \times \dfrac{3}{7+3} = 500 \times \dfrac{3}{10} = 150$

5 물: $280 \times \dfrac{9}{9+5} = 280 \times \dfrac{9}{14} = 180$ (g)

참고 소금: $280 \times \dfrac{5}{9+5} = 280 \times \dfrac{5}{14} = 100$ (g)

유형별 실력쑥쑥

118~121쪽

1 3 : 4=15 : 20, 28 : 4=7 : 1에 ○표

01 예 12 : 27=4 : 9

02 15 : 1=5 : $\dfrac{1}{3}$ / 15, $\dfrac{1}{3}$ / 1, 5

$\left(또는 5 : \dfrac{1}{3} = 15 : 1 / 5, 1 / \dfrac{1}{3}, 15\right)$

03 6, $\dfrac{5}{6}$　　**04** 무궁화

2 ㉡

05 （선 연결）　　**06** 풀이 참조, 81

07 2, 12　　**08** 6, 3, 8

3 예 10000 : 4=17500 : □ / 7

09 예 4 : 13=60 : □ / 195

10 예 9 : 36=□ : 160 / 40

11 192　　**12** 540, 3, 6

4 16, 18

13 160, 280　　**14** 현서

15 노란색, 25　　**16** 풀이 참조, 15

1 비례식에서 외항의 곱과 내항의 곱은 같습니다.

$5 : 8 = 6 : 9$ (×)
$5 \times 9 = 45$
$8 \times 6 = 48$

$3 : 4 = 15 : 20$ (○)
$3 \times 20 = 60$
$4 \times 15 = 60$

$28 : 4 = 7 : 1$ (○)
$28 \times 1 = 28$
$4 \times 7 = 28$

$19 : 17 = 14 : 12$ (×)
$19 \times 12 = 228$
$17 \times 14 = 238$

01 비율이 같도록 외항에 12와 9를 쓰고, 내항에 27과 4를 써서 비례식을 세워 봅니다.

12 : 27을 비율로 나타내면 $\dfrac{12}{27}\left(=\dfrac{4}{9}\right)$, 4 : 9를 비율로 나타내면 $\dfrac{4}{9}$ 입니다.

➡ 12 : 27=4 : 9

이외에도 12 : 4=27 : 9, 9 : 27=4 : 12, 9 : 4=27 : 12와 같이 비례식을 세울 수 있습니다.

02 각 비를 비율로 나타내면 $15:1 \Rightarrow 15$,

$0.4:0.7 \Rightarrow \dfrac{4}{7}$, $3:4 \Rightarrow \dfrac{3}{4}$, $5:\dfrac{1}{3} \Rightarrow 15$입니다.

따라서 비율이 같은 두 비를 찾아 비례식을 세우면

$15:1=5:\dfrac{1}{3}$ 또는 $5:\dfrac{1}{3}=15:1$입니다.

03 비율이 다른 두 비는 비례식으로 나타낼 수 없습니다.

04

화 $5:3=15:9$ $5 \times 9 = 45$, $3 \times 15 = 45$

궁 $6:13=30:65$ $6 \times 65 = 390$, $13 \times 30 = 390$

무 $2:7=4:14$ $2 \times 14 = 28$, $7 \times 4 = 28$

따라서 종이에 쓰인 글자로 낱말을 만들면 '무궁화'입니다.

2 ㉠ $5:8=\square:32$에서

$5 \times 32 = 8 \times \square$, $8 \times \square = 160$, $\square = 20$입니다.

㉡ $2:6=10:\square$에서

$2 \times \square = 6 \times 10$, $2 \times \square = 60$, $\square = 30$입니다.

따라서 $\square$ 안에 알맞은 수가 더 큰 것은 ㉡입니다.

05 • $\square:1=26:13$에서

$\square \times 13 = 1 \times 26$, $\square \times 13 = 26$, $\square = 2$입니다.

• $7:\square=28:20$에서

$7 \times 20 = \square \times 28$, $\square \times 28 = 140$, $\square = 5$입니다.

06 예 ❶ $15:\blacksquare=5:15$에서 $15 \times 15 = \blacksquare \times 5$,

$\blacksquare \times 5 = 225$, $\blacksquare = 45$입니다.

$\blacktriangle:81=4:9$에서 $\blacktriangle \times 9 = 81 \times 4$, $\blacktriangle \times 9 = 324$,

$\blacktriangle = 36$입니다.

❷ 따라서 $\blacksquare + \blacktriangle = 45 + 36 = 81$입니다.

❸ 81

채점 기준
❶ ■와 ▲에 알맞은 수를 각각 구한 경우
❷ ■＋▲의 값을 구한 경우
❸ 답을 바르게 쓴 경우

07 내항의 곱이 84이므로 ㉠$\times 42 = 84$, ㉠$= 2$입니다.

➡ $7:2=42:$㉡

비례식에서 외항의 곱과 내항의 곱은 같으므로

$7 \times$㉡$= 84$, ㉡$= 12$입니다.

08 ㉠$:16=$㉡$:$㉢이라 하면 내항의 곱이 48이므로

$16 \times$㉡$= 48$, ㉡$= 3$입니다.

➡ ㉠$:16=3:$㉢

㉠$:16$을 비율로 나타내면 $\dfrac{3}{8}$이므로

$\dfrac{㉠}{16} = \dfrac{3}{8}\left(=\dfrac{6}{16}\right)$에서 ㉠$= 6$입니다.

$3:$㉢을 비율로 나타내면 $\dfrac{3}{8}$이므로

$\dfrac{3}{㉢} = \dfrac{3}{8}$에서 ㉢$= 8$입니다.

따라서 **조건**을 만족하는 비례식은 $6:16=3:8$입니다.

3 17500원으로 살 수 있는 참외의 수를 $\square$개라 하고 비례식을 세우면 $10000:4=17500:\square$입니다.

➡ $10000 \times \square = 4 \times 17500$, $10000 \times \square = 70000$, $\square = 7$

따라서 참외를 7개 살 수 있습니다.

09 수확한 고구마의 양을 $\square$kg이라 하고 비례식을 세우면 $4:13=60:\square$입니다.

➡ $4 \times \square = 13 \times 60$, $4 \times \square = 780$, $\square = 195$

따라서 고구마는 195 kg 수확했습니다.

10 들이가 160 L인 욕조를 가득 채우는 데 걸리는 시간을 $\square$분이라 하고 비례식을 세우면

$9:36=\square:160$입니다.

➡ $9 \times 160 = 36 \times \square$, $36 \times \square = 1440$, $\square = 40$

따라서 욕조를 가득 채우는 데 걸리는 시간은 40분입니다.

11 쿠키 24개를 만드는 데 필요한 밀가루의 양을 $\square$g이라 하고 비례식을 세우면 $48:6=\square:24$입니다.

➡ $48 \times 24 = 6 \times \square$, $6 \times \square = 1152$, $\square = 192$

따라서 쿠키 24개를 만드는 데 필요한 밀가루는 192 g입니다.

12 김치볶음밥 3인분을 만들기 위해 필요한 밥의 양을 $\square$g, 김치의 양을 $\triangle$컵, 고춧가루의 양을 $\bigcirc$큰술이라 하고 각각 비례식을 세워 구합니다.

$2:360=3:\square \Rightarrow 2 \times \square = 360 \times 3$, $\square = 540$

$2:2=3:\triangle \Rightarrow 2 \times \triangle = 2 \times 3$, $\triangle = 3$

$2:4=3:\bigcirc \Rightarrow 2 \times \bigcirc = 4 \times 3$, $\bigcirc = 6$

따라서 밥 540 g, 김치 3컵, 고춧가루 6큰술이 필요합니다.

4 승호: $34 \times \dfrac{8}{8+9} = 34 \times \dfrac{8}{17} = 16$(개)

지혜: $34 \times \dfrac{9}{8+9} = 34 \times \dfrac{9}{17} = 18$(개)

13 형식: $440 \times \dfrac{4}{4+7} = 440 \times \dfrac{4}{11} = 160$ (mL)

민지: $440 \times \dfrac{7}{4+7} = 440 \times \dfrac{7}{11} = 280$ (mL)

14 공책 56권을 3 : 4로 비례배분합니다.

현서네 모둠: $56 \times \dfrac{3}{3+4} = 56 \times \dfrac{3}{7} = 24$(권)

영규네 모둠: $56 \times \dfrac{4}{3+4} = 56 \times \dfrac{4}{7} = 32$(권)

따라서 잘못 말한 친구는 현서입니다.

15 빨간색 바구니: $35 \times \dfrac{1}{1+6} = 35 \times \dfrac{1}{7} = 5$(개)

노란색 바구니: $35 \times \dfrac{6}{1+6} = 35 \times \dfrac{6}{7} = 30$(개)

따라서 사과를 노란색 바구니에 $30-5=25$(개) 더 많이 담아야 합니다.

16 예 ❶ 하루는 24시간입니다.

❷ 낮은 $24 \times \dfrac{5}{5+3} = 24 \times \dfrac{5}{8} = 15$(시간)입니다.

❸ 15

채점 기준
❶ 하루는 몇 시간인지 아는 경우
❷ 낮은 몇 시간인지 구한 경우
❸ 답을 바르게 쓴 경우

응용+수학역량 UP UP 122~125쪽

1 (1) 1, 8 / 2, 4 (2) 예 $1 : 2 = 4 : 8$

1-1 예 $3 : 4 = 6 : 8$ **1-2** 예 $0.2 : \dfrac{1}{4} = 8 : 10$

2 (1) 33 (2) 21

2-1 20 **2-2** 1200

3 (1) 2 (2) 105

3-1 156 **3-2** 12000

4 (1) 50000 (2) 1500

4-1 2000 **4-2** 525

1 (1) 두 수의 곱이 같은 카드를 찾으면 $1 \times 8 = 8$, $2 \times 4 = 8$에서 1, 8과 2, 4입니다.
(2) 외항의 곱과 내항의 곱이 같도록 비례식을 세우면 $1 : 2 = 4 : 8$, $1 : 4 = 2 : 8$, $2 : 1 = 8 : 4$, $4 : 1 = 8 : 2$ 등이 있습니다.

1-1 두 수의 곱이 같은 카드를 찾으면 $3 \times 8 = 24$, $4 \times 6 = 24$에서 3, 8과 4, 6입니다.
외항의 곱과 내항의 곱이 같도록 비례식을 세우면 $3 : 4 = 6 : 8$, $3 : 6 = 4 : 8$, $4 : 3 = 8 : 6$, $6 : 3 = 8 : 4$ 등이 있습니다.

1-2 두 수의 곱이 같은 카드를 찾으면 $0.2 \times 10 = 2$, $\dfrac{1}{4} \times 8 = 2$에서 0.2, 10과 $\dfrac{1}{4}$, 8입니다.
외항의 곱과 내항의 곱이 같도록 비례식을 세우면 $0.2 : \dfrac{1}{4} = 8 : 10$, $0.2 : 8 = \dfrac{1}{4} : 10$, $\dfrac{1}{4} : 0.2 = 10 : 8$, $8 : 0.2 = 10 : \dfrac{1}{4}$ 등이 있습니다.

2 (1) 직사각형의 둘레가 66 cm이므로 (가로)+(세로)$=66 \div 2 = 33$ (cm)입니다.
(2) 직사각형의 세로는
$33 \times \dfrac{7}{4+7} = 33 \times \dfrac{7}{11} = 21$ (cm)입니다.

2-1 직사각형의 둘레가 104 cm이므로 (가로)+(세로)$=104 \div 2 = 52$ (cm)입니다.
따라서 직사각형의 가로는
$52 \times \dfrac{5}{5+8} = 52 \times \dfrac{5}{13} = 20$ (cm)입니다.

2-2 직사각형의 둘레가 140 cm이므로 (가로)+(세로)$=140 \div 2 = 70$ (cm)입니다.

가로: $70 \times \dfrac{3}{3+4} = 70 \times \dfrac{3}{7} = 30$ (cm)

세로: $70 \times \dfrac{4}{3+4} = 70 \times \dfrac{4}{7} = 40$ (cm)

따라서 만든 직사각형의 넓이는
$30 \times 40 = 1200$ (cm^2)입니다.

3 (2) $\blacksquare \times \dfrac{2}{5+2} = 30$, $\blacksquare \times \dfrac{2}{7} = 30$

$\blacksquare = 30 \div \dfrac{2}{7} = 30 \times \dfrac{7}{2} = 105$

따라서 어떤 수는 105입니다.

3-1 어떤 수를 $\square$라 하면 더 큰 쪽의 수는

$\square \times \dfrac{9}{4+9} = 108$입니다. ➡ $\square \times \dfrac{9}{13} = 108$,

$\square = 108 \div \dfrac{9}{13} = 108 \times \dfrac{13}{9} = 156$

따라서 어떤 수는 156입니다.

3-2 어머니께서 주신 용돈을 $\square$원이라 하면 윤정이가 가

진 용돈은 $\square \times \dfrac{5}{5+3} = 7500$입니다.

➡ $\square \times \dfrac{5}{8} = 7500$,

$\square = 7500 \div \dfrac{5}{8} = 7500 \times \dfrac{8}{5} = 12000$

따라서 어머니께서 주신 용돈은 12000원입니다.

4 (1) 지도에서 학교와 우체국 사이의 거리는 1 cm인
데 실제 거리는 500 m=50000 cm이므로 지도
에서의 거리와 실제 거리의 비는 1 : 50000입니
다. 지도에서 학교와 수영장 사이의 거리는 3 cm
이므로 학교와 수영장 사이의 실제 거리를 ▲ cm
라 하고 비례식을 세우면 1 : 50000=3 : ▲입니다.

(2) 1 : 50000=3 : ▲

➡ 1×▲=50000×3, ▲=150000
따라서 학교와 수영장 사이의 실제 거리는
150000 cm=1500 m입니다.

4-1 지도에서 병원과 소방서 사이의 거리는 1 cm인데
실제 거리는 400 m=40000 cm이므로 지도에서의
거리와 실제 거리의 비는 1 : 40000입니다.
지도에서 병원과 영화관 사이의 거리는 5 cm이므로
병원과 영화관 사이의 실제 거리를 $\square$cm라 하고 비
례식을 세우면 1 : 40000=5 : $\square$입니다.

➡ 1×$\square$=40000×5, $\square$=200000
따라서 병원과 영화관 사이의 실제 거리는
200000 cm=2000 m입니다.

4-2 지도에서 집과 버스 정류장 사이의 거리는 2 cm인
데 실제 거리는 150 m=15000 cm이므로 지도에
서의 거리와 실제 거리의 비는 2 : 15000입니다.
지도에서 집에서 학교를 지나 기차역까지의 거리는
3+4=7 (cm)이므로 집에서 학교를 지나 기차역까
지의 거리를 $\square$cm라 하고 비례식을 세우면
2 : 15000=7 : $\square$입니다.

➡ 2×$\square$=15000×7, 2×$\square$=105000,
$\square$=52500
따라서 집에서 학교를 지나 기차역까지의 실제 거리
는 52500 cm=525 m입니다.

단원 평가 1회

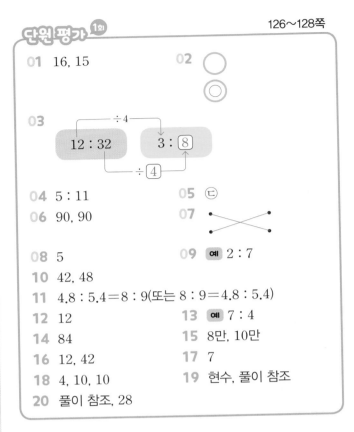

01 16, 15 **02** ○ ◎

03 12 : 32 ÷4→ 3 : 8 ÷4

04 5 : 11 **05** ㉢

06 90, 90 **07** (선 연결)

08 5 **09** 예 2 : 7

10 42, 48

11 4.8 : 5.4=8 : 9(또는 8 : 9=4.8 : 5.4)

12 12 **13** 예 7 : 4

14 84 **15** 8만, 10만

16 12, 42 **17** 7

18 4, 10, 10 **19** 현수, 풀이 참조

20 풀이 참조, 28

01 비 16 : 15에서 기호 ' : ' 앞에 있는 16을 전항, 뒤에
있는 15를 후항이라고 합니다.

02 2 : 7=8 : 28에서 2 : 7을 비율로 나타내면 $\dfrac{2}{7}$,

8 : 28을 비율로 나타내면 $\dfrac{8}{28} \left(= \dfrac{2}{7} \right)$이므로 두 비
는 비율이 같습니다.

03 12 : 32의 전항과 후항을 4로 나누면 3 : 8로 나타낼
수 있습니다.

04 10 : 22는 전항과 후항을 2로 나눈 5 : 11과 비율이
같습니다.

05 ㉢ 7 : 9를 비율로 나타내면 $\dfrac{7}{9}$, 14 : 18을 비율로

나타내면 $\dfrac{14}{18} \left(= \dfrac{7}{9} \right)$이므로 두 비는 비율이 같습
니다.

06 외항의 곱: 15×6=90
내항의 곱: 18×5=90

07 •0.6 : 2.4의 전항과 후항에 10을 곱하면 6 : 24이고
6 : 24의 전항과 후항을 6으로 나누면 간단한 자연
수의 비인 1 : 4로 나타낼 수 있습니다.

- $\dfrac{1}{3} : \dfrac{1}{4}$의 전항과 후항에 12를 곱하면 간단한 자연수의 비인 $4:3$으로 나타낼 수 있습니다.

08 $9 : \square = 45 : 25$에서 외항의 곱과 내항의 곱은 같으므로 $9 \times 25 = \square \times 45$입니다. $\square \times 45 = 225$이므로 $\square = 5$입니다.

09 전항 $\dfrac{4}{5}$를 소수로 바꾸면 0.8입니다.

0.8 : 2.8의 전항과 후항에 10을 곱하면 8 : 28이고 8 : 28의 전항과 후항을 4로 나누면 간단한 자연수의 비인 2 : 7로 나타낼 수 있습니다.

다른 풀이 후항 2.8을 분수로 바꾸면 $\dfrac{28}{10}$입니다.

$\dfrac{4}{5} : \dfrac{28}{10}$의 전항과 후항에 10을 곱하면 8 : 28이고 8 : 28의 전항과 후항을 4로 나누면 간단한 자연수의 비인 2 : 7로 나타낼 수 있습니다.

10 $90 \times \dfrac{7}{7+8} = 90 \times \dfrac{7}{15} = 42$

$90 \times \dfrac{8}{7+8} = 90 \times \dfrac{8}{15} = 48$

11 각 비를 비율로 나타내면 $4.8 : 5.4 \Rightarrow \dfrac{8}{9}$,

$\dfrac{1}{5} : \dfrac{1}{4} \Rightarrow \dfrac{4}{5}$, $60 : 70 \Rightarrow \dfrac{6}{7}$, $8 : 9 \Rightarrow \dfrac{8}{9}$입니다.
따라서 비율이 같은 두 비를 찾아 비례식을 세우면 $4.8 : 5.4 = 8 : 9$ 또는 $8 : 9 = 4.8 : 5.4$입니다.

12 비례식에서 외항의 곱과 내항의 곱은 같으므로 다른 내항은 $120 \div 10 = 12$입니다.

13 윤희가 마신 물의 양과 지호가 마신 물의 양의 비는 $1.4 : 0.8$입니다.
1.4 : 0.8의 전항과 후항에 10을 곱하면 14 : 8이고 14 : 8의 전항과 후항을 2로 나누면 간단한 자연수의 비인 7 : 4로 나타낼 수 있습니다.

14 12 km를 이동하는 데 걸리는 시간을 $\square$분이라 하고 비례식을 세우면 $4 : 28 = 12 : \square$입니다.
$\Rightarrow 4 \times \square = 28 \times 12$, $4 \times \square = 336$, $\square = 84$
따라서 자전거를 타고 12 km를 이동하는 데 84분이 걸립니다.

다른 풀이 비의 성질을 활용하여 구할 수도 있습니다.
12 km를 이동하는 데 걸리는 시간을 $\square$분이라 하고 비례식을 세우면 $4 : 28 = 12 : \square$입니다.

$4 : 28 = 12 : \square$이므로 $28 \times 3 = \square$, $\square = 84$입니다.
따라서 자전거를 타고 12 km를 이동하는 데 84분이 걸립니다.

15 18만 원을 사람 수에 따라 4 : 5로 비례배분합니다.
지영이네 가족:
$18만 \times \dfrac{4}{4+5} = 18만 \times \dfrac{4}{9} = 8만$ (원)

성균이네 가족:
$18만 \times \dfrac{5}{4+5} = 18만 \times \dfrac{5}{9} = 10만$ (원)

16 • 21 : 36의 전항과 후항을 3으로 나누면 7 : 12입니다. ➡ $\square = 12$
• 21 : 36의 전항과 후항에 2를 곱하면 42 : 72입니다. ➡ $\square = 42$

17 민영: $35 \times \dfrac{2}{2+3} = 35 \times \dfrac{2}{5} = 14$(장)

준후: $35 \times \dfrac{3}{2+3} = 35 \times \dfrac{3}{5} = 21$(장)
따라서 준후는 민영이보다 색종이를 $21 - 14 = 7$(장) 더 많이 가지게 됩니다.

18 ㉠ : ㉡ = ㉢ : 25라 하면 외항의 곱이 100이므로 ㉠ $\times 25 = 100$, ㉠ $= 4$입니다. ➡ 4 : ㉡ = ㉢ : 25

4 : ㉡을 비율로 나타내면 $\dfrac{2}{5}$이므로

$\dfrac{4}{㉡} = \dfrac{2}{5}\left(= \dfrac{4}{10}\right)$에서 ㉡ $= 10$입니다.

㉢ : 25를 비율로 나타내면 $\dfrac{2}{5}$이므로

$\dfrac{㉢}{25} = \dfrac{2}{5}\left(= \dfrac{10}{25}\right)$에서 ㉢ $= 10$입니다.

따라서 **조건**을 만족하는 비례식은 $4 : 10 = 10 : 25$입니다.

19 ❶ 현수

예 ❷ 오렌지주스 1병을 만들기 위해 필요한 물의 양과 오렌지 원액량의 비는 8 : 4입니다.

채점 기준	배점
❶ 잘못 말한 친구의 이름을 쓴 경우	2점
❷ 바르게 고친 경우	3점

참고 물 8컵과 오렌지 원액 4컵의 비는 8 : 4이고, 전항과 후항을 4로 나누면 2 : 1로 나타낼 수 있습니다.

20 예 **①** 직사각형의 둘레가 80 cm이므로

(가로)＋(세로)＝80÷2＝40 (cm)입니다.

② 직사각형의 가로는

$40 \times \dfrac{7}{7+3} = 40 \times \dfrac{7}{10} = 28$ (cm)입니다.

③ 28

채점 기준	배점
① 직사각형의 가로와 세로의 합을 구한 경우	1점
② 직사각형의 가로를 구한 경우	2점
③ 답을 바르게 쓴 경우	2점

단원 평가 2회 · 129~131쪽

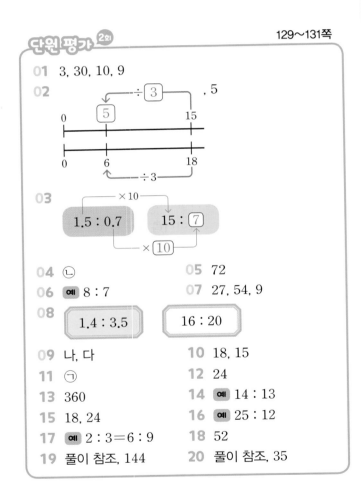

01 3, 30, 10, 9

02 ÷3 , 5 / 5, 15, 0, 6, 18, ÷3

03 ×10 / 1.5 : 0.7 , 15 : 7 / ×10

04 ⓒ

05 72

06 예 8 : 7

07 27, 54, 9

08 1.4 : 3.5 / 16 : 20

09 나, 다

10 18, 15

11 ㉠

12 24

13 360

14 예 14 : 13

15 18, 24

16 예 25 : 12

17 예 2 : 3＝6 : 9

18 52

19 풀이 참조, 144

20 풀이 참조, 35

01 비례식 3 : 10＝9 : 30에서 바깥쪽에 있는 3, 30을 외항, 안쪽에 있는 10, 9를 내항이라고 합니다.

02 비의 전항과 후항을 3으로 나누어도 비율은 같습니다.

03 1.5 : 0.7의 전항과 후항에 10을 곱하면 15 : 7입니다.

04
$\begin{array}{l} 6 \times 6 = 36 \\ ㉠\ 6 : 9 = 9 : 6\ (\times) \\ 9 \times 9 = 81 \end{array}$

$\begin{array}{l} 3 \times 40 = 120 \\ ㉡\ 3 : 8 = 15 : 40\ (\bigcirc) \\ 8 \times 15 = 120 \end{array}$

$\begin{array}{l} 4 \times 12 = 48 \\ ㉢\ 4 : 7 = 21 : 12\ (\times) \\ 7 \times 21 = 147 \end{array}$

05 비례식에서 외항의 곱과 내항의 곱은 같습니다.
8×9＝3×㉠이므로 3×㉠＝72입니다.

06 $\dfrac{3}{7} : \dfrac{3}{8}$의 전항과 후항에 56을 곱하면 24 : 21이고 24 : 21의 전항과 후항을 3으로 나누면 간단한 자연수의 비인 8 : 7로 나타낼 수 있습니다.

07 2 : 6＝■ : 27에서 외항의 곱과 내항의 곱은 같으므로 2×27＝6×■입니다.
6×■＝54이므로 ■＝9입니다.

08 • 1.4 : 3.5의 전항과 후항에 10을 곱하면 14 : 35이고 14 : 35의 전항과 후항을 7로 나누면 간단한 자연수의 비인 2 : 5로 나타낼 수 있습니다.
• 16 : 20의 전항과 후항을 4로 나누면 간단한 자연수의 비인 4 : 5로 나타낼 수 있습니다.

09 • 가의 밑변과 높이의 비인 14 : 21은 전항과 후항을 7로 나눈 2 : 3과 비율이 같습니다.
• 나의 밑변과 높이의 비인 18 : 12는 전항과 후항을 6으로 나눈 3 : 2와 비율이 같습니다.
• 다의 밑변과 높이의 비인 15 : 10은 전항과 후항을 5로 나눈 3 : 2와 비율이 같습니다.

10 6 : 5를 비율로 나타내면 $\dfrac{6}{5}$입니다.
10 : 12를 비율로 나타내면 $\dfrac{10}{12}\left(=\dfrac{5}{6}\right)$,
18 : 15를 비율로 나타내면 $\dfrac{18}{15}\left(=\dfrac{6}{5}\right)$,
30 : 20을 비율로 나타내면 $\dfrac{30}{20}\left(=\dfrac{3}{2}\right)$입니다.
6 : 5와 비율이 같은 비를 찾으면 18 : 15이므로 비례식을 세우면 18 : 15＝6 : 5입니다.

11 비례식에서 외항의 곱과 내항의 곱은 같습니다.

　ⓗ $2:3=6:\square$

　　➡ $2\times\square=3\times6$, $2\times\square=18$, $\square=9$

　ⓛ $5:\square=15:18$

　　➡ $5\times18=\square\times15$, $\square\times15=90$, $\square=6$

　ⓗ $\square:21=6:18$

　　➡ $\square\times18=21\times6$, $\square\times18=126$, $\square=7$

따라서 $\square$ 안에 알맞은 수가 가장 큰 것은 ⓗ입니다.

12 내항의 곱이 180이므로 $9\times\text{ⓛ}=180$, ⓛ$=20$입니다.

비례식에서 외항의 곱과 내항의 곱은 같으므로

ⓗ$\times45=180$, ⓗ$=4$입니다.

➡ ⓗ$+$ⓛ$=4+20=24$

13 넣어야 하는 쌀가루의 양을 $\square$g이라 하고 비례식을 세우면 $9:2=\square:80$입니다.

➡ $9\times80=2\times\square$, $2\times\square=720$, $\square=360$

따라서 쌀가루는 360 g 넣어야 합니다.

다른풀이 비의 성질을 활용하여 구할 수도 있습니다.
넣어야 하는 쌀가루의 양을 $\square$g이라 하고 비례식을 세우면 $9:2=\square:80$입니다.

　　┌─×40─┐
$9:2=\square:80$이므로 $9\times40=\square$, $\square=360$입니다.
　　└─×40─┘

따라서 쌀가루는 360 g 넣어야 합니다.

14 (남학생 수)$=540-260=280$(명)

우림이네 학교의 남학생 수와 여학생 수의 비는 $280:260$입니다. $280:260$의 전항과 후항을 20으로 나누면 간단한 자연수의 비인 $14:13$으로 나타낼 수 있습니다.

15 찰흙 42 kg을 $3:4$로 비례배분합니다.

연수네 모둠: $42\times\dfrac{3}{3+4}=42\times\dfrac{3}{7}=18$ (kg)

재호네 모둠: $42\times\dfrac{4}{3+4}=42\times\dfrac{4}{7}=24$ (kg)

16 (가의 넓이)$=15\times10=150$ (cm²)

(나의 넓이)$=12\times6=72$ (cm²)

가의 넓이와 나의 넓이의 비는 $150:72$입니다.

$150:72$의 전항과 후항을 6으로 나누면 간단한 자연수의 비인 $25:12$로 나타낼 수 있습니다.

17 두 수의 곱이 같은 카드를 찾으면

$2\times9=18$, $3\times6=18$에서 2, 9와 3, 6입니다.

외항의 곱과 내항의 곱이 같도록 비례식을 세우면

$2:3=6:9$, $2:6=3:9$, $3:2=9:6$,

$6:2=9:3$ 등이 있습니다.

18 처음에 있던 붙임딱지의 수를 $\square$장이라 하면 지원이가 가진 붙임딱지의 수는 $\square\times\dfrac{7}{7+6}=28$입니다.

➡ $\square\times\dfrac{7}{13}=28$, $\square=28\div\dfrac{7}{13}=28\times\dfrac{13}{7}=52$

따라서 처음에 있던 붙임딱지는 52장입니다.

19 **예** ❶ 360타수 중에서 치게 되는 안타 수를 $\square$번이라 하고 비례식을 세우면 $20:8=360:\square$입니다.

❷ $20\times\square=8\times360$, $20\times\square=2880$, $\square=144$

따라서 이 야구 선수는 360타수 중에서 안타를 144번 치게 됩니다.

❸ 144

채점 기준	배점
❶ 문제에 알맞은 비례식을 세운 경우	1점
❷ 360타수 중에서 안타를 몇 번 치게 되는지 구한 경우	2점
❸ 답을 바르게 쓴 경우	2점

다른풀이 비의 성질을 활용하여 구할 수도 있습니다.
360타수 중에서 치게 되는 안타 수를 $\square$번이라 하고 비례식을 세우면 $20:8=360:\square$입니다.

　　┌─×18─┐
$20:8=360:\square$이므로 $8\times18=\square$, $\square=144$입니다.
　　└─×18─┘

따라서 이 야구 선수는 360타수 중에서 안타를 144번 치게 됩니다.

20 **예** ❶ 전항을 $\square$라 하고 비로 나타내면 $\square:45$이므로 비율로 나타내면 $\dfrac{\square}{45}$입니다.

❷ $\dfrac{\square}{45}=\dfrac{7}{9}\left(=\dfrac{35}{45}\right)$이므로 $\square=35$입니다.

❸ 35

채점 기준	배점
❶ 전항을 $\square$라 하고 후항이 45인 비를 비율로 나타낸 경우	1점
❷ 전항을 구한 경우	2점
❸ 답을 바르게 쓴 경우	2점

5단원 원의 둘레와 넓이

교과서+익힘책 개념탄탄 135쪽

1 원주

2 (1) (2)

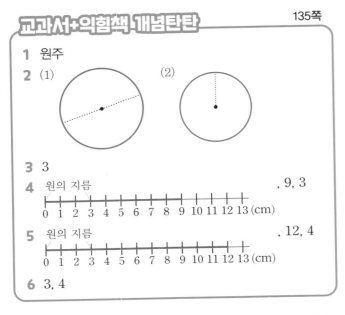

3 3

4 원의 지름 , 9, 3

0 1 2 3 4 5 6 7 8 9 10 11 12 13 (cm)

5 원의 지름 , 12, 4

0 1 2 3 4 5 6 7 8 9 10 11 12 13 (cm)

6 3, 4

2 원주는 원의 둘레입니다. 원의 둘레를 따라 그립니다.

3 원주에 지름이 약 3개 들어가므로 원주는 지름의 약 3배입니다.

4 원의 지름은 3 cm, 반지름은 1.5 cm입니다.
정육각형의 둘레는 $1.5 \times 6 = 9$ (cm)이므로 정육각형의 둘레는 원의 지름의 3배입니다.

5 원의 지름은 3 cm입니다.
정사각형의 둘레는 $3 \times 4 = 12$ (cm)이므로 정사각형의 둘레는 원의 지름의 4배입니다.

6 원주는 정육각형의 둘레보다 길고, 정사각형의 둘레보다 짧으므로 원의 지름의 3배보다 길고, 4배보다 짧습니다.

교과서+익힘책 개념탄탄 137쪽

1 원주율
2 3.1, 3.1, 3.1
3 예 3.1
4 3, 3.1, 3.14
5 원주, 지름
6 3.14, 3.14
7 (1) 짧아집니다에 ○표 (2) 변함없습니다에 ○표
(3) 원주율에 ○표

2 $18.8 \div 6 = 3.13\cdots \Rightarrow 3.1$
$28.3 \div 9 = 3.14\cdots \Rightarrow 3.1$
$47.2 \div 15 = 3.14\cdots \Rightarrow 3.1$

3 원주는 지름의 약 3.1배입니다.

4 원주율 3.141592653…을 반올림하여 일의 자리까지 나타내면 3, 소수 첫째 자리까지 나타내면 3.1, 소수 둘째 자리까지 나타내면 3.14입니다.

6 가: $34.54 \div 11 = 3.14$
나: $21.98 \div 7 = 3.14$

7 (1) 원의 지름이 짧아지면 원주도 짧아집니다.
(2) 원의 지름이 짧아져도 원주율은 같습니다.
(3) 원의 크기가 달라도 원주율은 같습니다.

교과서+익힘책 개념탄탄 139쪽

1 (1) (원주)=(지름)×(원주율)
(2) (지름)=(원주)÷(원주율)

2 (1) 10, 31 (2) 15, 46.5

3 (1) , 21, 7
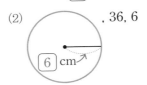
7 cm

(2) , 36, 6
6 cm

4 43.4
5 33
6 19

1 (1) (원주율)=(원주)÷(지름)
➡ (원주)=(지름)×(원주율)
(2) (원주)=(지름)×(원주율)
➡ (지름)=(원주)÷(원주율)

2 (1) (원주)=$10 \times 3.1 = 31$ (cm)
(2) (원주)=$15 \times 3.1 = 46.5$ (cm)

3 (1) (지름)=$21 \div 3 = 7$ (cm)
(2) (반지름)=$36 \div 3 \div 2 = 12 \div 2 = 6$ (cm)
$\underline{지름}$

4 $14 \times 3.1 = 43.4$ (cm)

5   컴퍼스를 5.5 cm만큼 벌려서 그린 원은 반지름이 5.5 cm이므로 지름은 $5.5 \times 2 = 11$ (cm)입니다. 따라서 그린 원의 둘레는 $11 \times 3 = 33$ (cm)입니다.

6 $58.9 \div 3.1 = 19$ (cm)

유형별 실력쑥쑥
140~143쪽

1 윤지	
01 ㉠	**02** ( )(○)( )
03 ㉡	**04** =
2 15	
05 42	**06** 74.4
07 240	**08** 풀이 참조, 준호
3 나	
09 3	**10** ㉢, ㉡, ㉠
11 28	**12** 3
4 446.4	
13 1500	**14** 풀이 참조, 108
15 28	**16** 8

1   원의 크기와 상관없이 원주율은 일정합니다.

01   ㉠ 원주는 지름의 약 3배입니다.

02   지름이 4 cm인 원의 둘레는 지름의 3배인 12 cm보다 길고, 지름의 4배인 16 cm보다 짧습니다.

03   지름이 길어지면 원주도 길어지므로 지름이 가장 긴 원을 찾습니다.
㉡ (지름)$= 6 \times 2 = 12$ (cm)
따라서 $17 > 15 > 12$이므로 원주가 가장 긴 원은 ㉡입니다.

04 $56.52 \div 18 = 3.14$, $62.8 \div 20 = 3.14$
➡ 원의 크기가 달라도 원주율은 같습니다.

2   (왼쪽 원의 둘레)$= 17 \times 3 = 51$ (cm)
(오른쪽 원의 둘레)$= 6 \times 2 \times 3 = 36$ (cm)
➡ (두 원의 둘레의 차)$= 51 - 36 = 15$ (cm)

05   큰 원의 반지름은 $3 + 4 = 7$ (cm)이므로 큰 원의 둘레는 $7 \times 2 \times 3 = 42$ (cm)입니다.

06   (왼쪽 원의 둘레)$= 8 \times 2 \times 3.1 = 49.6$ (cm)
(오른쪽 원의 둘레)$= 8 \times 3.1 = 24.8$ (cm)
따라서 사용한 철사의 길이는
$49.6 + 24.8 = 74.4$ (cm)입니다.

07   (공원의 둘레)$= 40 \times 3 = 120$ (m)
➡ (서아가 걸은 거리)$= 120 \times 2 = 240$ (m)

08   예 ❶ 연아의 탬버린의 둘레는 $18 \times 3.1 = 55.8$ (cm)입니다.
❷ $55.8 < 62$이므로 준호의 탬버린의 둘레가 더 깁니다.
❸ 준호

채점 기준
❶ 연아의 탬버린의 둘레를 구한 경우
❷ 누구의 탬버린의 둘레가 더 긴지 구한 경우
❸ 답을 바르게 쓴 경우

3   (그릇의 지름)$= 49.6 \div 3.1 = 16$ (cm)
따라서 원 모양 그릇에 꼭 맞는 뚜껑은 나입니다.

09   (빨간색 털실로 만든 원의 지름)
$= 40.3 \div 3.1 = 13$ (cm)
(노란색 털실로 만든 원의 지름)
$= 31 \div 3.1 = 10$ (cm)
➡ (만든 두 원의 지름의 차)$= 13 - 10 = 3$ (cm)

10   ㉠ (지름)$= 60 \div 3 = 20$ (cm)
㉡ (지름)$= 12 \times 2 = 24$ (cm)
㉢ (지름)$= 78 \div 3 = 26$ (cm)
따라서 $26 > 24 > 20$이므로 지름이 긴 것부터 차례로 기호를 쓰면 ㉢, ㉡, ㉠입니다.

11   (케이크의 지름)$= 84 \div 3 = 28$ (cm)
따라서 상자 밑면의 한 변은 적어도 28 cm이어야 합니다.

12   (큰 원의 지름)$= 37.2 \div 3.1 = 12$ (cm)
작은 원의 지름은 큰 원의 반지름과 같으므로
$12 \div 2 = 6$ (cm)입니다.
➡ (작은 원의 반지름)$= 6 \div 2 = 3$ (cm)

바른답·알찬풀이

4 (굴렁쇠가 한 바퀴 굴러간 거리)
$$=36\times3.1=111.6 \text{ (cm)}$$
➡ (굴렁쇠가 4바퀴 굴러간 거리)
$$=111.6\times4=446.4 \text{ (cm)}$$

13 바퀴 자가 한 바퀴 회전할 때 이동한 거리는
$$25\times2\times3=150 \text{ (cm)}$$입니다.
➡ (바퀴 자가 10바퀴 회전할 때 이동한 거리)
$$=150\times10=1500 \text{ (cm)}$$

14 예 ❶ 가 접시가 굴러간 거리는
$$21\times3\times6=378 \text{ (cm)}$$이고, 나 접시가 굴러간 거리는
$$15\times3\times6=270 \text{ (cm)}$$입니다.
❷ 따라서 가 접시는 나 접시보다
$$378-270=108 \text{ (cm)}$$ 더 굴러갔습니다.
❸ 108

채점 기준
❶ 가 접시와 나 접시가 굴러간 거리를 각각 구한 경우
❷ 가 접시는 나 접시보다 몇 cm 더 굴러갔는지 구한 경우
❸ 답을 바르게 쓴 경우

15 (바퀴가 한 바퀴 굴러간 거리)
$$=434\div5=86.8 \text{ (cm)}$$
바퀴가 한 바퀴 굴러간 거리는 바퀴의 둘레와 같으므로 바퀴의 둘레는 86.8 cm이고, 지름은
$$86.8\div3.1=28 \text{ (cm)}$$입니다.

16 (고리가 한 바퀴 굴러간 거리)$$=20\times3.1=62 \text{ (cm)}$$
➡ (고리를 굴린 횟수)$$=496\div62=8$$(바퀴)

교과서+익힘책 개념탄탄 145쪽

1 88   **2** 132
3 88, 132   **4** 18, 36, 18, 36
5 예 약 75, 풀이 참조

1 파란색으로 색칠한 모눈 칸의 수를 세어 보면 모두 88칸이므로 넓이는 88 cm²입니다.

2 빨간색 선 안쪽에 있는 모눈 칸의 수를 세어 보면 모두 132칸이므로 넓이는 132 cm²입니다.

4 (초록색 정사각형의 넓이)$$=6\times6\div2=18 \text{ (cm}^2)$$
(보라색 정사각형의 넓이)$$=6\times6=36 \text{ (cm}^2)$$
따라서 원의 넓이는 초록색 정사각형의 넓이보다 넓고, 보라색 정사각형의 넓이보다 좁으므로 18 cm²보다 넓고, 36 cm²보다 좁습니다.

5 방법 예 반지름을 한 변으로 하는 정사각형 넓이의 약 3배로 생각하여 어림하면 약 $25\times3=75 \text{ (cm}^2)$입니다.
참고 원 안과 밖의 모눈 칸 수를 세어 어림하기, 원 안과 밖에 정사각형을 그려 어림하기 등 다양한 방법으로 원의 넓이를 어림할 수 있습니다.
원의 넓이를 50 cm²와 100 cm² 사이의 값으로 어림했으면 모두 정답입니다.

교과서+익힘책 개념탄탄 147쪽

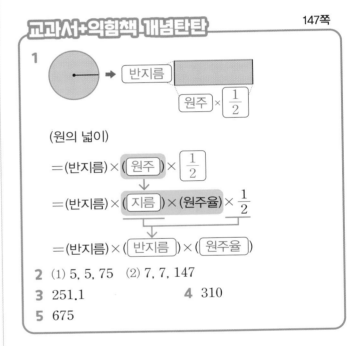

(원의 넓이)
$$=(\text{반지름})\times(\text{원주})\times\frac{1}{2}$$
$$=(\text{반지름})\times(\text{지름})\times(\text{원주율})\times\frac{1}{2}$$
$$=(\text{반지름})\times(\text{반지름})\times(\text{원주율})$$

2 (1) 5, 5, 75   (2) 7, 7, 147
3 251.1   **4** 310
5 675

1 원을 한없이 잘라서 만든 직사각형의 가로는 $(\text{원주})\times\frac{1}{2}$, 세로는 원의 반지름과 같습니다.
직사각형의 넓이를 이용하여 원의 넓이를 구하는 방법을 식으로 나타내면 (반지름)×(반지름)×(원주율)입니다.

2 (1) $5\times5\times3=75 \text{ (cm}^2)$
(2) $7\times7\times3=147 \text{ (cm}^2)$

3 (반지름)$$=18\div2=9 \text{ (cm)}$$
➡ (원의 넓이)$$=9\times9\times3.1=251.1 \text{ (cm}^2)$$

4 $10 \times 10 \times 3.1 = 310$ (cm²)

5 (호수의 반지름)$=30 \div 2=15$ (m)
➡ (호수의 넓이)$=15 \times 15 \times 3=675$ (m²)

149쪽

교과서+익힘책 개념탄탄

1 8, 4, 48, 24, 72
2 12, 6, 6, 144, 108, 36
3 84
4 24
5 12
6

반지름(cm)	2	4
원주(cm)	12	24
넓이(cm²)	12	48

, 2, 4

1 (색칠한 부분의 둘레)
$=$(큰 원의 둘레)$+$(작은 원의 둘레)
$=8 \times 2 \times 3 + 4 \times 2 \times 3$
$=48+24=72$ (cm)

2 (색칠한 부분의 넓이)
$=$(정사각형의 넓이)$-$(원의 넓이)
$=12 \times 12 - 6 \times 6 \times 3$
$=144-108=36$ (cm²)

3 (색칠한 부분의 둘레)
$=$(큰 원의 둘레)$+$(작은 원의 둘레)$\times 2$
$=7 \times 2 \times 3 + 7 \times 3 \times 2$
$=42+42=84$ (m)

4 작은 반원 부분을 옮기면 큰 반원이 되므로 큰 반원의 넓이를 구합니다.

(색칠한 부분의 넓이)$=4 \times 4 \times 3 \div 2=24$ (m²)

5 작은 원의 지름은 큰 반원의 반지름과 같으므로 $8 \div 2=4$ (m)입니다. 따라서 작은 원의 반지름은 $4 \div 2=2$ (m)입니다.
(색칠한 부분의 넓이)
$=$(큰 반원의 넓이)$-$(작은 원의 넓이)
$=4 \times 4 \times 3 \div 2 - 2 \times 2 \times 3$
$=24-12=12$ (m²)

---

6 원주는 각각 $2 \times 2 \times 3=12$ (cm),
$4 \times 2 \times 3=24$ (cm)입니다.
넓이는 각각 $2 \times 2 \times 3=12$ (cm²),
$4 \times 4 \times 3=48$ (cm²)입니다.
반지름이 2 cm에서 4 cm로 2배가 되면 원주는 12 cm에서 24 cm로 2배가 되고, 넓이는 12 cm²에서 48 cm²로 4배가 됩니다.

유형별 실력쑥쑥

150~153쪽

1 ㉡, ㉢, ㉠
01 60
02 147
03 507
04 나
2 36
05 63
06 132
07 33
08 풀이 참조, 35
3 25
09 168
10 750
11 72
12 25
4 서아
13 18, 36, 54 / 3배에 ○표
14 풀이 참조, 432
15 31
16 9.6

1 ㉠ $12 \times 12 \times 3=432$ (cm²)
㉡ $10 \times 10 \times 3=300$ (cm²)
따라서 $300<363<432$이므로 넓이가 좁은 원부터 차례로 기호를 쓰면 ㉡, ㉢, ㉠입니다.

01 (왼쪽 원의 넓이)$=4 \times 4 \times 3=48$ (cm²)
(오른쪽 원의 넓이)$=6 \times 6 \times 3=108$ (cm²)
따라서 두 원의 넓이의 차는 $108-48=60$ (cm²)입니다.

02 (지름)$=42 \div 3=14$ (cm)이므로 반지름은 $14 \div 2=7$ (cm)입니다.
➡ (원의 넓이)$=7 \times 7 \times 3=147$ (cm²)

03 정사각형 모양의 종이에 그릴 수 있는 가장 큰 원의 지름은 26 cm이므로 반지름은 $26 \div 2=13$ (cm)입니다.
➡ (원의 넓이)$=13 \times 13 \times 3=507$ (cm²)

04 (가 피자의 넓이)$=23×23=529$ (cm^2)

(나 피자의 넓이)$=14×14×3=588$ (cm^2)

따라서 $529<588$이므로 넓이가 더 넓은 나 피자가 양이 더 많습니다.

2 (색칠한 부분의 둘레)

$=$(큰 원의 둘레)$÷2+$(작은 원의 둘레)

$=6×2×3÷2+6×3$

$=18+18=36$ (cm)

05 (색칠한 부분의 둘레)

$=$(큰 원의 둘레)$÷2+$(작은 원의 둘레)$÷2+3×2$

$=11×2×3÷2+8×2×3÷2+3×2$

$=33+24+6=63$ (m)

06 (색칠한 부분의 둘레)

$=$(큰 원의 둘레)$+$(작은 원의 둘레)$+$(큰 원의 지름)

$=12×2×3+12×3+12×2$

$=72+36+24=132$ (cm)

07 (색칠한 부분의 둘레)$=$(원의 둘레)$÷4×2$

$\qquad\qquad\qquad\qquad =11×2×3÷4×2$

$\qquad\qquad\qquad\qquad =66÷4×2$

$\qquad\qquad\qquad\qquad =33$ (cm)

08 **예** ❶ 색칠한 부분의 둘레는

(반지름이 7 m인 원의 둘레)$÷2+$(직사각형의 가로) 와 같습니다.

❷ 따라서 $7×2×3÷2+7×2=21+14=35$ (m) 입니다.

❸ 35

채점 기준
❶ 색칠한 부분의 둘레를 구하는 방법을 설명한 경우
❷ 색칠한 부분의 둘레를 구한 경우
❸ 답을 바르게 쓴 경우

3 (색칠한 부분의 넓이)

$=$(원의 넓이)$-$(마름모의 넓이)

$=5×5×3-10×10÷2$

$=75-50=25$ (m^2)

09 가장 큰 원의 지름은 $8+14=22$ (cm)이므로 반지름은 $22÷2=11$ (cm)입니다.

색칠한 부분의 넓이는 가장 큰 원의 넓이에서 작은 두 원의 넓이를 각각 뺀 것과 같습니다.

(색칠한 부분의 넓이)

$=11×11×3-4×4×3-7×7×3$

$=363-48-147=168$ (cm^2)

10 (색칠한 부분의 넓이)

$=$(반원의 넓이)$+$(직사각형의 넓이)

$=10×10×3÷2+30×20$

$=150+600=750$ (cm^2)

11 반원 부분을 아래로 옮기면 직사각형이 되므로 직사각형의 넓이를 구합니다.

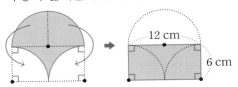

(색칠한 부분의 넓이)$=12×6=72$ (cm^2)

12 (색칠한 부분의 넓이)

$=$(정사각형의 넓이)$-$(원의 넓이)

$=10×10-5×5×3$

$=100-75=25$ (cm^2)

4 반지름이 2배, 3배가 되면 원의 넓이는 4배, 9배가 됩니다.

따라서 잘못 말한 친구는 서아입니다.

13 원주는 각각 $3×2×3=18$ (cm),

$6×2×3=36$ (cm), $9×2×3=54$ (cm)입니다.

따라서 반지름이 3배가 되면 원주도 3배가 됩니다.

14 **예** ❶ 반지름이 3배가 되면 원의 넓이는 9배가 됩니다.

❷ 따라서 새로 만든 원의 넓이는 $48×9=432$ (cm^2) 입니다.

❸ 432

채점 기준
❶ 반지름과 원의 넓이 사이의 관계를 설명한 경우
❷ 새로 만든 원의 넓이를 구한 경우
❸ 답을 바르게 쓴 경우

15 반지름이 2배가 되면 원주도 2배가 됩니다.
큰 바퀴의 반지름이 작은 바퀴의 반지름의 2배이므로 큰 바퀴의 둘레는 $15.5 \times 2 = 31$ (cm)입니다.

16 반지름이 2배가 되면 원의 넓이는 4배가 됩니다.
가 원의 반지름이 나 원의 반지름의 2배이므로 가 원의 넓이는 나 원의 넓이의 4배입니다.
따라서 가 원의 넓이가 38.4 cm^2이므로 나 원의 넓이는 $38.4 \div 4 = 9.6$ (cm^2)입니다.

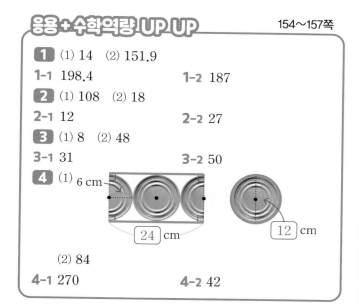

응용+수학역량 UP UP 154~157쪽

1 (1) 14 (2) 151.9
1-1 198.4   **1-2** 187
2 (1) 108 (2) 18
2-1 12   **2-2** 27
3 (1) 8 (2) 48
3-1 31   **3-2** 50
4 (1)

6 cm [24] cm [12] cm

(2) 84
4-1 270   **4-2** 42

1 (1) 직사각형 모양의 종이를 잘라 만들 수 있는 가장 큰 원의 지름은 14 cm입니다.
(2) (원의 넓이) $= 7 \times 7 \times 3.1 = 151.9$ (cm^2)

1-1 직사각형 모양의 종이를 잘라 만들 수 있는 가장 큰 원의 지름은 16 cm입니다.
➡ (원의 넓이) $= 8 \times 8 \times 3.1 = 198.4$ (cm^2)

1-2 직사각형 모양의 종이를 잘라 만들 수 있는 가장 큰 원의 지름은 22 cm입니다.
(직사각형의 넓이) $= 25 \times 22 = 550$ (cm^2)
(원의 넓이) $= 11 \times 11 \times 3 = 363$ (cm^2)
➡ (원을 만들고 남은 부분의 넓이)
$= 550 - 363 = 187$ (cm^2)

2 (1) 반지름이 3 m인 원 4개를 노란색으로 칠해야 하므로 노란색으로 칠할 부분의 넓이는
$3 \times 3 \times 3 \times 4 = 108$ (m^2)입니다.
(2) 필요한 노란색 페인트의 양을 □ L라 하고 비례식을 세우면 $1 : 6 = □ : 108$입니다.
$6 \times □ = 108$, $□ = 18$이므로 필요한 노란색 페인트는 18 L입니다.

2-1 반지름이 2 m인 원 3개를 파란색으로 칠해야 하므로 파란색으로 칠할 부분의 넓이는
$2 \times 2 \times 3 \times 3 = 36$ (m^2)입니다.
필요한 파란색 페인트의 양을 □ L라 하고 비례식을 세우면 $1 : 3 = □ : 36$입니다.
$3 \times □ = 36$, $□ = 12$이므로 필요한 파란색 페인트는 12 L입니다.

2-2 반지름이 1 m인 원 4개와 반지름이 4 m인 원 2개를 칠해야 하므로 분홍색으로 칠할 부분의 넓이는
$1 \times 1 \times 3 \times 4 + 4 \times 4 \times 3 \times 2 = 12 + 96 = 108$ (m^2)입니다.
필요한 분홍색 페인트의 양을 □ L라 하고 비례식을 세우면 $1 : 4 = □ : 108$입니다.
$4 \times □ = 108$, $□ = 27$이므로 필요한 분홍색 페인트는 27 L입니다.

3 (1) 거울의 넓이가 192 cm^2이므로
(반지름) $\times$ (반지름) $\times 3 = 192$,
(반지름) $\times$ (반지름) $= 192 \div 3 = 64$입니다.
$8 \times 8 = 64$이므로 반지름은 8 cm입니다.
(2) $8 \times 2 \times 3 = 48$ (cm)

3-1 나침반의 넓이가 77.5 cm^2이므로
(반지름) $\times$ (반지름) $\times 3.1 = 77.5$,
(반지름) $\times$ (반지름) $= 77.5 \div 3.1 = 25$입니다.
$5 \times 5 = 25$이므로 반지름은 5 cm입니다.
➡ (나침반의 둘레) $= 5 \times 2 \times 3.1 = 31$ (cm)

3-2 반원의 넓이가 150 cm^2이므로 원의 넓이는
$150 \times 2 = 300$ (cm^2)입니다.
(반지름) $\times$ (반지름) $\times 3 = 300$,
(반지름) $\times$ (반지름) $= 300 \div 3 = 100$이고,
$10 \times 10 = 100$이므로 반지름은 10 cm입니다.
➡ (색칠한 부분의 둘레) $=$ (원의 둘레) $\div 2 +$ (지름)
$= 10 \times 2 \times 3 \div 2 + 10 \times 2$
$= 30 + 20 = 50$ (cm)

4 (1) 직선 부분의 길이는 $6 \times 4 = 24$ (cm)입니다.
  곡선 부분은 양쪽 끝의 반원을 잘라 연결하면 지름이 12 cm인 원이 됩니다.
 (2) (사용한 끈의 길이)
  $=$(직선 부분의 길이의 합)
   $+$(곡선 부분의 길이의 합)
  $=24 \times 2 + 12 \times 3$
  $=48 + 36 = 84$ (cm)

4-1 (직선 부분의 길이의 합)$=15 \times 6 \times 2 = 180$ (cm)
  (곡선 부분의 길이의 합)$=15 \times 2 \times 3 = 90$ (cm)
  ➡ (사용한 끈의 길이)$=180 + 90 = 270$ (cm)

4-2

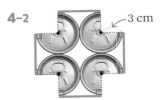

(직선 부분의 길이의 합)$=3 \times 2 \times 4 = 24$ (cm)

(곡선 부분의 길이의 합)$=3 \times 2 \times 3 = 18$ (cm)
  ➡ (사용한 끈의 길이)$=24 + 18 = 42$ (cm)

단원평가 1회

158~160쪽

01 원주	**02** 9, 27.9
03 32, 60	**04** 3.14
05	, 147
06 507	**07** 36
08 11	**09** 15.5
10 ㉢, ㉠, ㉡	**11** 192
12 65.1	**13** 192
14 2175	**15** 432
16 744	**17** 25
18 16	**19** ㉡, 풀이 참조
20 풀이 참조, 54	

05 (원 그림 7 cm ➡ 직사각형 가로 21 cm, 세로 7 cm)

01 원주율은 원의 지름에 대한 원주의 비율입니다.

02 (원주)$=9 \times 3.1 = 27.9$ (cm)

04 $31.4 \div 10 = 3.14$(배)

05 (직사각형의 가로)$=$(원주)$\times \dfrac{1}{2}$
   $=7 \times 2 \times 3 \times \dfrac{1}{2} = 21$ (cm)
  (직사각형의 세로)$=$(반지름)$=7$ cm
  ➡ (원의 넓이)$=$(직사각형의 넓이)
    $=21 \times 7 = 147$ (cm²)

06 $13 \times 13 \times 3 = 507$ (cm²)

07 $6 \times 2 \times 3 = 36$ (cm)

08 (지름)$=34.1 \div 3.1 = 11$ (cm)

09 (왼쪽 원의 둘레)$=13 \times 3.1 = 40.3$ (cm)
  (오른쪽 원의 둘레)$=4 \times 2 \times 3.1 = 24.8$ (cm)
  ➡ (두 원의 둘레의 차)$=40.3 - 24.8 = 15.5$ (cm)

10 ㉡ $5 \times 5 \times 3 = 75$ (cm²)
  ㉢ $9 \times 9 \times 3 = 243$ (cm²)
  따라서 $243 > 192 > 75$이므로 넓이가 넓은 원부터 차례로 기호를 쓰면 ㉢, ㉠, ㉡입니다.

11 (지름)$=48 \div 3 = 16$ (cm)이므로
  (원의 넓이)$=8 \times 8 \times 3 = 192$ (cm²)입니다.

12 (색칠한 부분의 둘레)
  $=$(큰 원의 둘레)$+$(작은 원의 둘레)
  $=7 \times 2 \times 3.1 + 7 \times 3.1$
  $=43.4 + 21.7 = 65.1$ (cm)

13 (색칠한 부분의 넓이)
  $=$(큰 반원의 넓이)$-$(작은 반원의 넓이)
  $=12 \times 12 \times 3 \div 2 - 4 \times 4 \times 3 \div 2$
  $=216 - 24 = 192$ (cm²)

14 (운동장의 넓이)＝(원의 넓이)＋(직사각형의 넓이)
$$＝15×15×3＋50×30$$
$$＝675＋1500$$
$$＝2175 \text{ (m}^2)$$

15 반지름이 2배가 되면 원의 넓이는 4배가 됩니다.
따라서 새로 만든 원의 넓이는 $108×4＝432 \text{ (cm}^2)$
입니다.

16 (굴렁쇠가 한 바퀴 굴러간 거리)
$$＝40×3.1＝124 \text{ (cm)}$$
➡ (굴렁쇠가 6바퀴 굴러간 거리)
$$＝124×6＝744 \text{ (cm)}$$

17 (공원의 둘레)＝$50×3＝150$ (m)
➡ (필요한 가로수의 수)＝$150÷6＝25$(그루)

18 반지름이 2 m인 원 4개를 하늘색으로 칠해야 하므
로 하늘색 페인트로 칠할 부분의 넓이는
$2×2×3×4＝48 \text{ (m}^2)$입니다.
필요한 하늘색 페인트의 양을 □ L라 하고 비례식을
세우면 $1:3＝□:48$입니다.
$3×□＝48$, □＝16이므로 필요한 하늘색 페인트는
16 L입니다.

19 ❶ ㉡
예 ❷ 원의 크기와 상관없이 원주율은 일정합니다.

채점 기준	배점
❶ 잘못 설명한 것을 찾아 기호를 쓴 경우	2점
❷ 바르게 고친 경우	3점

20 **예** ❶ 접시의 넓이가 243 cm²이므로
(반지름)×(반지름)×3＝243,
(반지름)×(반지름)＝243÷3＝81입니다.
$9×9＝81$이므로 반지름은 9 cm입니다.
❷ 따라서 접시의 둘레는 $9×2×3＝54$ (cm)입니다.
❸ 54

채점 기준	배점
❶ 접시의 반지름을 구한 경우	2점
❷ 접시의 둘레를 구한 경우	1점
❸ 답을 바르게 쓴 경우	2점

단원 평가 2회

01 원의 둘레를 원주라고 합니다.에 ○표
02 3.14
03 4, 4, 48
04 15.5
05 **예** 12
06 62, 310
07 108
08 9
09 102
10 170.5
11 4
12 105
13 44
14 15
15 363
16 60
17 3
18 84
19 풀이 참조, ㉠
20 풀이 참조, 588

01 원주는 지름의 3배보다 길고, 4배보다 짧습니다.

02 $40.8÷13＝3.138\cdots$ ➡ 3.14

03 (원의 넓이)＝$4×4×3＝48 \text{ (cm}^2)$

04 $5×3.1＝15.5$ (cm)

05 반지름을 한 변으로 하는 정사각형 넓이의 약 3배로
생각하여 어림하면 약 $4×3＝12 \text{ (cm}^2)$입니다.
참고 원의 넓이를 8 cm²와 16 cm² 사이의 값으로 어림했
으면 모두 정답입니다.

06 (원주)＝$20×3.1＝62$ (cm)
(원의 넓이)＝$10×10×3.1＝310 \text{ (cm}^2)$

07 그린 원의 반지름은 6 cm이므로 그린 원의 넓이는
$6×6×3＝108 \text{ (cm}^2)$입니다.

08 (반지름)＝$54÷3÷2＝18÷2＝9$ (cm)

09 (왼쪽 원의 넓이)＝$3×3×3＝27 \text{ (cm}^2)$
(오른쪽 원의 넓이)＝$5×5×3＝75 \text{ (cm}^2)$
➡ (두 원의 넓이의 합)＝$27＋75＝102 \text{ (cm}^2)$

10 (색칠한 부분의 넓이)
＝(큰 원의 넓이)－(작은 원의 넓이)
$$＝8×8×3.1－3×3×3.1$$
$$＝198.4－27.9＝170.5 \text{ (cm}^2)$$

11 (반지름)×(반지름)×$3.1＝49.6$이므로
(반지름)×(반지름)＝$49.6÷3.1＝16$입니다.
$4×4＝16$이므로 반지름은 4 cm입니다.

12 (색칠한 부분의 둘레)
= (원의 둘레) + (정사각형의 둘레)
= $15 \times 3 + 15 \times 4 = 45 + 60 = 105$ (cm)

13 (만든 원의 둘레) = $26 \times 2 \times 3 = 156$ (cm)
2 m = 200 cm이므로 원을 만들고 남은 철사는
$200 - 156 = 44$ (cm)입니다.

14 반지름이 3배가 되면 원주도 3배가 되므로 큰 색종이의 둘레는 작은 색종이의 둘레의 3배입니다.
작은 색종이의 둘레는 $45 \div 3 = 15$ (cm)입니다.

15 (지름) = $66 \div 3 = 22$ (cm)이므로
(원의 넓이) = $11 \times 11 \times 3 = 363$ (cm²)입니다.

16 가장 큰 원의 지름은 $8 + 6 \times 2 = 20$ (cm)입니다.
(색칠한 부분의 둘레)
= $20 \times 3 \div 2 + 8 \times 3 \div 2 + 12 \times 3 \div 2$
= $30 + 12 + 18 = 60$ (cm)

17 (굴렁쇠가 한 바퀴 굴러간 거리) = $19 \times 3 = 57$ (cm)
➡ (굴렁쇠를 굴린 횟수) = $171 \div 57 = 3$(바퀴)

18 (직선 부분의 길이의 합) = $7 \times 2 \times 3 = 42$ (cm)
(곡선 부분의 길이의 합) = $7 \times 2 \times 3 = 42$ (cm)
➡ (사용한 끈의 길이) = $42 + 42 = 84$ (cm)

19 예 ❶ ㉠의 지름은 $57 \div 3 = 19$ (cm)이고,
㉡의 지름은 $9 \times 2 = 18$ (cm)입니다.
❷ 따라서 $19 > 18$이므로 지름이 더 긴 것은 ㉠입니다.
❸ ㉠

채점 기준	배점
❶ ㉠과 ㉡의 지름을 각각 구한 경우	2점
❷ 지름이 더 긴 것을 찾은 경우	1점
❸ 답을 바르게 쓴 경우	2점

20 예 ❶ 직사각형 모양의 종이를 잘라 만들 수 있는 가장 큰 원의 지름은 28 cm입니다.
❷ 따라서 만들 수 있는 가장 큰 원의 넓이는
$14 \times 14 \times 3 = 588$ (cm²)입니다.
❸ 588

채점 기준	배점
❶ 만들 수 있는 가장 큰 원의 지름을 구한 경우	1점
❷ 만들 수 있는 가장 큰 원의 넓이를 구한 경우	2점
❸ 답을 바르게 쓴 경우	2점

6 단원 원기둥, 원뿔, 구

교과서+익힘책 개념탄탄
167쪽

1 가, 마 **2** 다, 바
3 (1) 원기둥 (2) 원뿔
4
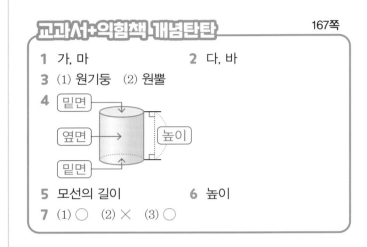
밑면 / 옆면 / 밑면 / 높이
5 모선의 길이 **6** 높이
7 (1) ○ (2) × (3) ○

1 서로 합동이고 평행한 두 원을 면으로 하는 입체도형을 찾으면 가, 마입니다.
참고 서로 합동이고 평행한 두 원을 면으로 하는 입체도형을 원기둥이라고 합니다.

2 한 원을 면으로 하는 뿔 모양의 입체도형을 찾으면 다, 바입니다.
참고 한 원을 면으로 하는 뿔 모양의 입체도형을 원뿔이라고 합니다.

3 (1) 직사각형 모양의 종이를 한 변을 기준으로 한 바퀴 돌리면 원기둥이 됩니다.
(2) 직각삼각형 모양의 종이를 한 변을 기준으로 한 바퀴 돌리면 원뿔이 됩니다.

4 원기둥에서 서로 합동이고 평행한 두 원을 밑면이라 하고, 두 밑면과 만나는 굽은 면을 옆면이라고 합니다. 두 밑면 사이의 거리를 높이라고 합니다.
참고 원기둥의 밑면은 평평한 면이고, 옆면은 굽은 면입니다.

5 원뿔의 꼭짓점과 밑면인 원의 둘레의 한 점을 이은 선분의 길이를 재는 그림이므로 원뿔의 모선의 길이를 재는 것입니다.

6 원뿔의 꼭짓점에서 밑면에 수직으로 내린 선분의 길이를 재는 그림이므로 원뿔의 높이를 재는 것입니다.

7 (2) 원기둥과 원뿔의 옆면은 굽은 면입니다.

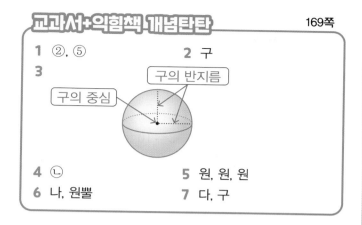

1 ②, ⑤   **2** 구

3

> 구의 중심   구의 반지름

4 ㉡   **5** 원, 원, 원
6 나, 원뿔   **7** 다, 구

1 ①, ④ 원기둥   ③ 원뿔

2 반원 모양의 종이를 지름을 기준으로 한 바퀴 돌리면 구가 됩니다.

3 구의 중심과 구의 반지름을 알맞게 씁니다.

4 ㉡ 구는 꼭짓점이 없습니다.

5 원기둥, 원뿔, 구를 위에서 본 모양은 모두 원입니다.

6 원뿔을 옆에서 본 모양은 삼각형입니다.

7 구는 어느 방향에서 보아도 모양이 원으로 같습니다.

1 전개도
2 (1) 원, 2   (2) 직사각형, 1
3 (   ) (◯)   **4** 선분 ㄱㄹ, 선분 ㄴㄷ
5 높이   **6** 5, 8, 30

3 왼쪽은 옆면의 가로와 밑면의 둘레가 다릅니다.

4 전개도에서 옆면의 가로는 밑면의 둘레와 같습니다.

5 전개도에서 옆면의 세로는 원기둥의 높이와 같습니다.

6 ㉠은 원기둥의 밑면의 반지름이므로 5 cm입니다.
㉡은 원기둥의 높이와 같으므로 8 cm입니다.
㉢은 원기둥의 밑면의 둘레와 같으므로
$5 \times 2 \times 3 = 30$ (cm)입니다.

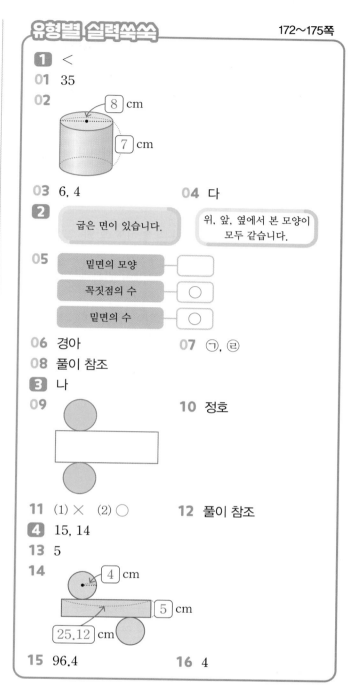

1 <
01 35
02

> 8 cm
> 7 cm

03 6, 4   **04** 다

2

> 굽은 면이 있습니다.   위, 앞, 옆에서 본 모양이 모두 같습니다.

05

> 밑면의 모양   [   ]
> 꼭짓점의 수   (◯)
> 밑면의 수   (◯)

06 경아   **07** ㉠, ㉣
08 풀이 참조

3 나
09   **10** 정호

11 (1) ×   (2) ◯   **12** 풀이 참조
4 15, 14
13 5
14

> 4 cm
> 5 cm
> 25.12 cm

15 96.4   **16** 4

1 원기둥의 높이는 8 cm이고, 원뿔의 높이는 9 cm입니다.
➡ (원기둥의 높이) < (원뿔의 높이)

01 원뿔의 모선의 길이는 17 cm이고, 구의 지름은
$9 \times 2 = 18$ (cm)입니다.
➡ $17 + 18 = 35$ (cm)

02 직사각형의 가로와 세로는 각각 원기둥의 밑면의 반지름과 높이가 되므로 밑면의 지름은
$4 \times 2 = 8$ (cm), 높이는 7 cm입니다.

03 직각삼각형 모양의 종이를 한 변을 기준으로 한 바퀴 돌리면 원뿔이 만들어집니다.
원뿔의 밑면의 반지름이 3 cm이므로 밑면의 지름은 $3 \times 2 = 6$ (cm), 높이는 4 cm입니다.

04 가, 나, 다 모두 밑면이 원입니다.
밑면의 지름이 10 cm인 것은 나, 다입니다.
높이가 13 cm인 것은 가, 다입니다.
따라서 나은이가 말하는 입체도형은 다입니다.

2 원기둥을 위에서 본 모양은 원이고 앞과 옆에서 본 모양은 사각형입니다.
구는 어느 방향에서 보아도 모양이 원으로 같습니다.

05 • 원기둥과 원뿔의 밑면의 모양은 원입니다.
• 원기둥에는 꼭짓점이 없습니다.
• 원기둥은 밑면이 2개, 원뿔은 밑면이 1개입니다.

06 원기둥과 구에는 모두 꼭짓점이 없습니다.

07 ⓛ 구는 어느 방향에서 보아도 모양이 같습니다.
ⓒ 원뿔에는 평평한 면이 있지만 구에는 없습니다.

08 같은 점 예 ❶ 위에서 본 모양은 원입니다.
다른 점 예 ❷ 원뿔은 원뿔의 꼭짓점이 있지만 구는 없습니다.

채점 기준
❶ 원뿔과 구의 같은 점을 쓴 경우
❷ 원뿔과 구의 다른 점을 쓴 경우

3 가: 밑면인 두 원이 서로 합동이 아닙니다.
다: 밑면인 두 원이 서로 겹쳐집니다.

09 원기둥의 전개도에서 밑면은 원입니다.

10 옆면의 가로는 원기둥의 밑면의 둘레와 같습니다.

11 (1) 옆면은 직사각형이고 1개입니다.

12 예 옆면의 가로와 밑면의 둘레가 다릅니다.

채점 기준
원기둥의 전개도가 될 수 없는 이유를 바르게 쓴 경우

4 전개도로 만든 원기둥에서 두 밑면 사이의 거리는 15 cm이므로 원기둥의 높이는 15 cm입니다.
밑면의 지름은
(원주) ÷ (원주율) = $42 \div 3 = 14$ (cm)입니다.

13 밑면의 지름은
(원주) ÷ (원주율) = $30 \div 3 = 10$ (cm)입니다.
➡ (밑면의 반지름) = $10 \div 2 = 5$ (cm)

14 전개도에서 옆면의 세로는 원기둥의 높이와 같으므로 5 cm이고, 옆면의 가로는 밑면의 둘레와 같으므로 $4 \times 2 \times 3.14 = 25.12$ (cm)입니다.

15 (옆면의 가로) = $6 \times 2 \times 3.1 = 37.2$ (cm)
(옆면의 세로) = 11 cm
➡ (옆면의 둘레) = $(37.2 + 11) \times 2 = 96.4$ (cm)

16 (옆면의 가로) = $2 \times 2 \times 3 = 12$ (cm)
(옆면의 가로) + (옆면의 세로) = $32 \div 2 = 16$ (cm)
➡ (원기둥의 높이) = (옆면의 세로)
= $16 - 12 = 4$ (cm)

응용+수학역량 UP UP　　　176~178쪽

1 (1) 6　(2) 111.6
1-1 75　　　　　　　　　**1-2** 432
2 (1) 20　(2) 20
2-1 16　　　　　　　　　**2-2** 14
3 (1) 24　(2) 8　(3) 6
3-1 9　　　　　　　　　　**3-2** 20

1 (1) 직각삼각형 모양의 종이를 한 변을 기준으로 한 바퀴 돌리면 원뿔이 만들어집니다.
밑면은 반지름이 6 cm인 원입니다.
(2) (밑면의 넓이) = $6 \times 6 \times 3.1 = 111.6$ (cm²)

1-1 직각삼각형 모양의 종이를 한 변을 기준으로 한 바퀴 돌리면 원뿔이 만들어집니다.
밑면은 반지름이 5 cm인 원이므로
(밑면의 넓이) = $5 \times 5 \times 3 = 75$ (cm²)입니다.

1-2 직사각형 모양의 종이를 한 변을 기준으로 한 바퀴 돌리면 원기둥이 만들어집니다.
밑면은 반지름이 12 cm인 원이므로
(한 밑면의 넓이)$=12 \times 12 \times 3 = 432$ (cm²)입니다.

2 (1) 위에서 본 모양이 반지름이 10 cm인 원이므로 밑면은 반지름이 10 cm인 원입니다.
➡ (밑면의 지름)$=10 \times 2 = 20$ (cm)
(2) 앞에서 본 모양이 정사각형이므로 원기둥의 높이는 밑면의 지름과 같습니다.
➡ (원기둥의 높이)$=20$ cm

2-1 위에서 본 모양이 반지름이 4 cm인 원이므로 밑면은 반지름이 4 cm인 원입니다.
➡ (밑면의 지름)$=4 \times 2 = 8$ (cm)
앞에서 본 모양이 정사각형이므로 원기둥의 높이는 밑면의 지름과 같습니다.
➡ (원기둥의 높이)$=8$ cm
따라서 원기둥의 밑면의 지름과 높이의 합은
$8+8=16$ (cm)입니다.

2-2 위에서 본 모양이 반지름이 7 cm인 원이므로 밑면은 반지름이 7 cm인 원입니다.
➡ (밑면의 지름)$=7 \times 2 = 14$ (cm)
앞에서 본 모양이 정삼각형이므로 원뿔의 모선의 길이는 밑면의 지름과 같습니다.
따라서 원뿔의 모선의 길이는 14 cm입니다.

3 (1) 밑면의 둘레는 전개도의 옆면의 가로와 같으므로 24 cm입니다.
(2) (밑면의 지름)$=$(원주)$\div$(원주율)
$=24 \div 3 = 8$ (cm)
(3) (원기둥의 높이)$=22-8-8=6$ (cm)

3-1 밑면의 둘레는 전개도의 옆면의 가로와 같으므로 31 cm입니다.
(밑면의 지름)$=$(원주)$\div$(원주율)
$=31 \div 3.1 = 10$ (cm)
➡ (원기둥의 높이)$=29-10-10=9$ (cm)

3-2 정사각형 모양의 종이이므로
(종이의 가로)$=$(종이의 세로)$=60$ cm입니다.
밑면의 둘레는 전개도의 옆면의 가로와 같으므로 60 cm입니다.

(밑면의 지름)$=$(원주)$\div$(원주율)
$=60 \div 3 = 20$ (cm)
➡ (원기둥의 높이)$=60-20-20=20$ (cm)

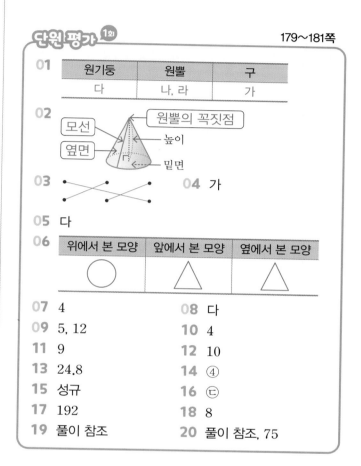

단원 평가 ①회　　　179~181쪽

01	원기둥	원뿔	구
	다	나, 라	가

07 4　　　**08** 다
09 5, 12　　　**10** 4
11 9　　　**12** 10
13 24.8　　　**14** ④
15 성규　　　**16** ㉢
17 192　　　**18** 8
19 풀이 참조　　　**20** 풀이 참조, 75

01 원기둥은 다, 원뿔은 나, 라, 구는 가입니다.

02 원뿔에서 원과 만나는 굽은 면을 옆면, 뾰족한 부분의 점을 원뿔의 꼭짓점이라고 합니다. 원뿔의 꼭짓점과 밑면인 원의 둘레의 한 점을 이은 선분을 모선이라고 합니다.

03 • 반원 모양의 종이를 지름을 기준으로 한 바퀴 돌리면 구가 만들어집니다.
• 직사각형 모양의 종이를 한 변을 기준으로 한 바퀴 돌리면 원기둥이 만들어집니다.
• 직각삼각형 모양의 종이를 한 변을 기준으로 한 바퀴 돌리면 원뿔이 만들어집니다.

04 나: 원기둥과 원뿔로 만든 모양입니다.

05 가: 밑면인 두 원이 서로 겹쳐집니다.
나: 옆면의 가로와 밑면의 둘레가 다릅니다.

06 원뿔을 위에서 본 모양은 원, 앞과 옆에서 본 모양은 삼각형입니다.

07 지름이 8 cm인 반원 모양의 종이를 지름을 기준으로 한 바퀴 돌리면 지름이 8 cm인 구가 만들어집니다.
➡ (구의 반지름)$=8\div2=4$ (cm)

08 구는 어느 방향에서 보아도 모양이 원으로 같습니다.

09 밑면의 지름이 10 cm이므로
밑면의 반지름은 $10\div2=5$ (cm)입니다.
원기둥의 높이는 12 cm입니다.

10 원뿔에서 모선의 길이는 10 cm이고, 높이는 6 cm 입니다.
➡ $10-6=4$ (cm)

11 직각삼각형 모양의 종이를 한 변을 기준으로 한 바퀴 돌리면 원뿔이 만들어집니다. 원뿔의 밑면은 반지름이 7 cm인 원이고 높이는 9 cm입니다.

12 원기둥의 높이는 옆면의 세로와 같습니다.
➡ (원기둥의 높이)$=10$ cm

13 옆면의 가로는 밑면의 둘레와 같습니다.
➡ (옆면의 가로)$=4\times2\times3.1=24.8$ (cm)

14 ① 합동인 원이 2개인 것은 원기둥입니다.
② 원기둥은 밑면이 2개, 원뿔은 밑면이 1개입니다.
③ 원뿔의 꼭짓점이 있는 것은 원뿔입니다.
⑤ 원기둥과 원뿔 모두 밑면의 모양은 원입니다.

15 옆면의 가로는 밑면의 둘레와 같고 옆면의 세로는 원기둥의 높이와 같습니다.

16 ㉢ 가, 나, 다 모두 위에서 본 모양이 원입니다.

17 직사각형 모양의 종이를 한 변을 기준으로 한 바퀴 돌리면 원기둥이 만들어집니다.
밑면은 반지름이 8 cm인 원이므로
(한 밑면의 넓이)$=8\times8\times3=192$ (cm^2)입니다.

18 (밑면의 둘레)$=$(전개도의 옆면의 가로)$=18$ cm
(밑면의 지름)$=$(원주)$\div$(원주율)
　　　　　　 $=18\div3=6$ (cm)
➡ (원기둥의 높이)$=20-6-6=8$ (cm)

19 | 같은 점 | 예 ❶ 꼭짓점이 없습니다.

| 다른 점 | 예 ❷ 원기둥은 보는 방향에 따라 모양이 다르지만 구는 어느 방향에서 보아도 모양이 같습니다.

채점 기준	배점
❶ 원기둥과 구의 같은 점을 쓴 경우	2점
❷ 원기둥과 구의 다른 점을 쓴 경우	3점

20 예 ❶ 반지름이 5 cm인 구를 위에서 본 모양은 반지름이 5 cm인 원입니다.
❷ (원의 넓이)$=5\times5\times3=75$ (cm^2)
따라서 반지름이 5 cm인 구를 위에서 본 모양의 넓이는 75 cm^{2}입니다.
❸ 75

채점 기준	배점
❶ 구를 위에서 본 모양을 설명한 경우	1점
❷ 구를 위에서 본 모양의 넓이를 구한 경우	2점
❸ 답을 바르게 쓴 경우	2점

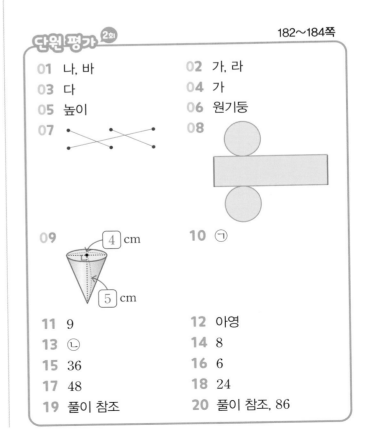

단원 평가 2회 　　　　　　　　　182~184쪽

01 나, 바 　　　　**02** 가, 라
03 다 　　　　　**04** 가
05 높이 　　　　**06** 원기둥
07 　　　　　　**08**
09 4 cm / 5 cm 　**10** ㉠
11 9 　　　　　**12** 아영
13 ㉡ 　　　　　**14** 8
15 36 　　　　　**16** 6
17 48 　　　　　**18** 24
19 풀이 참조 　　**20** 풀이 참조, 86

01 서로 합동이고 평행한 두 원을 면으로 하는 입체도형을 찾으면 나, 바입니다.

02 한 원을 면으로 하는 뿔 모양의 입체도형을 찾으면 가, 라입니다.

03 반원을 지름을 기준으로 한 바퀴 돌려서 만든 입체도형을 찾으면 다입니다.

04 직사각형 모양의 종이를 한 변을 기준으로 한 바퀴 돌리면 원기둥이 만들어집니다.

05 원뿔의 꼭짓점에서 밑면에 수직으로 내린 선분의 길이를 재는 그림이므로 원뿔의 높이를 재는 것입니다.

06 가는 원기둥과 원뿔로 만든 모양이고, 나는 원기둥과 구로 만든 모양입니다.
따라서 가와 나 두 모양에 모두 사용한 입체도형은 원기둥입니다.

07 원기둥을 앞에서 본 모양은 사각형, 원뿔을 앞에서 본 모양은 삼각형, 구를 앞에서 본 모양은 원입니다.

08 전개도에서 옆면의 세로는 원기둥의 높이와 같습니다.
참고 전개도에서 옆면의 가로는 밑면의 둘레와 같습니다.

09 직각삼각형 모양의 종이를 한 변을 기준으로 한 바퀴 돌리면 원뿔이 만들어집니다.
원뿔의 밑면의 반지름이 2 cm이므로 밑면의 지름은 $2 \times 2 = 4$ (cm)이고, 높이는 5 cm입니다.

10 ㉠ 원기둥의 밑면은 2개입니다.
㉡ 원뿔의 밑면은 1개입니다.
㉢ 구의 중심은 1개입니다.
따라서 수가 가장 큰 것은 ㉠입니다.

11 구의 지름이 18 cm이므로 구의 반지름은 $18 \div 2 = 9$ (cm)입니다.

12 원기둥과 원뿔의 밑면의 모양은 원입니다.

13 ㉠, ㉢, ㉣은 모선을 나타내고, ㉡은 높이를 나타냅니다.

14 원기둥의 전개도에서 옆면의 세로는 원기둥의 높이와 같습니다.
(선분 ㄱㄴ)=(원기둥의 높이)=8 cm

15 원기둥의 전개도에서 옆면의 가로는 원기둥의 밑면의 둘레와 같습니다.
(선분 ㄴㄷ)=(밑면의 둘레)=$12 \times 3 = 36$ (cm)

16 밑면의 지름은
(원주)÷(원주율)=$36 \div 3 = 12$ (cm)입니다.
➡ (밑면의 반지름)=$12 \div 2 = 6$ (cm)

17 직각삼각형 모양의 종이를 한 변을 기준으로 한 바퀴 돌리면 원뿔이 만들어집니다.
밑면은 반지름이 4 cm인 원이므로
(밑면의 넓이)=$4 \times 4 \times 3 = 48$ (cm^2)입니다.

18 위에서 본 모양이 반지름이 12 cm인 원이므로 밑면은 반지름이 12 cm인 원입니다.
➡ (밑면의 지름)=$12 \times 2 = 24$ (cm)
앞에서 본 모양이 정사각형이므로 원기둥의 높이는 밑면의 지름과 같습니다.
따라서 원기둥의 높이는 24 cm입니다.

19 **예** 두 밑면이 서로 평행하지 않고 합동이 아니므로 원기둥이 아닙니다.

채점 기준	배점
원기둥이 아닌 이유를 바르게 쓴 경우	5점

참고 원기둥의 밑면은 서로 합동이고 평행한 두 원입니다.

20 **예** ❶ (옆면의 가로)=$10 \times 3.1 = 31$ (cm)
(옆면의 세로)=12 cm
❷ 따라서 옆면의 둘레는
$(31+12) \times 2 = 86$ (cm)입니다.
❸ 86

채점 기준	배점
❶ 옆면의 가로와 세로를 각각 구한 경우	2점
❷ 옆면의 둘레를 구한 경우	1점
❸ 답을 바르게 쓴 경우	2점

Memo

FUN!
PUZZLE!
LEARN!

사자성어, 속담, 맞춤법(총3책)

퍼즐런

초등 필수 어휘를 퍼즐 학습으로 재미있게 배우자!

- 하루에 4개씩 25일 완성으로 집중력 UP!
- 다양한 게임 퍼즐과 쓰기 퍼즐로 기억력 UP!
- 생활 속 상황과 예문으로 문해력의 바탕 어휘력 UP!

함께해요!
바른 공부법 캠페인

궁금해요!
교재 질문 & 학습 고민 타파

공부해요!
미래엔 에듀 초·중등 교재

참여해요!
선물이 마구 쏟아지는 이벤트

초등학교

학년   반   이름

예비초등

한글 완성
초등학교 입학 전
한글 읽기·쓰기 동시에 끝내기 [총3책]

예비 초등
자신있는 초등학교 입학 준비!
[국어, 수학, 통합교과, 학교생활 총4책]

 **독해**

독해 시작편
초등학교 입학 전 독해 시작하기
[총2책]

독해
교과서 단계에 맞춰 학기별
읽기 전략 공략하기 [총12책]

비문학 독해 사회편
사회 영역의 배경지식을 키우고,
비문학 읽기 전략 공략하기 [총6책]

비문학 독해 과학편
과학 영역의 배경지식을 키우고,
비문학 읽기 전략 공략하기 [총6책]

 쏙셈

쏙셈 시작편
초등학교 입학 전 연산 시작하기
[총2책]

쏙셈
교과서에 따른 수·연산·도형·측정까지
계산력 향상하기 [총12책]

창의력 쏙셈
문장제 문제부터 창의·사고력 문제까지
수학 역량 키우기 [총12책]

쏙셈 분수·소수
3~6학년 분수·소수의 개념과 연산 원리를
집중 훈련하기 [분수 2책, 소수 2책]

 **ENGLISH BITE**

알파벳 쓰기
알파벳을 보고 듣고 따라 쓰며 읽기·쓰기
한 번에 끝내기 [총1책]

파닉스
알파벳의 정확한 소릿값을 익히며
영단어 읽기 [총2책]

사이트 워드
192개 사이트 워드 학습으로
리딩 자신감 쑥쑥 키우기 [총2책]

영단어
학년별 필수 영단어를 다양한
활동으로 공략하기 [총4책]

영문법
예문과 다양한 활동으로
영문법 기초 다지기 [총4책]

 한자

교과서 한자 어휘도 익히고
급수 한자까지 대비하기
[총12책]

 큰별★쌤 최태성의 **한국사**

큰별쌤의 명쾌한 강의와 풍부한 시각
자료로 역사의 흐름과 사건을 이미지
로 기억하기 [총3책]

하루 한장 학습 관리 앱
**손쉬운 학습 관리로 올바른
공부 습관을 키워요!**

개념과 **연산 원리**를 집중하여
한 번에 잡는 **쏙셈 영역 학습서**

하루 한장 쏙셈
분수·소수 시리즈

하루 한장 쏙셈 분수·소수 시리즈는
학년별로 흩어져 있는 분수·소수의 개념을
연결하여 집중적으로 학습하고,
재미있게 연산 원리를 깨치게 합니다.

하루 한장 쏙셈 분수·소수 시리즈로
초등학교 분수, 소수의 탁월한 감각을 기르고,
중학교 수학에서도 자신있게 실력을 발휘해 보세요.

스마트 학습 서비스 맛보기
분수와 소수의 원리를
직접 조작하며 익혀요!

분수 **1**권
초등학교 **3~4**학년

- **분수의 뜻**
- **단위분수, 진분수, 가분수, 대분수**
- **분수의 크기 비교**
- **분모가 같은 분수의 덧셈과 뺄셈**

⋮